九旬院士人生感悟

汤钊猷 ◎ 著

人民出版社

序

汤钊猷教授今年 95 岁了，仍以"练脑"为由笔耕不辍，最近又写出《九旬院士人生感悟》一书，全面回顾和总结自己一生走过的道路，一位中国当代杰出医师科学家的形象跃然纸上。

上世纪 60 年代，我毕业于上海第一医学院（现在的复旦大学上海医学院）。我曾认真总结上医的学风，认为可浓缩归结为"严谨厚实"，上医之所以优秀，重要原因之一就在于此。汤钊猷教授的这本书稿让我的认识又有所提升。汤教授的成就固然离不开他严谨的作风和厚实的学问，同时也离不开，甚至更为突出的是他的创新精神。自从走上临床医师岗位，他无时无刻不在追求突破已有知识和技术的边界，做别人想不到、做不到的事情。从小肝癌的早发现早切除，到大肝癌放疗、化疗和免疫治疗后再切除，再到创建肝癌转移各类动物模型，并由此设计有效治疗方案，每一项成果都是原始创新，领先世界，并得到国际同行的认同和高度赞誉。我想严谨厚实与创新这两者实际上是相辅相成的，严谨厚实是创新的基础，而创新是严谨厚实的目标。

汤教授最看重的是自己的医师身份。他不喜欢别人称他教授、主任、院士、校长。医院的同事，包括护士、年轻医师都习惯称呼他"汤医生"。他心里想的永远是怎么治愈病人，他的所有研究都源于临床上遇到的困难，最后都要落到解决临床问题。我们现在提出要努力培养医师科学家，我认为，汤教授的经历显示了一位医师科学家成长的生动轨迹。医师科学家的前提是当一个好医生，像汤医生那样心心念念着病人，就能发现和提出好的临床研究问题，围绕解决这样的临床问题做研究，才能真正成为一个好的医师科学家。

汤钊猷教授成功的另一个原因是重视哲学思维。他从中华传统哲学中提炼出"不变、恒变、互变"的普遍规律，无论是临床实践还是科学研究，无论是做人做事还是看待社会和周围事物，他都用哲学思想来指导，这就使他能高瞻远瞩，把事情看深看透，看到别人看不到的地方，解决别人解决不了的问题。这本书在每一章节的最后都专设一个段落，总结该段人生经历背后的哲学道理，这就进一步提高了这本书的思想性，也使读者更容易理解他的成功之道。

汤钊猷教授还身体力行医学科学传播工作。每在研究取得一项重大成果后，他都及时写出一本相关科普读物，那就是"控癌三部曲"的三本书。此后他又进一步扩大思考范围，结合自己临床医疗实践与经验，写出《西学中，创中国新医学——西医院士的中西医结合观》和《中华哲学思维——再论创中国新医学》，对现代医学发展提出了前瞻性的思考。他的这些科普著作都讲自己的故事，有自己深入的思考，循循善诱，生动而深入浅出，我认为是有特色的科普著作的范本。

汤钊猷教授出生于 1930 年，在风雨如磐的旧中国和抗日战争的烽火下度过了苦难的少年时期。新中国建立后他有了进入医学院的机会，从 1954 年毕业到现在他一直是上医中山医院的一名临床医生。他的成长和成名都与祖国息息相关。可以说，汤钊猷教授95年的人生道路是我们国家近一个世纪历史的生动折射。汤钊猷教授从医70多年，特别是他从上世纪60年代开始从事肝癌防治，从无到有，不断有新的发现，不断发明新的技术，不断提高治愈率，他和他的团队所经历的就是国内外肝脏外科发展的历史。这本书把这样的经历记录下来，也是非常好的医学史研究。我们国家还有不少像汤钊猷教授那样的优秀知识分子和临床医师科学家，如果大家都能像他那样，在晚年把自己的切身经历详细写下来，一定能有力推动共和国史和我国当代医学史研究的发展。

"莫道桑榆晚，为霞尚满天"，95岁高龄的汤钊猷教授写出的这本书，就像一道亮丽的晚霞。

是为序。

中国科学院院士

中国科协名誉主席

2025年2月5日

前　言

　　惊回首，已入鲐背之年。《黄帝内经》说，"上古之人，其知道者，法于阴阳……而尽终其天年，度百岁乃去"。我不算"知道者"，难度百岁。是时候对九旬人生作一回顾，讲点感悟，也许可供年轻同道参考。我先后启动了"轻松动脑"和"紧张动脑"两本书，前者是《汤钊猷影集．人生篇》，后者即这本《九旬院士人生感悟》。其实也是为了继续践行"两动两通，动静有度"的养生观，不断动脑，免得老年痴呆。

　　《汤钊猷影集．人生篇》说：人生离不开"悲欢离合"和"生老病死"。人的一生，或重于泰山，或轻于鸿毛。这是不同人所处特定环境下"客观与主观互动"的结果。人的一生"机遇"不同，然而"行行出状元"，这就是通过主观的努力，在不同机遇的情况下，也可以造就出有声有色的人生。一个人来到这个世界上不容易，父母的艰辛，朋友的帮助，国家的培养。为此，既要"奉献"，也要"享受"。"奉献"就是对家庭的奉献，对国家的奉献，以及对人类的奉献。"享受"也不可少，毕竟人生是多彩的。"奉献之乐""天伦之乐""读书之乐""同窗之乐""师生之乐""交友之乐""兴趣之乐"……一样也不能少。

　　我曾浅读《道德经》《黄帝内经》《孙子兵法》《矛盾论》等，也许可从概括为"道""阴阳"或"矛盾"的中华哲理角度来撰写《九旬院士人生感悟》。《系辞》说，"一阴一阳之谓道"，"道"即"阴阳"。"阴阳既对立，又互存、互变"。毛泽东说："一切矛盾着的东西，互相联系着，不但在一定条件之下共处于一个统一体中，而且在一定条件之下互相转化。"《三国演义》开篇便是"天下大势，分久必合，合久必分"，这就是"分"与"合"可以互变。国家有"盛"与"衰"、"分"与"合"之变；人生同样有成功与失败、经验与教训、积极与消极、欢乐与悲哀、健康与病痛、生离与死别等等。"阴阳互存"提示我们不能只看"阴"不看"阳"，要全面看问题，要一分为二看问题；"阴阳互变"，提示我们要动态看问题。《汤钊猷影集.人生篇》以照片示之，《九旬院士人生感悟》则以文字示之。

本书从九旬人生的生活、工作、见闻、思维等方面叙述，"王婆卖瓜"，免不了"自卖自夸"。此书从启动到脱稿，跨度近三年，重复在所难免；又如世界遗产的数目前后不一，源于写稿的年份不同。自娱之作，供参而已。正在思考是否值得出版，却蒙人民出版社支持，得以面世，亦以供评说。

汤钊猷

2023 年 8 月

目　录

陆　健康与病的反思

柒　家国情怀的点滴

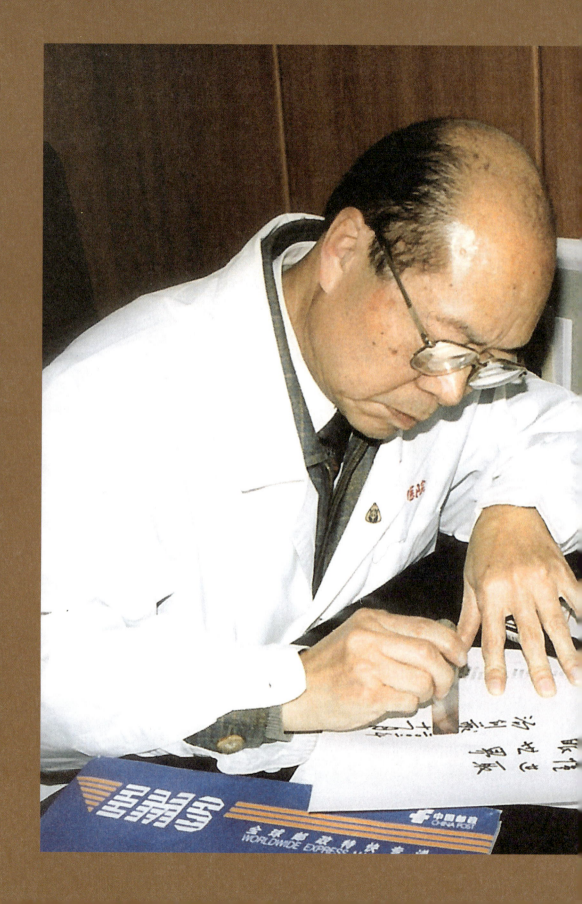

严谨进取的
方向

1. 从"来日方长"到"来日无多"
——九旬人生

从"来日方长"到"来日无多"，感慨万千。

大学毕业刚不到一年，1955年组织上便选送我到北京苏联红十字医院进修外科，为时一年。珍惜来之不易的机会，抓紧学习，到了周末，最多也就是到市内的颐和园、天坛、故宫等游览。一年过去，回到上海，懊悔没有到长城看看。因为脑子里总认为"来日方长"，总有机会。长城是中华民族之魂，毛泽东说"不到长城非好汉"。后来我每次出差到北京，几乎都要上长城一次，八达岭长城我先后上过十多次（图1—1）。每次登上长城，都增进了民族自豪感和民族自信心。1994年，我到印度新德里主持第16届国际癌症大会的肝癌会议，会后印度友人陪我去看泰姬陵，问我："您们有没有这样美的东西?"我自豪地回答说："我们有比这大、比这时间久远的长城。"

年轻时期常常因为"来日方长"，错失了很多机会。屈指算来，我已进入鲐背之年，深感"来日无

图1—1　初上八达岭长城（1960年）

多"。《黄帝内经》说，"上古之人，其知道者……故能形与神俱，而尽终其天年，度百岁乃去"。为此，人的寿命大概是百岁，我中年透支过多，估计难到百岁。正是"来日无多"之感，促使我动手写这一本《九旬院士人生感悟》。下面是 1930—2023 年九十多年人生的一个流水账，便于读者了解我后面的一些小故事。

九十个春秋　弹指一挥间

从 1930 年出生算起，至 2023 年，我已年过九十。九十多年人生，经历了"暗淡的童年""茫茫的黑夜""崭新的开端""奋斗的年华"和"夕阳的余晖"。

"暗淡的童年"

1930 年的中国，政治动荡，经济落后，民不聊生，落后挨打。我出生的第二年，便发生了日本侵占我国东三省的"九一八事变"。曾经留学美国的父亲，在那个年代也只能艰难度日，为维持 7 口之家的生计而奔忙，几乎每年都要找工作。1937 年的七七事变促使抗日战争全面爆发，我们又被逼迁至澳门。我的童年虽有过短暂"童真"之乐，但更多的是艰苦岁月的回忆，还有永难磨灭的两个印象：每天从澳门镜湖医院后门丢出来的"材板"，那不是材板，那是饿死的人的尸体啊，因为没有肉，就像材板一样；经过葡萄牙人家的胆战心惊，因为他们要放狗出来咬人。战乱使人民处于水深火热之中，落后就要挨打。

"茫茫的黑夜"

1946 年抗日战争胜利后，我们满怀希望从澳门回到上海。

然而到上海看到的天是灰蒙蒙的，马路上黄包车奔跑，两个大字出现在眼前："酱"和"当"，这不正提示"经济落后"和"民不聊生"吗？没有金条找不到房子，母亲用医生开业时有限的首饰，换来一栋破房，楼下堆满 1 米高的垃圾，一家 6 口（长兄在广州）挤在 4 平方米的亭子间。大家动手清除了楼下的垃圾，买来木板制成桌子和凳子。两年后才在楼下铺上水泥，变成吃饭和父亲睡觉的地方。我刚到上海便通过了上海育才中学的高中插班考试。每天走路一个多小时从上海虹口多伦路的家到当年山海关路育才中学去上学，中午饭只有仅能盖住饭盒底的一薄层。高中毕业，兵荒马乱，父亲失业，我和兄弟制造肥皂营生，因碱性太重致买家衣物被损而夭折。我只能到一家外汇经纪人办事处打杂。清早要用英语报价，成交合同要马上送去，一个上午要在上海外滩走上六七个来回，晚上要打字做账，星期日要帮东家收房租。有人问："汤医生您为什么走路快？"这就是回答。前途茫茫啊！

"崭新的开端"

1949 年新中国成立，长兄在加油站做管理员养家，父亲劝我考大学。结果报考的三所大学都录取了我，我打算到供给制的大连医学院，但母亲坚决不同意，所以才进入上海第一医学院，申请助学金。住宿要书桌，长兄帮我用木板做了简易书桌。那时用英文讲义，班上只有两人会打字，我是在打杂时学会的，就承担下来。全校学生都住在"工字楼"，我们借高班同学的英语参考书，说也奇怪，借的书必看，买的书多不看。我至今还保留着十几本书的读书卡片（图 1—2）。1953 年，我进入实习医生阶段，那时上海第一医学院附属中山医院是"外科学院"，我到各科实习，都做了详细的学习心得卡片。那时是 24 小时负责制，病房只有一个实习医生，要管四十几个病人，常常写病史到深夜。后来，我写的病史被中山医院评为模范病史。1954年，我大学毕业就留在中山医院外科工作。在20世纪50年代，我几乎废寝忘食去看书，看文献，做卡片。在沈克非教授的"严谨"和崔之义教授的"创新"启发下，"严谨进取，放眼世界"的座右铭，就是那时确立的。1955年，领导送我到北京苏联红十字医院进修外科一年。入职两年，因为工作认真，被评为"1956年上海第一医学院中山医院先进工作者"，成为我获得的第一张奖状（图1—3）。

图1—2　几本参考书的读书卡片　　图1—3　中山医院先进工作者

1957年，我被血管外科要去，在崔之义和冯友贤教授领导下，有机会参与了几十条狗的真丝人造血管动物实验。1962年用解剖显微镜加上落地架，在国内最早开展了显微血管外科，做了上百只兔子的实验研究。在取得了断拇指再植成功的基础上，1966年和华山医院杨东岳教授合作，成功进行了"游离足趾移植再造拇指"的创举。1958年，我和同窗李其松（中山医院内科医生）结婚。第二年便有了儿子汤特年。

1959年，我在当中山医院共青团总支书记时，光荣地加入了中国共产党，成为一名预备党员。我们响应毛泽东关于开展中西医结合研究的号召，成功研究了针灸治疗急性阑尾炎。1960年，我半脱产当中山医院办公室副主任，我服从党组织需要并努力做好工作，出版了《无痛医院》。1959—1964年，我用6年的业余时间，写成30万字的科普著作《发展中的现代医学》，送到上海科学技术出版社，惜因"文化大革命"耽搁15年，无暇更新而未能出版。1967年，我参加上海青浦赵巷公社卫生工作队，培养赤脚医生，与农民"三同"。1968年，我参与了抢救患晚期肝癌老工人的工作。刚好周恩来总理发出号召：癌症不是地方病，而是常见病，我国医学一定要战胜它。医院要成立"肿瘤小组"，要我当组长，我当年在血管外科已有些基础，作为党员，我接受了这一困难的任务，开启了又一个奋斗的年华。

"奋斗的年华"

1969年，医院将"肿瘤小组"改为"肝肿瘤小组"，由于我的老师林兆耆教授在"文化大革命"期间"被打倒"，39岁的我"被逼"当上组长。将"工农兵病房"改为肝肿瘤为主的肿瘤病房。那时人员只有"七八条枪"。一个日夜奋战的年代便这样开始了。由于不少肝癌病人来自江苏省启东县，我们便分批到启东工作和调研。1975年，我任上海市肝癌医疗科研队队长，赴江苏省启东县肝癌高发现场工作一年。第二年是难忘的一年，（周恩来、朱德、毛泽东）三位党和国家领导人先后离世，还发生了唐山大地震。我高血压也是从那一年开始的。1977—1978年我被评为上海市教育战线、卫生战线和科技先进工作者。

1978年，我们团队奋战十年取得了肝癌早诊早治的突破，1978—1979年先后在《中华医学杂志》中文版和英文版发表了

"小肝癌研究"，比美国早了 8 年。1978 年，我出席第 12 届国际癌症大会，"挤进去"的发言，取得了意想不到的效果。1979 年，我们获美国纽约癌症研究所"早治早愈"金牌，提示我们开始在世界学术界占有一席之地。那年我才晋升为副教授。1980 年，一悲一喜。悲者：父亲 86 岁离世。喜者：我是唯一没有通过亚太肝病协会（APASL）会员资格，破格直接当选为国际肝病协会（IASL）的会员。1981 年，科普作品《肝癌漫话》获"新长征优秀科普作品二等奖"；我主编的国内第一本《原发性肝癌》专著，被评为全国优秀科技图书。

1982 年，我首次登上国际肝病会议主席台。现代肝病学奠基人 Hans Popper 主编的《肝脏病进展》刊登了我们的文章；后来国际名家如 1987 年 Okuda、1997 年 Wanebo、2011 年 Welch 等，纷纷邀请参编其专著，覆盖了美国、法国、德国、日本，甚至南美洲的智利。此后，国际会议邀请络绎不绝，达到上百次。这年（52 岁）我才晋升为教授。1985 年，我主编的英文版《亚临床肝癌》，在国际著名的 Springer 出版社出版，这是国际上第一本叙述无症状肝癌的专著。我们的工作获得了国家科技进步一等奖。1986 年，我们在上海召开了首届"上海国际肝癌肝炎会议"，世界顶级专家 Popper、Okuda 和 Deinhardt 任共同主席，来自 15 个国家和地区的 500 人与会。

1987 年，作为全国 14 名贡献突出的部分中年科技工作者之一，获邓小平等党和国家领导人的接见，并出席中国共产党第十三次全国代表大会。这一年，我成为第 32 届世界外科大会肝外科会议和肝胆肿瘤会议的共同主席。儿子也在这一年成家。1988 年，我获全国"五一劳动奖章"；出任上海医科大学校长，兼上海医科大学肝癌研究所所长；主办了首届全国肝癌学术会议，在我担任中国抗癌协会肝癌专业委员会主委的 15 年间，共主办了 7 届；孙子汤星阳也在这一年出生。1989 年，我当选为中华医学会第 20 届理事会副会长，连任 21 届和 22 届；在国内医学院校首次实施破格提拔优秀中青年教师；和吴孟超、夏穗生教授合作主编出版英文版《原发性肝癌》。

1990 年，我代表中国当选为国际抗癌联盟（UICC）理事；任第 15 届国际癌症大会肝癌会议共同主席；应邀到美国 Sloan-Kettering 癌症中心、哈佛大学麻省总医院、Mount-Sinai 医学中心讲学；任国际杂志《癌症研究与临床肿瘤学杂志》（J Cancer Res Clin Oncol）亚太地区主编之一。在国内，任国家教委科技委副主任、中华医学会肿瘤学会副主委；成为全国重点学科肿瘤学学科带头人。1991 年，我们在上海医科大学的校园召开了第 2 届上海国际肝癌肝炎会议，竟有 26 个国家和地区的 600 人与会。至 2008 年，这个系列会议共召开了 7 届，成为亚太地区最大的肝病会议。这一年，96 岁的母亲离世。第二年我又应邀到意大利和美国讲学。1993 年，我主编出版了《现代肿瘤学》，1998 年获国家科技进步三等奖。后来又出版了第二版和第三版。1994 年，在第 16 届国际癌症大会上，我担任了肝癌会议唯一的主席；我还应邀为国际抗癌联盟主编的《临床肿瘤学手册》撰写"肝癌"这一章，至 2004 年，连续三版，提示当年国际肝癌诊疗规范由我国执笔。这年还不知情地当选为中国工程院医药卫生学部首批院士，并先后任学部副主任、主任。1995 年，因发表《不能切除肝癌的缩小后切除》，被《世界外科杂志（World J Surg）》邀请主编"不能切除癌症的治疗"专辑。

1994 年，是我事业转轨的一年。卸任校长后，终于决定将整个研究所的研究方向改为研究肝癌转移上，因为不解决转移问题，肝癌疗效便难以进一步提高。而研究肝癌转移，需要有酷似肝癌病人的模型，两年后我们建成的"转移性人肝癌裸鼠模型"，在著名的《国际癌症杂志（Int J Cancer）》上发表。1999 年，我们又在《英国癌症杂志（Brit J Cancer）》发表《高转移人肝癌细胞系》。

1999 年，山东医科大学聘我为名誉教授，后来中山医科大学、暨南大学、天津医科大学和中国人民解放军进修学院等，也相继聘我为名誉教授。2000 年，我指导的博士生贺平的论文被评为全国优秀博士论文，后来王鲁、叶青海、李雁博士的论文也相继被评为全国优秀博士论文。作为 4 篇全国优秀博士论文的指导教师，感到欣慰。2013 年我有幸被评为"上海市教育功臣"。2004 年，获"白求恩奖章"，我十分珍惜对我在医疗上的评价。

2005 年，不知情地当选为美国外科协会名誉会员；2007 年当选为日本外科学会和亚洲外科协会名誉会员。

2006 年，高转移人肝癌模型系统的建立及其应用，包括发现干扰素有抗癌转移的作用，获得第二个国家科技进步一等奖。

"夕阳的余晖"

2007 年，我出版了《医学"软件"——医教研与学科建设随想》，这是我晚年重视医学软件的开端。在耄耋之年，我出版了《消灭与改造并举——院士抗癌新视点》《中国式抗癌——孙子兵法中的智慧》和《控癌战，而非抗癌战——〈论持久战〉与癌症防控方略》所谓"控癌三部曲"，并先后获奖。还出版了《西学中，创中国新医学——西医院士的中西医结合观》和《中华哲学思维——再论创中国新医学》，展望我国医学前景的科普。2008 年，我开始启动"轻松动脑"之作，至 2023 年先后出版了《汤钊猷摄影小品》《汤钊猷摄影随想》《汤钊猷三代影选》《汤钊猷影集·人文篇·国内》、《汤钊猷影集·人文篇·国外》和《汤钊猷影集·人生篇》，践行"两动两通，动静有度"的养生观。2009年，我出版了《激流勇进》，总结了一生的历程。

2012年，获陈嘉庚生命科学奖，这是含金量较高的一个奖项。

2017年，妻子李其松去世。学生怕我悲伤过度，带我到福建泉州，让我看到老君岩宋代雕刻的老子雕像（图1—4，世界文化遗产之一），"出生入死"是自然法则，不是人的意志所能改变的。这年我还看望了42年前我曾做过大肝癌切除，后来又做肺转移切除后的百岁寿星，让我们更关注"必然常寓于偶然中"。2018年，我正式退休。

图1—4 福建泉州宋代雕刻的老子雕像

2019年，在北京第122期中央和国家机关"强素质·作表率"读书活动中，我作了"西学中，创中国新医学"的报告。这一年，正是肝癌研究所50周年庆暨笔者从医从教65周年，与几十位生存20年以上肝癌病人和历届团队合影是一生的高光时刻。我也成为复旦大学肝癌研究所名誉所长。

2020年，应人民日报社之邀，我发表了《发挥好中西医结合优势》。

2021年，我国有55个世界文化/自然遗产，我已看了39个，我 91 岁又有幸到吉林集安去看了高句丽世界文化遗产。不久，福建泉州也评上世界文化遗产，这样我变成已看到 41 个了。

九旬人生，离不开中国共产党

感谢老天爷让我活过九十，使我能够亲历 2019 年新中国成立 70 周年，特别是 2021 年中国共产党成立 100 周年，这是中华民族上下五千年的灿烂明珠。而这些年，也是我进入医界的 70 年，成为中共党员的 60 年，从事肝癌临床研究的 50 年，在世界学术界占有一席之地的 40 年，获得国内殊荣的 30 年，思考医学软件的 20 年。所有这些，都离不开中国共产党。

1949 年，中国共产党领导全国人民经过前赴后继的奋斗，建立了新中国，我才圆了从医梦。我从未留洋，是国家的培养，党的培养。"认真学习，报效国家"，是我的初心。1960 年，我光荣地成为中国共产党正式党员，有了正确的人生道路："为人民服务，为国争光，为人类贡献，为共产主义奋斗"。1969 年，我进入肝癌临床研究，感谢党交给我的这一艰巨任务，使我有机会团结大家，攻坚克难，取得肝癌"早诊早治"的突破。1979 年，我有幸获得美国纽约癌症研究所金牌，后来成为两届国际癌症大会肝癌会议主席，这是有我国特色的"基础—临床—现场三结合"的结果，更有中国站起来的强大背景，当年也正是中美建交之年。1987 年，我有幸获邓小平等党和国家领导人的接见，并出席中国共产党第十三次全国代表大会。邓小平同志的三句话"国家感谢你们，党感谢你们，人民感谢你们"，成为我继续奋斗的强大动力。2017 年，习近平总书记指出："文化自信是一个国家、一个民族发展中更基本、更深沉、更持久的力量。"推动我结合

《道德经》《黄帝内经》《矛盾论》《论持久战》等，完善了所谓"控癌三部曲"的三部科普，还出版了《西学中，创中国新医学——西医院士的中西医结合观》和《中华哲学思维——再论创中国新医学》。

年过九十，让我有机会对比新旧中国，更坚定"四个自信"。坚定中国共产党领导下中国特色社会主义道路之正确；坚定把马克思主义基本原理同中国具体实际相结合、同中华优秀传统文化相结合的重要性；从当前"中国之治"和"世界之乱"的对比中，更增强了对制度的自信，而这些都离不开文化自信，尤其是中华哲学思维。当前主张"人类命运共同体"和"人与自然协调发展"，就是"阴阳中和"思维的体现。相信未来，在中国共产党的领导下，中国会变得更好，在人类的共同努力下，世界也会变得更好。

人生感悟

习近平总书记说："如果没有中华五千年文明，哪里有什么中国特色？"我浅读《道德经》《黄帝内经》《矛盾论》等著作，体会深奥的中华哲理也许可简化为"三变——不变，恒变，互变"。"生老病死"是不可根本被干预的自然法则（不变）。人生是一个不断变动的过程（恒变），《周易》的"乾卦"，即幼年（初九）的"潜龙勿用"、少年的"见龙在田"、青年的"终日乾乾"、壮年的"或跃在渊"、巅峰的"飞龙在天"和老年（上九）的"亢龙有悔"，就是人生不同阶段及其应对的概括，因为《说卦传》说"乾，健也"，应可代表正常的人生。"恒动"意味着人生需要不断动身体动脑，不断有所追求，有所攀登。而变总是对立双方的"互变"，如："盛衰之变"，我的九旬人生同样有盛与衰，是否抓紧中青年这段最有活力的年华，将有不同的人生，2021年奥运会10米跳台女子跳水冠军竟是我国14岁少女，"自古英雄出少年"，更要珍惜；"甘苦之变"，青少年时期艰苦一点，常终身受益。为此中华哲理的"三变"，可帮助人生更精彩。

我已年过九十，有幸亲历中国由屈辱到振兴，中国发生千年未见的翻天覆地的大变化；亲历当年"落后挨打""民不聊生"，到"站起来""富起来"，迎来"强起来"。深感只有中国共产党才能救中国，只有走中国特色社会主义道路，而不能走全盘西化之路，医学也不例外。

此节可视为"严谨进取"的流年。

2. 抓蜻蜓、母爱和父教
——儿时的回忆

1930 年 12 月 26 日，我出生在广州一个中学教师之家。

我父亲汤悦，早年曾应祖父之命，到美国帮他打理一个小杂货店，曾在美国宾州大学读经济。回国后在广州和十年前结婚的母亲组织家庭，于是有了我们兄弟妹 5 人，兄弟妹年龄一般相隔两年左右。父亲在广州曾任兴华中学校长，还曾在缅甸华侨中学任职。父亲虽曾留学美国，但生不逢时，回国后几乎每年都要找工作，所以前后到过广州、上海和芜湖。抗日战争爆发，轰炸就在离我们家不远之处，我们被迫从广州迁到澳门。那时父亲在澳门粤华中小学当教导主任。不久学校卖给天主教管理，父亲便到澳门中华总商会当总务主任。抗日战争结束，父亲认为上海对我们兄弟妹将来发展有利，1946 年便举家经香港迁到上海。然而父亲也只能在上海岭南中学和粤东中学当英语教师，解放前夕失业，设摊卖豆。上海解放不久，父亲重执教鞭，在洋泾中学教英语至退休。这就是为什么说"我出生在中学教师之家"。

由于父母结婚是"盲婚"，加上婚后十年父亲一直在美国，母亲在广州艰难度日，以及第一个女儿的早年夭折，家庭气氛并不和谐。然而父母对子女从不打骂，所以仍有一些值得回味的记忆。

下面是 1930—1949 年间，我出生至新中国成立前的一些记忆。

抓蜻蜓

抗日战争前夕，国内政治动荡，经济落后，民不聊生。所以我的童年是"暗淡的童年"。然而还是有一些美好的回忆。在芜湖，记得后面是一个大湖，那时每到气候变化，便有很多蜻蜓出现，大的蜻蜓抓不到，但小的蜻蜓常常停留在叶子上，双翅合并，我和比我大、小两岁的兄弟静静地走过去，小蜻蜓常常被我们抓到。抓到后，小蜻蜓的尾巴一弯一弯的怪可怜，我们又把它放了。还记得那时钓鱼，没有钓鱼竿，只是用一条棉线绑上鱼钩，带上一点鱼饵，在石头缝的水塘中钓鱼。尽管只是很小的鱼，但鱼上钩的感觉至今难忘，好像和扎针灸时的"得气"感觉一样。还记得，我们兄弟曾用废报纸折成"船"，每人坐在一条"船"上打仗，打得不亦乐乎。连吃饭也很有趣，兄弟多，那时菜很少，荤菜更少，各人分到一丁点荤菜，都藏到碗底下，看吃到最后，谁还有荤菜。回想起来，那是儿时童真的体现，并不因生活艰苦而或缺，加上兄弟多，相互有个你争我比。现在独生子女很难有这类乐趣。

人类几千年文明史就是一部战争与和平交替的历史。人与人之间的争斗，也体现在"斗风筝"上。记得儿时在澳门，周末母亲总带我们到"南湾"去玩儿，总看到"斗风筝"的场面。两个人分别放风筝，常常就要争胜败。原来放风筝的线，都黏上玻璃粉，两个风筝的线一旦碰上，便要放线让风筝飞远，如果不放线，或者放得慢，就会被人家含玻璃粉的线割断，风筝便会丢失。

记得 1959 年我儿子出生，尽管生活并不富裕，但还是尽我们所能给他买小玩具，搬家时，玩具竟有一大箱子。儿子和我母

图 2—2　周末的欢乐

图 2—1　祖孙赛球

亲赛球之乐，至今难忘（图 2—1）。然而我的童年，正处于国内动乱和抗日战争时期，饭也吃不饱，生存都困难，何谈欢乐，为此也缺少相关照片。

当前正值中国和平崛起，上图只是我所拍摄的点滴，一家人围坐看水上快艇，天伦之乐便在其中（图 2—2）。然而初上小学，便背上沉重的书包，也值得思考。

母爱

1895 年出生的母亲赵慕兰，比父亲只小一岁。父亲赴美十年期间，她在广州生活艰苦，在培道女校毕业，后来得到其兄的资助，到广东伍汉特纪念医院（图强医院）产科医学校攻读妇儿科，毕业后即开业做妇儿科医生多年。父亲回国后，母亲因组建家庭，子女多，便不再开业，从事家务（图 2—3）。母亲属于贤

图2—3　母亲和四个子女（左二为汤钊猷）

妻良母类型，是"宁可自己吃亏也不让别人吃亏"的人。爱子女至深，再穷也不能让子女受罪。那时，父亲收入少，她就将过去开业做医生的有限积蓄拿来贴补。记得那时难得吃一次芝麻糊，把芝麻、糯米和水放到沙盘里，我们兄弟争相轮流用木棍在沙盘里将其磨成细腻的糊状，然后煮熟，加上红糖。那股芝麻糊的香味，至今难忘。还记得有一次，芝麻糊煮好，却掉进一只蟑螂，使大家扫兴不已。到了古稀之年，我很想再吃当年的芝麻糊，在香港找不到，到广州也找不到。2006年友人陪我到广东开平看碉楼（后来评为世界文化遗产），倒真的吃到了儿时的芝麻糊。

每年过除夕，母亲总要做些点心：豆沙角、萝卜糕、芋头角等，每油炸好一个便轮流分吃，子女围在她身旁直到午夜，这种气氛至今难忘。在澳门期间，周末母亲都要带子女到"南湾""黑沙湾"去看放风筝、去玩儿，再穷也要买个小面包。记得有一次，面包刚到手，便被穷小孩抢去。

我们兄弟妹慢慢长大，又遇到另外的问题。1949年上海解放，我才有机会考大学。没想到考的三所大学都录取我了。由于家里穷，我便决定到大连医学院，因为那里是供给制，不用家里花钱。然而母亲坚决不同意，再困难也要把我留在上海，我才不得不进了上海第一医学院（后来改名为上海医科大学，即现在的复旦大学上海医学院）。弟弟坚决要参军到军医大学，母亲无法拦阻，流过不少泪。我们迁到上海后，大哥仍留在广州培正中学读书。一天收到电报，说大哥患伤寒病危。母亲急得不知所措，立即变卖一些首饰，买了飞机票，飞到广州，把大哥带回上海。那时不像现在坐飞机这么容易，母亲自己到处奔走询问、求人，好不容易才买到机票。可见，母亲对子女爱之深。

图2—4 母亲95岁生日时和曾孙在一起

这也是为什么我工作后，每到母亲生日，再忙也要买个蛋糕回去为她祝寿。最后一次是我的孙子，她的曾孙，两岁时和她过的95岁生日（图2—4）。母亲是到96岁时才离世的，比我父亲（86岁）多在世10年。有两点也许和她的长寿有关，一是新中国成立后，我们一直在上海，她每周都要走路一个多小时去看广东戏，看完又走回来，坚持至高龄；二是她从不住院看病，甚至患急性阑尾炎穿孔导致弥漫性腹膜炎，仍坚持在家治疗，当然我们家有三个医生（我和老伴、我三弟）。而我父亲小病（前列腺肥大插了导尿管）住院，却因肺炎3周后离世。

父教

父亲有较好的人文功底，又在美国旅居10年，到过东南亚，阅历丰富，兴趣广泛，书法篆刻均有涉猎，要求儿女阅看《三国演义》《水浒传》和《西游记》等名著。这些名著我都读过多次，《三国演义》一开头便说："话说天下大势，分久必合，合久必分"，这正是中华哲理的"阴阳互变"。父亲还不时要我们背诵《水经注》篇章、孟子的名句、岳飞的《满江红》、诸葛亮的《前出师表》、宋代周敦颐的《爱莲说》、清代李密庵的《半半歌》和其他古代名篇等。记得我们兄弟多，有时大家争相背诵，看谁最快能背出来。直到现在，我仍能背诵《满江红》，每次背诵都心潮澎湃，其中"莫等闲，白了少年头，空悲切"一直在鞭策我；诸葛亮的《前出师表》，我也能背诵其大半；我仍记得《水经注》的名句"巴东三峡巫峡长，猿鸣三声泪沾裳"；我欣赏《爱莲说》的"予独爱莲之出淤泥而不染"；我一直没有忘记《半半歌》的"花开半时偏妍，帆张半扇免翻颠，马放半缰稳便"等语句。其实正道出中华哲理的"阴阳中和"，提示"过犹不及""物极必反"的道理。孟子的名句"故天将降大任于是人也，必先苦其心志，劳其筋骨，饿其体肤，空乏其身，行拂乱其所为，所以动心忍性，增益其所不能"，也鞭策我终生。父亲有空也讲一些老子的故事，

图2—5　父亲珍藏的张猛龙字帖拓本

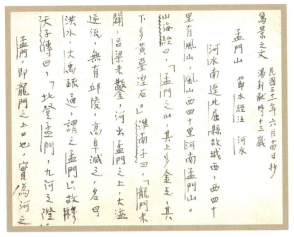

图 2—6 汤钊猷 13 岁时的钢笔字

图 2—7 与父亲最早的照片（左一为汤钊猷）

因此童年便已对朴素辩证法有了印象。

在书法方面，父亲喜爱张猛龙的字帖，认为其字清秀有力，不入俗。他还一直保存着张猛龙字帖的拓本（图 2—5）。我们练毛笔字，他强调握笔要有力，常常不时抽动我们所握的笔，看是不是握紧。可惜后来忙于从医，就不再写毛笔字，至今要我题词，我都是用的签字笔。现在我写的字，恐怕还不如 13 岁时写的字好（图 2—6）。

父亲也喜欢篆刻，自己刻了不少印章，还保存了一些名贵印章石。我不懂，只记得"鸡冠石"是名贵的。我儿子幼时和我父母相处了几年，后来他也学会了刻章。

父亲为人简朴、忠厚老实。还记得父亲曾用英语说："如果您笑，全世界都会跟着您笑；如果您咒骂，全世界会咒骂您。"所有这些，都深刻地印在我的脑海。

我最早的照片是 3 岁时和父亲、兄、弟的合影（图 2—7），父亲看到我自幼过于老实，怕将来容易被人欺负，为此建议我将来学医。因为在旧社会，医生是自由职业，不求人。这也是为什么我后来读医的缘故。

人生感悟

幼年乃成长之年，能否培育出乐观开朗的心态，将影响终身，长辈理应给予尽情欢乐的环境。我的童年尽管是"暗淡的童年"，但"童真"仍存。儿少期是打好人生基础的时期，艰苦一点，受用终生。成长之年，需要埋下人生的基本素养，例如自信心，对新鲜事物的好奇心，勇敢精神，生活的自理能力，对生活的热爱，培养兴趣，等等。但人文基础不可或缺，儿少期的学习潜能是无限的，就看我们如何循循善诱，培养爱国爱家的情怀。儿童最善于模仿，长辈的一举一动都会给儿童带来榜样效应，不可不察也。少年乃志学之年，需要有好的身体，适度锻炼不可或缺，不仅关系健康体魄，也有助于培育勇敢进取的精神。作为长辈，还要创造条件使之开阔阅历，扩大视野。可惜那个年代，饭也吃不饱，何谈锻炼。中国和平崛起，更需要强调文化自信，我国有五千年从未中断的文明，儿少期就需要长辈的言传身教。后代是国家的希望，实在是非同小可的大事。

父母的言传身教，当为"严谨进取"的萌芽。

3. 我的座右铭
——严谨进取，放眼世界

我早年有个座右铭，叫"严谨进取，放眼世界"。这八个字是怎么来的呢？

"严谨"

1954年，我从上海第一医学院（后来叫上海医科大学，即现复旦大学上海医学院）毕业，就分配到附属中山医院外科。我自以为做事比较认真细致，写的第一篇论文，改了又改，以为是很不错的。拿去请沈克非教授帮我改。沈克非教授是当年中山医院的第三任院长（图3—1），他也是中国现代外科的奠基人，曾得到毛泽东主席的接见。没想到一个星期以后，他把论文退回来了，密密麻麻全是红字，改得面目全非，几乎没有一句是完全对的。我还记得，有的地方我用了"大概""可能"之类的表述，他批道：

图3—1 沈克非教授

"这不是科学论文的用语"，他说科学论文不能用"大概"，是一就是一，是二就是二；有时我作了些延伸，他批道："缺乏事实根据"；这里多了一个字，那里标点也不对。当年我难以接受，后来我觉得这就叫"严谨"。

他的言传身教也变成我指导研究生和年轻医生的重要榜样。就拿写论文而言，对研究生应从最基本的做起，循序渐进：国外文献的全文翻译（以了解其能否正确理解）——国外文献作中文摘要（了解其能否抓住重点和概括能力）——写文献综述（了解其分析与综合能力）——写中文论文（了解其能否将文献进展与自己的研究结果加以结合对比，从而得出自己的结论）——写英文论文（进一步了解其英语写作水平）——参与书中某章节的撰写（了解其能否将文献进展与自己的研究成果结合在一起）。我则在每一个阶段都认真地、逐字逐句地改，删去可有可无的字和

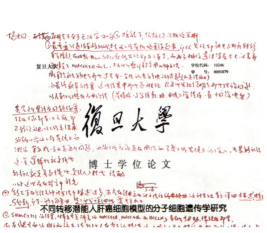

图3—2 汤钊猷对博士论文的批改　　图3—3 汤钊猷给年轻医生改文章

句，核对其百分比和是否等于 100%，改正其拼错的字母，指出其逻辑方面和不够规范的问题，等等。（图 3—2，图 3—3）

"进取"和"放眼世界"

那何谓"进取"呢？1957 年，我进入了血管外科。有一天，崔之义教授对我说："阿汤，你陪我到老介福绸布店去买点东西。"崔之义教授是当年中山医院第五任院长。到那里，我们找到比较光滑的电力纺，崔教授问我："阿汤，你看这种滑不滑？"我说不错，他就叫店员剪一尺。我心里纳闷，一尺能做什么衣服呢？原来他将买来的电力纺叫缝纫店缝成管状，将狗的主动脉切除一段，然后将这种"真丝血管"移植上去，发现太薄的电力纺渗血太多，经过几次实验，选用了厚薄适中的电力纺，居然都获得通畅。但这种用缝纫机缝制的真丝人造血管存在一些缺点，如"有缝"，增加血液凝结的可能；另外是不能弯曲。于是我们又和上海丝绸研究所的陈稼工程师合作，制成无缝能弯曲的真丝人造血管，并用于临床。其实，当年已经有人造纤维的血管，但是特氟龙（Teflon）人造纤维血管渗血比较多。由于丝线百余年在外科应用，没有不良反应，所以崔之义教授就想能不能用真丝来做人造血管。当年我也有幸跟随崔之义教授做

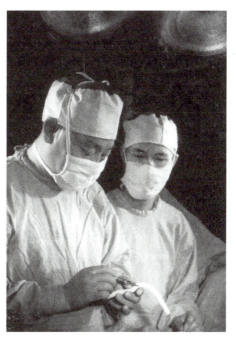

图 3—4　汤钊猷跟崔之义教授做手术

真丝人造血管移植手术（图3—4）。

1968年，动物房的老秦跟我讲，汤医生你们十年前做真丝血管移植的其中一条狗死了。我马上去做尸体解剖，非常惊奇地看到，这个血管居然仍通畅啊，而且没有扩大，也没有破裂。真丝血管就像钢骨水泥当中的钢骨，跟组织黏合得很紧。而人造纤维血管虽然比真丝血管强度大，理应更耐久，但它与人体组织黏合不紧。我觉得这就是"进取"，就是创新。

1964年，崔之义教授跟冯友贤教授把我们完整的动物实验和临床应用的结果拿到第20届世界外科大会去交流，没想到一炮打响，轰动了全场。这个我觉得就是"走向世界"。

如果谈创新，崔之义教授还有另一个特点，就是"放手"。当前要使中国更快和平崛起，光靠少数人不行，要调动更多的人，特别是年轻人的积极性，这就需要老一辈"放手"让年轻人干。当年崔之义教授是中山医院外科的最高领导，大家对他不无敬畏之情。但我跟随他十年，却感到他平易近人，而且对下面十分"放手"。他和沈克非教授不同，如上所述，沈克非教授改论文十分认真仔细。而我起草的论文给崔之义教授看，他最多就改几个字；但是如果我把我的想法和他说，他的回答常常是"阿汤，你去办"。记得1962年国外显微血管外科刚起步，我和他说，我们是否也可搞一下，他说"很好，你去搞"。于是我到组胚教研组搞来一架解剖显微镜，请修理组帮忙搞个落地架安上去，便成为手术显微镜，然后给兔子做显微血管外科手术。因为显微外科的缝线和手术器具都很小，又没有现成的，只有自己去制备，崔教授又说"这些都是你去办"。当然所有这些都需要他和相关方面去打招呼，不然我们怎能用几百只动物（狗和兔子）去做实验呢？没有想到由于他的"放手"，使我们在小血管外科方面走前了一步，在陈中伟教授成功接活断手后不久，我们也成功接活断拇指，这主要因为我们掌握了小血管吻合技术。那时崔之义教授已当上"原上医"副院长，党委副书记周岚和他一起又支持了杨东岳教授和我的想法，合作进行"游离足趾移植再造拇指"的探索。当即成立了一个由手外科、血管外科和骨科组成的小组，就在现在中山医院3号楼的二楼手术室苦干了几个月，终于完成了世界首例"游离足趾移植再造拇指"，先后进行了5例，均获成功。崔之义是具体负责这个项目的技术指导，可惜由于"文化大革命"，这项探索不得不停止。1968年组织上要我改行搞肝癌研究，我很高兴后来顾玉东教授继承和发扬了这项工作，并作出新的创新，当选为中国工程院医药卫生学部首批院士。如果追根溯源，这和崔之义教授当年"放手"支持年轻人的做法不无关联。

"锲而不舍，振兴中华"

1959年，我光荣地加入中国共产党，在"严谨进取，放眼世界"后面又加了两句——"锲而不舍，振兴中华"（图3—5）。

我们团队非常幸运，在肝癌的早诊早治方面取得了突破，不仅大幅度地提高了疗效，而且我们获得国家科技进步一等奖，拿到了美国的金牌，我还有幸担任了两届国际癌症大会中肝癌会议的主席，而且在连续三版国

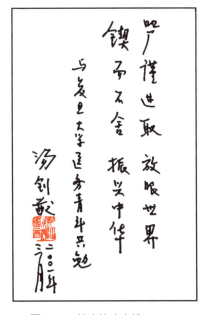

图3—5 补充的座右铭

际抗癌联盟主编的《临床肿瘤学手册》中，编写"肝癌"这一章，提示这十几年当中，国际上肝癌的诊疗规范是由我国来起草的。

1987 年，我有幸得到邓小平同志的接见，而且还光荣地出席了中国共产党第十三次全国代表大会。今年我已经 93 岁了，能够亲历新中国和旧中国的对比，特别是看到当前我们"中国之治"和"世界之乱"，更加增强了我在中国共产党领导下的"四个自信"。我以为其中像文化自信，如果我们能够"洋为中用"，再加上中国思维，就有可能创造有中国特色的医学，来贡献于世界。

人生感悟

我以为："严谨是基础，进取是目的。"只有严谨而没有进取就没有进步；有了进取的意愿，但是没有严谨的基础，创新就难以实现；有了创新，却不到世界舞台去"比武"，就难以超越。而知识面和持之以恒的知识的积累是严谨的重要基础，人文素养则是创新的重要背景。人文与科技相辅相成，不可或缺。

现在"创新"已成为一个最常用的短语，因为它是中国进一步和平崛起的关键。其实，"中国和平崛起"本身就是一个创新的范例，因为它既没有抄袭资本主义国家通过掠夺别人崛起的老路，也没有仿效苏联的路径，而是根据我国的实际，走中国特色社会主义道路。这种创新以振兴中华为目标，走"摸着石头过河"的实践之路。

现代的创新有两种不同的思路，西方的创新主要走"从基础到临床"，亦即"从理论到实践"的路子，例如当前热门的"分子靶向治疗剂"，就是先确定哪些基因和肿瘤有关，然后针对这些基因设计对抗的制剂——分子靶向治疗。而我国几千年的历史，倒有不少经得起长期实践考验的东西，例如神农尝百草就是实践的结果，然后再上升为理论，如《本草纲目》。进入现代，还可能上升为现代科学能解析的机理，最典型的事例是王振义、陈竺教授用砒霜（三氧化二砷）治疗一种类型的白血病，它的疗效是长期实践所证实的，而现代科学研究证明其机理主要是砷剂与致癌蛋白结合，从而降低白血病细胞的恶性程度，达到带瘤生存。我以为崔之义的创新提示，既要重视"从基础到临床"，也要重视"由临床到基础"，这样创新的思路才更为广阔。

沈克非的"严谨"和崔之义的"创新"，奠定了"严谨进取"的座右铭。

4. 七十年前的回忆：24 小时负责制
——苦甘之变

2023 年（93 岁），我追思往事，忽然感到 1953 年（70 年前）"实习医生"的日日夜夜，值得专门再写一篇。1949 年新中国诞生，我才得以圆读医梦，考进上海医学院。1953 年进入实习医生阶段，后来当住院医生，都是实行"24 小时负责制"。就是说，每周只有一个下午休息（pm off）和一个下午连晚上休息（night off），其余时间都必须在医院里，对病人要全面负责。那时我和一些年轻医生都曾反对 24 小时负责制。70 年后的今天，感到我所以能成为一名合格的医生，能参与救死扶伤，为国家和人民做点事，主要就是那个时候打下的基础。回想起来：重视第一手资料，是重中之重；重视实践分析，是成功的要素；重视素养建设，软硬两手都要硬；艰苦一点打好基础，终身受益。

有幸获"白求恩奖章"——追根溯源

2004 年，刚好是我从医的 50 周年，有幸获得"白求恩奖章"（图 4—1），只好应邀到各处作报告，报告的题目是《努力做一名好医生》，显然对"好医生"的认识也只是个人见解。报告的要点是：重视神圣职责，重视实践分析，重视辩证思维，重视科学研究，重视素养建设。这些是我个人从医半个世纪的粗浅体会。其中，重视神圣职责，重视实践分析，重视素养建设这三条，基本上是我在做实习医生和住院医生时期留下的。

重视第一手资料——重中之重

我在报告中说："医生是一门崇高的职业，医生职业首先是奉献。因为医生服务的对象是人，产品做坏可以重来，而人的生命只有一次。人家连生命都交给了你，你能半心半意吗？只能是全心全意。所谓全心全意，我的体会是两条：一是对病人的极端负

图4—1 获"白求恩奖章"

责，二是对医术的精益求精。"问题是如何才能做到。

记得1953年当实习医生，那时一个病房通常只有一名实习医生，要管四十多位病人。我到外科病房实习，清早要了解病人情况，要给病人换药，然后参加手术，手术结束往往是下午。来了新病人就要问病史、做体格检查，一位新病人至少要花半个多小时。因为问诊要详尽，主诉、现在史、过去史，一点都不能遗漏。体格检查靠听诊、敲诊、扪诊等，要从头到脚去做。巩膜有没有黄疸，敲拍胸部便知肺部有没有大问题，听心脏杂音、听肺部啰音、听肠鸣，扪肝脾、扪压痛、扪肿块，查上下肢关节活动，还有神经系统检查，用小榔头敲膝部看有没有反跳，脚底板划痕看反射，等等。傍晚总住院医生查房要查病史，查常规工作。经常由于新病人多，问病史到病人要挂帐子（防蚊）睡觉还未问完，写病史到深夜。另外，病人的三大常规——血常规、大

便常规、小便常规，都要自己到化验间做，看显微镜。我虽然是外科医生，但听筒从不离身。20世纪50年代后期，响应毛泽东主席西医学点中医的号召，对中医有粗浅认识。后来看病人我还要扪脉搏，看舌苔。如果脉搏很快，必有问题；舌苔也大致反映炎症的轻重。所有这些，我体会就是医生要充分掌握病人的第一手资料。这个第一手资料有时遗漏一点都会出大问题。记得有一次外科死亡病例讨论，一位病人急性阑尾炎手术后死亡，原来问病史遗漏了病人长期服用激素，导致术后难以控制的感染。

我在改行从事肝癌临床后，感到超声波检查对从事肝病的医生而言，就像内科医生的听诊器，不可或缺。于是我对每一位看过的病人都亲自和超声波医生察看病人情况，结合超声波医生所不知道的其他临床资料，共同讨论（图4—2）。记得早年到香港国际会议交流，其间香港王宽诚教育基金会负责人请我吃饭，饭前对我说，要谢谢我，我一头雾水。原来她因肝内有占位病变，医生说要手术，后来我看超声波后说不像肝癌，可以随访，结果免除手术。还有我亲家介绍的一位病人，怀疑肝脏有肿瘤，但半年多，走了多个医院，做了很多检查，因为肿瘤标志物是阴性的，所以都定不下来。我陪他看超声波，诊断立即便清楚，手术切除证实为肝癌，术后十几年都来表示谢意。通过亲自看超声波而肯定或否定原先诊断的，比比皆是。有一次从北

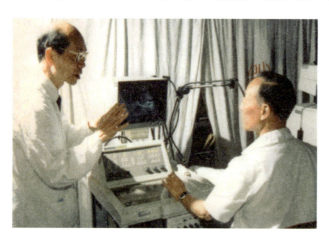

图4—2　汤钊猷与超声波医生一起察看病灶（1983年）

京院士大会回沪，飞机上我旁边的客人忽然侧过身来看我，问我是不是汤医生，要谢谢我，原来也是十几年前我陪他看超声波否定了肝癌的诊断而免除手术。一位高校党委书记，因肝门区有"癌"并已有黄疸，认为不治，因过去肝癌伴有黄疸即属晚期，已做了后事准备。来沪后我做超声检查，发现是肝血管瘤（良性病变），吃了两周中药黄疸便退，近20年健在。现在有的医生只看化验、超声、CT、核磁共振检查的报告，而不重视第一手资料，常会弄错，或则耽误病人，或则把病人"吓死"。

值得说一说的是我自己，2002年前因没有跌倒而出现腰椎骨折住院，医生怀疑是否别处的癌转移到腰椎，引起病理性骨折。骨扫描果然发现全身多处骨骼有不对称的病变，再查前列腺也有多血管结节，于是诊断为前列腺癌全身骨转移。但要做去势手术需有病理证实，而穿刺病理检查未发现癌，泌尿科教授认为需要多次穿刺才能发现，建议再穿刺活检。然而我感到除腰椎骨折处疼痛外，其他怀疑骨转移的各处均无疼痛，而且脉搏不快，血沉也正常，没有同意再穿刺。因为癌症有全身转移，通常脉搏多快，血沉也高。100天后出院，至今20年健在。那次误诊，和没有做详细的询问病史和体检有关，也许因为我是院士，医生不便给我做详细体检。

重视实践分析——成功的要素

做实习医生时，写病史除主诉、现在史、过去史、体检等外，还要对诊断和治疗作出"讨论"。所谓"讨论"，就是对掌握的病史和体检资料进行去伪存真、由表及里的分析，然后提出进一步检查以及诊断和治疗的意见。记得那时知识面不广，经常还要到图书馆（就在同一栋楼的二楼）查资料，寻找自己提出的诊断治疗意见的依据。

记得早年，一位病人称肝囊肿来诊，但验血发现甲胎蛋白高于正常，那时没有 B 超，更没有 CT，只看到囊肿，看不到肿瘤。囊肿通常无需手术，但甲胎蛋白异常可能反映更为本质的东西——肝癌。我们还是劝病人接受手术，结果发现既有囊肿，又有小肝癌，如果因看不到癌肿而不手术将耽误病人（图4—3）。

图4—3　肝囊肿合并小肝癌（红色箭头）

另有病人称有肝血管瘤，医生叫她观察，但我发现她有丙型肝炎感染，甲胎蛋白虽然阴性，但有乙型或丙型肝炎背景的所有肝内占位性病变都要警惕肝癌。我还是和超声医生一起检查，结果异口同声地说，这就是肝癌。手术果然证实肝癌，切除多年健在。因此，反映本质的客观资料不要随便否定。

正确及时的诊断对肝癌病人而言是生死攸关的大事。但时至今日仍不时看到把小肝癌误诊为肝血管瘤而耽误治疗，甚至因此使病人丧命的情况。要获得肝癌的正确诊断，特殊检查至关重要，如上述的甲胎蛋白。但常规检查也不能或缺，常规检查因病而异，对肝癌而言，包括肝功能、乙型（HBV）和丙型（HCV）肝炎背景、血糖等，血和大、小便三大常规同样不能遗漏。曾遇一病人，第二天要手术，发现尿糖强阳性而推迟了手术，查血糖高达正常的 2 倍。如不查三大常规，非出事不可。正确的诊断还来自对各种临床资料的去粗取精、去伪存真的认真分析。还是上面的病人，等血糖控制，正待手术，发现占位性病变明显缩小，再进一步分析，尽管超声显像和 CT 均酷似肝癌，但甲胎蛋白和乙型肝炎标志均为阴性，最后证实为肝脓疡已逐步吸收，根本就不需要手术。同样，认真的体格检查也是必不可少的，CT 绝不能代替体格检查。我的老伴在家跌倒腰痛到医院急诊，虽然周末，还是约请了骨科教授和影像医学主任来，CT 检查一层一层的横断面阅片，认为没有腰椎骨折。回家后起床仍十分困难，我曾在骨科做过住院医生，还是怀疑腰椎骨折，10 天后再将老伴送去住院，请医生拍张腰椎侧位片，腰椎骨折一目了然。所以，漏诊是由于过分依赖 CT，而 CT 又没有创建侧位片。

为此，正确的诊断来自对临床资料全面和细致的分析。首先要重视常规资料的完备，有时漏查一种也会出问题。要重视各项检查的质量，对重要的项目，必要时要亲自去做。更重要的是重视临床资料（病史和体检），要将各项资料联系起来进行细致的分析。总之，正确的治疗来源于正确的诊断，而正确的诊断则来源于对检查资料的全面和细致的分析。医生的工作关系病人的生命，必须十分认真对待。

重视素养建设——两手都要硬

我以为，作为好医生，除上述以外，还要重视学风和基本功建设。严谨的学风和扎实的基本功是医生需要长时间去建设的软实力。好医生大多重视资料的积累，如病史资料、科研资料、信息资料等。只有完整的、有随访的病史资料才谈得上总结经验。我研究小肝癌时，病史卡片都是自己做的。我过去从事血管外科时所形成的临床和实验档案曾被医院称为模范科技档案。一生看文献所做卡片数以万计，九旬后，每年还要看高影响因子的癌症文献，了解癌症研究的大动向。做好医生需要广阔的知识面，20世纪60年代我为写《发展中的现代医学》（因"文化大革命"在出版社耽搁15年而未能出版）曾浏览医学的基础到临床；为应自然科学基金委之邀主编《临床医学基础》指南时，也对整个医学领域作了粗粗地浏览；为了学科建设，我主编了《现代肿瘤学》，为此对肿瘤学的相关领域作了浏览，并获得国家科技进步奖。有较广的知识面才可能有较广的视野。做好医生还要重视总结和写作，它包括综述、论文、专著和科普。我主编的英文版《亚临床肝癌》一书，是国际上第一本叙述早期肝癌的专著，它成为提高国际学术地位的重要著作；还写一些科普读物，将最新的医学知识普及给广大读者。做好医生还要重视提高效率，我曾在1979年在我国医学界最早引进微电脑，1994年在不当校长后开始学习用电脑写作，现在它比手写要快得多，至今电脑已换十余台。好医生还要具备一些基本素质，如事业心、基本功、创新精神、力争第一（快）的精神、能善处逆境、能团结人、体魄健壮等。这些都是长期艰苦磨炼的结果。我喜欢看一些名山大川，以培养宽广的胸怀。至今93岁还坚持隔天游泳200米，以保持有效率的工作。总之，保持身心的动与静，是更有效工作的法宝。我愿与年轻同道共勉："严谨进取，放眼世界，成功是建立在认真、及时、优质地去完成一个又一个大大小小的任务的基础上。"

重视打好基础——将终身受益

回顾 70 年前的日日夜夜，是我从医最重要的年代，为我做一个合格的医生打下基础。1959 年我完成了住院医生阶段，写了一个小结。我重新看了这个小结，它总结了 5 年的日日夜夜，让我有机会培育正确的对待病人之道，有机会培养成重视第一手资料的医生，有机会打下外科学的临床基础，有机会整本整本看专业书，还有时间写科普……人一生的习惯、走向，往往都在 30 岁前形成，那个阶段"苦一点"，将受益终身。

人生感悟

为政者，都强调"调查研究"。1927 年毛泽东的《湖南农民运动考察报告》，就是用了 32 天，在乡下，在县城，开了不少调查会才写成的。毛泽东有句名言"没有调查，就没有发言权"。我以为，所谓调查研究，就是要充分掌握特定问题的第一手资料，然后对第一手资料进行去粗取精、去伪存真、由表及里的分析。对医生而言，这样才可能做出正确的诊断和治疗决策。俗话说"苦尽甘来"，青年时期，有一段艰苦的锻炼，将终身受益。这也是"阴阳互变"中的"苦甘之变"。

实习医生的日日夜夜，打下了"严谨进取"从医的坚实基础。

5. 婚后一室户二十年的小故事

——国庆十周年和"文化大革命"

人生不外乎古人所说"成家，立业，治国，平天下"，前二者是常人所必须思考的。1958 年我和大学同窗李其松结婚。一年后我们才分到上海平江路 170 弄 3 号楼下的一间房子，一住便是 20 年。那原来是新中国成立前安排给教授住的一栋小洋房。我入住时，整个楼上和亭子间住的是中山医院党总支书记家，楼下另外两间住的是麻醉科主任。我们住的是 14 平方米的一间，还有 2 平方米的小卫生间和 3 平方米的小厨房。没有想到这 20 年，在国庆十周年和"文化大革命"的背景下，倒有一些值得回忆的逸事。这里讲述的是 1958—1978 年间的小故事。

没有"婚礼"的结婚

1954 年我们同班同学 45 人在上海第一医学院毕业，分配到全国各地。同窗李其松早年便加入中国共产党，要到最艰苦的地方，将自己分配到包头某军工工厂。1955 年她和我均有幸被所在单位选送到北京苏联红十字医院进修。她进修内科，我进修外科。相处一年，我们便定下终身。我原先早已下定决心，结婚后随同她到包头工作。没有想到中山医院坚决不放，还设法把李其松从包头调到中山医院的内科。

我们结婚再简单不过，先领了结婚证，到照相馆拍了结婚照，再印一张小卡片，发给亲朋好友，告知我们 1958 年 4 月 16 日在杭州结婚（图 5—1）。行前只和父母兄弟吃个饭，父亲给我们一封祝贺信，要求我们对医疗要认真细致；母亲给我们一对金戒指，但从未戴过，直到结婚 57 年时戴上留影，两年后老伴便离世。岳父岳母家远在重庆也无法见面。没有婚礼，更没有现在几桌、几十桌的婚宴。洞房花烛夜是在杭州的一个小旅馆。我穿着一件旧西装，戴着唯一的一条领带，和妻子一周时间基本上走遍了杭州，留下难忘的照片（图 5—2）。回到医院给大家发几颗糖，我到中山医院外科上班，妻子到内科上班，晚上分别睡在宿舍。只是周末回到父母家，母亲临时腾出亭子间给我们一个晚

图 5—1　结婚通知

图 5—2　在杭州飞来峰合影

上，没有想到，妻子很快便怀上孩子。就这样，我们的儿子于1959年诞生。

一张多用的桌子

结婚一年后，医院分给我们一间房子。因为经济拮据，只好买旧家具。一个旧衣橱、一张旧长桌、两个旧沙发和两张木凳，只有一张简便的床是新的。几年后我们买了缝纫机，买来沙发布，我自己动手缝制了沙发套，已经破旧不堪的沙发便看似新的。我们工作太忙，儿子出生后不久便由住在虹口多伦路的父母带，直到能上幼儿园，才回到我们这里。那张长桌子便是看书、吃饭、写作、儿子画图画共用的，家人来吃饭也是用这张桌子（图5—3）。虽然几次搬家，因为怀旧，这张长桌仍保留至今。

图5—3　一张多用的桌子

入党和国庆十周年的喜悦

1959年我加入中国共产党，1960年转为正式党员，1961年参加了集体宣誓，奠定了人生的大方向。不仅要救死扶伤，做个好医生，还要为振兴中华，为国争光，为共产主义奋斗。新中国成立让我圆了从医梦，1952年在大学期间，我加入中国新民主主义青年团。组织的培养也不可少，1956年我被评为中山医院先进工作者。1958年又让我出席第二次上海市青年社会主义建设积极分子大会，1960年又被评为上海第一医学院文教方面社会主义建设先进工作者，1977年被评为上海市教育战线先进工作者和上海市先进科技工作者。1978年是我搬新家的第一年，又被评为上海市卫生战线先进工作者。

　　说也奇怪，尽管生活艰苦，但心情却是愉快的，而且还有不断进取的激情。还记得1959年国庆十周年，我们唱着"五星红旗迎风飘扬，胜利的歌声多么响亮……"参加游行，晚上拍到当年的夜景，心潮澎湃（图5—4）。1958年，组织上要我当中山医院共青团总支书记。我这个在大庭广众面前讲话都要脸红的人，被逼着向广大团员讲话。现在看来，这就是组织的培养啊，这就是我后来敢于在国际会议三千听众前从容作大会演讲的基础。那时正是"大跃进"的年代，现在回想，我们没有按科学规律也干了一些蠢事。例如，带领大家到中山医院的屋顶，敲打破脸盆去赶麻雀"除四害"，把好好的铁门炼成废铜烂铁……当然也干了一些好事，这是后话。1959年儿子出生，刚好是国

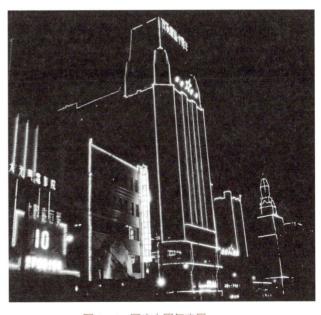

图5—4　国庆十周年夜景

庆十周年，又是五四运动40周年，也是我加入中国共产党的一年，所以给儿子起名"汤特年"。

一本从未出版的科普读物

你能相信吗，就在这样的条件下，还不知天高地厚，我用了6年业余时间，到图书馆浏览医学方方面面的书和文献，写下了一本30万字，却从未出版的科普读物。为什么要写科普读物呢？我从医后，便深刻地感到医学的日新月异、发展迅猛，如果也能让老百姓知道这些，应当对我国医学发展和疾病防治有所裨益。这本书名为《发展中的现代医学》，简单覆盖了医学的古今中外，从疾病预防到治疗，还包括中医（图5—5）。1964年11月4日，送到上海科学技术出版社，不巧遇到"文化大革命"。15年后出版社认为写得不错，希望我更新一下。但那时我已从事癌症临床和研究，忙得不亦乐乎，而且已知道"天高地厚"，没有这个时间、更没有这个胆量再去浏览这样广阔的领域，书稿至今仍在家中。耄耋之年，我不时拿出来再看看，惊奇地发现，那时的思维和文笔，竟不亚于现在，甚至有过之而无不及。

1960年组织上要我担任中山医院院长办公室副主任，作为中国共产党党员，

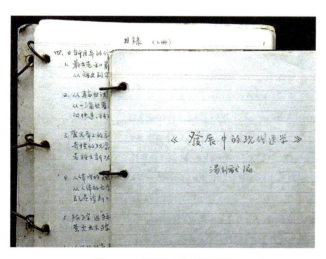

图5—5 《发展中的现代医学》手稿

我服从了组织的安排。我以为作为党员，不仅要服从，还要做好。在院长的领导下，我们提出了创建"无痛医院"的思路，在疾病的诊疗等各个方面如何减轻病人的痛苦。我们终于取得了进展，并出版了《无痛医院》一书。

24 小时的手术

在这个"婚后一室户二十年"间，真有不少奇闻趣事。记得1959 年，我作为手术组最年轻的医生，参加了由石美鑫教授主刀的"主动脉弓瘤切除同种移植"手术，那个手术进行了 18 个小时，是我从医后参加过的时间最长的手术。没有想到 1966 年这个"最长"便被突破，我亲历了长达 24 小时的手术。

让我细细说来。1957 年我被血管外科要去后，先后参加了真丝人造血管移植的实验和临床手术，1962 年我们又进行了显微血管外科实验研究，在这个基础上，1965 年我们取得了断拇指再植成功。那时华山医院手外科的杨东岳教授知道这个信息，便和我们联系。他说，工人失去拇指，手的功能便丧失一半，按传统办法重建拇指，需要取肋骨、建皮管等 6—7 次手术，而且这个重建的拇指没有感觉，也不能动。如果我们能合作，通过显微血管手术缝接小动脉和小静脉，一次性将第二足趾（切除第二足趾不影响走路）移植到拇指部位，再缝合神经和肌腱，加上骨的固定，一旦成功，这将是有感觉能动的"拇指"。这个思路向上海第一医学院的党政领导汇报，马上得到大力支持。由党委副书记周岚牵头，由学校副校长崔之义当组长，组成手外科（杨东岳）、血管外科（汤钊猷）和骨科（石一飞）的专题组，在中山医院手术室专门腾出一间手术室进行研究。

然而实现这个思路并不容易，例如将第二足趾取下，不能一刀切，需要将第二足趾的相关动脉、静脉、神经和肌腱分别仔细解剖出来，不能损伤，要有足够长度，这个手术就要3—4个小时。同时还要将拇指部位的相应小动脉、小静脉、小神经和肌腱找到，并仔细游离出来，才能进行缝接，这又需要很长时间。而最关键的是接通小动脉和两根小静脉，移植上去的第二足趾才能存活。这个工作自然由我进行，三根血管都比火柴棒细，我在组胚解剖显微镜加落地架帮助下，好不容易接通了三根血管，再注射肝素以防血栓形成。一接通血管，接上去的第二足趾马上出现红润的颜色，大家喜出望外。这时已是黄昏时分，然而不久足趾颜色又由红润变为紫色，提示血流障碍，顿时大家紧张不已。我用自制的手术显微镜仔细察看三根血管的吻合口，并未发现异常。可能是由于血管痉挛导致缺血，于是用热盐水敷，不久又出现红润；然而紫色还是反复出现，后来又用局部麻醉药来解痉；如此折腾直到天亮。我们进行了5例，都取得成功。半年后，接上去的神经功能恢复，病人演示了能动、有感觉的"拇指"。这是世界首例，可惜"文化大革命"使这项创新不得不停止。1978年杨东岳教授的"断肢再植研究"获全国科学大会奖，我有幸排名第二。我高兴地看到排名第三的顾玉东教授后来继承发扬了这项工作，并当选为中国工程院院士。

一屋的书和杂志换来一件斗篷

我和妻子都喜欢看书，一个月50—60元的薪水，除了生活必需和给父母一点零用，总要留5—10元买书和订杂志。那时买得起的书和杂志，只有国内的和苏联的。我订了中华外科杂志，妻子订了中华内科杂志，我们还订了苏联的 7 本相关医学杂志。每到周末便到外文书店去买俄文的《外科学》等书。然而家里摆不下，前面说过，我们还分到一间 2 平方米的小卫生间。于是我便利用业余时间，买了三角铁和木板，在小卫生间自己做钉在墙上的书架。将近20年，书和杂志便堆满小卫生间。"文化大革命"又迫使我们不得不处理这些书和杂志。一天，我们硬着头皮叫来收旧书报的，把小卫生间所有藏书和杂志装满一辆三轮车，一股脑卖掉。卖的钱刚好可以给妻子买一件斗篷，可惜这件斗篷她从来也没有穿过。尽管那时很不舍得，但现在看来，真的如前所说："借的书必看，买的书多不看"，那些花费了我十分之一月薪买来的俄文书，很多都没有很好看过。

和农民"三同"，培养赤脚医生

1967 年，我参加了上海青浦赵巷公社卫生工作队。我自幼艰苦惯了，和农民同吃、同住、同劳动对我来说并不困难。不过还是有不少值得回味的东西。

我住进农民的家，是一家四口之家。和我同床而睡的是比我小 19 岁的小伙。清早便要起床到田里，10 时左右便回家吃饭，米饭用篮子吊在半空，尽管没有什么菜，但还是吃得很有滋味。我们每月给农民家 10 元（那时是薪水的五分之一），因为没有荤菜，那家的孙子便到田里去抓小黄鳝给我吃。"三同"使我体会到农民的艰辛，最辛苦的是插秧和割稻，要在烈日下长时间地弯腰。我常打趣说，插秧、割稻，连造砖头我都会，其实摔稻苗就摔不好，我摔过去稻苗都散掉。

我还担负着培养赤脚医生的任务，经常晚上要出诊，病人家属拿着手电筒在前面引路，田埂很窄，雨天更滑。但收获也不少，还有趣闻。一次遇到个肿瘤患者，全身多处淋巴结异常肿大，质硬，在农村确也很难办。不久再去看他，肿大的淋巴结居然完全缩小了，我问他用了什么药，他说吃了煮的"癫蛤蟆"。后来回到上海，我们和上海第三制药厂合作研究蟾酥的精制品"6671"，用兔子做动物实验，发现蟾酥确有抗癌作用。其实我国几千年在民间也确实有一些行之有效的对付癌症的"土方"。还有一次，一位面神经瘫痪的病人来诊，我从未治过。想到也许可用针灸，因为我妻子是"西学中"，曾在北京针灸研究所进修过，我在"大跃进"期间曾经当过上海市针灸经络研究组秘书，也和大家一起研究过针灸治疗急性阑尾炎。所以便试用针灸治疗，没有想到三天后病居然好了。在农村一下便传开，不久陆续有面瘫病人来诊，但那些已成慢性的面瘫，针灸疗效远不如急性面瘫好。

农民淳朴，半个多世纪后我仍与他们交往，1983年去看他们，仍然是旧房子（图5—6）。1997年再去，已经鸟枪换炮，除了新房子，还有汽车，在中国共产

图5—6　汤钊猷与农民在一起（左为同住农民，中为赤脚医生，摄于1983年）

党领导下，农村已大变样。半个世纪后，当年曾和我同屋居住的农民到舍下来看我，他已是古稀之年的老者，椎间盘突出、膝关节疼痛等常年从事农耕的病痛缠身。

这段经历，加上我在大学读书期间到血吸虫高发区参加"送瘟神"工作的经历，让我深刻体会到农村的缺医少药，体会到农民的艰辛，体会到如同党的二十大通过的党章修正案所说，"我国正处于并将长期处于社会主义初级阶段。这是在原本经济文化落后的中国建设社会主义现代化不可逾越的历史阶段，需要上百年的时间。我国的社会主义建设，必须从我国的国情出发，走中国特色社会主义道路"。

"我还要给病人开饭呢"

那是 20 世纪 60 年代末的一个星期日上午，我正在病房忙着，突然来了一个电话："汤医生您赶快到手术室来！"我问清缘由，原来医院一位副院长，因胆囊手术严重并发症，出现下肢深静脉栓塞。而我当年有血管外科的基础，星期日也找不到别人，所以把我叫去做急诊手术。我为难地回答说："我还要给病人开饭呢。"那是"文化大革命"的年代，实行"医护工一条龙"。医生不仅要做医生的工作，还要做护士和工人的工作。那天我清早 6 时便赶到病房上班，先打扫厕所和走廊；然后给病人打针发药；然后给病人换药、查病房；到了 11 时左右便要给病人开饭。如果不是星期日，还要给病人做手术；如果病人去世，还要将尸体送到太平间。对方说："开饭您就不要管了，我们另外安排人去。"就这样我到手术室做急诊手术。由于病人已十分危重，后果也不言而喻。前面说过，我插秧割稻都做过，现在护士工作打针发药我也会，连工人的工作也难不住我。我庆幸有机会做过各种各样的工作，增加了自力更生的能力。

人生感悟

三十岁前后，是人生最有创造力的年华，这个时期精力充沛，思维敏捷。特别是常常"不知天高地厚"，却也能成就一番事业。当今医学进入所谓"精准医学"时期，源于 1953 年沃森（Watson）和克里克（Crick）发现遗传物质 DNA 的双螺旋结构，使医学进入分子水平，那时沃森才 25 岁。新中国的缔造者们，不也是二三十岁便挑大梁吗？记得小时候背诵过岳飞的《满江红》，其中就有名句"莫等闲，白了少年头，空悲切"。但就当前而言，老者既要指导，更要放手。然而青少年时期能否打好基础，长者的善诱、基层的锻炼、组织的关怀也不可少。再者，正确的人生目标不可或缺，将影响终身。任何事物都是一分为二的，青少年时期艰苦一点，常可终生受用。中国是农业大国，农村的历练更有助医界了解农村的缺医少药，既要高精尖新，也要多快好省。而多种岗位的锻炼，也有益开阔眼界。

此节既是践行"严谨进取"的初探，也是充实"严谨进取"的过程。

6. 急性阑尾炎的"奇遇"
——不战而屈人之兵

《孙子兵法》的"谋攻篇"有这样一句话:"百战百胜,非善之善者也;不战而屈人之兵,善之善者也。"意思是不用战争的方法取胜,比百战百胜更为重要。我是外科医生,当实习医生时,几乎每天都要为2—3位急性阑尾炎患者做手术。因为1902年巴黎外科学大会已有明确的治疗规范:"一旦急性阑尾炎诊断确立,需立即手术。"所以,作为外科医生,急性阑尾炎不用外科治疗是不可思议的。《孙子兵法》"不战而屈人之兵"这句话有没有现实意义呢?前面说过,在"大跃进"期间,我们做过一些蠢事,也做过一些有意义之事,其中就有"针灸治疗急性阑尾炎"。没有想到这后来却在我的家人中应验了。

7岁儿子的急性阑尾炎

20世纪50—60年代,作为外科医生的我忙得不可开交,经常是整天泡在手术室里,而且十分热爱手术,认为手术解决问题,比内科治疗要爽快。前面说过,因为我有了显微血管外科的基础,在华山医院手外科杨东岳教授的建议下,形成了"游离足趾移植再造拇指"的思路,受到当年上海第一医学院党政领导的重视,组织了一个班子进行攻关。

正在这个重要关头,7岁的儿子突然患急性阑尾炎,自诉腹痛，检查右下腹有明确压痛和反跳痛，作为外科医生，阑尾炎诊断不会错。外科治疗规范无疑是手术，然而一旦手术便要到儿科医院住院，我还要陪伴，至少一周不能工作。由于在"大跃进"年代，响应毛泽东关于开展中西医结合研究的号召，我有过针灸治疗急性阑尾炎的经验。加上妻子是"西学中"，还在北京针灸研究所进修过，不得不选择"违反"外科原则，决定用针灸治疗。我和妻子小心翼翼，就在儿子两小腿外侧，中医"胃经"的"足三里穴"旁边的"阑尾穴"下针，"得气"后运针，所谓得气，就是如同钓鱼时鱼咬钩的感觉，留针 20 分钟，一天两次。尽管儿子还很依从，但我们仍提心吊胆地观察，没有想到 3 天后疼痛和压痛均消失。儿子现已是耳顺之年，阑尾炎从未复发过。

不合时宜的妻子急性阑尾炎

尽管是"文化大革命"期间，"家"的观念仍未淡漠。记得 20 世纪 70 年代初的一个春节，我们小家三口回到父母家过年，父母看到唯一的小孙子，自然高兴无比。不料妻子突然患急性阑尾炎，我同样认真仔细地检查，诊断没有错，家里气氛一落千丈。因为如果手术便要住院，春节就无法过。考虑再三，还是决定针灸治疗。但熟练针灸的老伴自己生病，只好由我来操作。还是如法炮制，在双腿阑尾穴下针，得气后运针，留针 20 分钟。全家都紧张地观察，没有想到 3 天后居然痊愈，春节总算平安度过。2017 年，老伴于 88 岁高龄走了，离世前虽百病缠身，但阑尾炎却从未再发。

不可思议的阑尾穿孔腹膜炎保守治疗而愈

1987 年，91 岁的母亲突然患急性阑尾炎穿孔，导致弥漫性腹膜炎。而我正在国外开会，医院的高年教授到家里看过后建议立即手术。但如此高龄风险极大，没有家属签字自然就无法手术。母亲也拒绝住院，因为她看到我父亲前几年只因前列腺肥大尿潴留住院，三周便因并发肺炎治疗无效而去世。等到我从国外回来，已经是第 5 天。检查腹部如同热水袋，有明显移动性浊音，全腹压痛明显，发热，白细胞也高。由于母亲拒绝住院，只好采用针灸，方法同前。再从医院借来输液器，照理应禁食，每天至少要补液 4 瓶（每瓶 500 毫升），但母亲只同意吊一瓶，抗菌药物也因此只能用四分之一的量。她也拒绝放置胃肠解压管，排尿也自行起床，不放导尿管，还要喝水吃点流食。那时针灸由我妻子操作，补液由我安排，观察由我弟弟负责，吃流食由我儿子喂。真的没有想到，如是在家治疗 9 天后竟基本痊愈，尤其是腹腔内没有留下残余脓肿。母亲后来活到 96 岁因心脏问题去世，但阑尾炎也从未再发。

没有循证医学的"证据"

中医治疗常被认为是"偶然"事件，因为没有循证医学的"证据"。上面三例都是我的亲人，首先是急性阑尾炎的诊断有没有问题，我想作为多年的外科医生，尤其是母亲的阑尾炎已经穿孔导致弥漫性腹膜炎，诊断应是明确无误的。那么，针灸到底是否真的有效，我找出 1960 年在《中华医学杂志》英文版发表的文章（图 6—1），那篇《针灸治疗急性阑尾炎 116 例》的文章在结

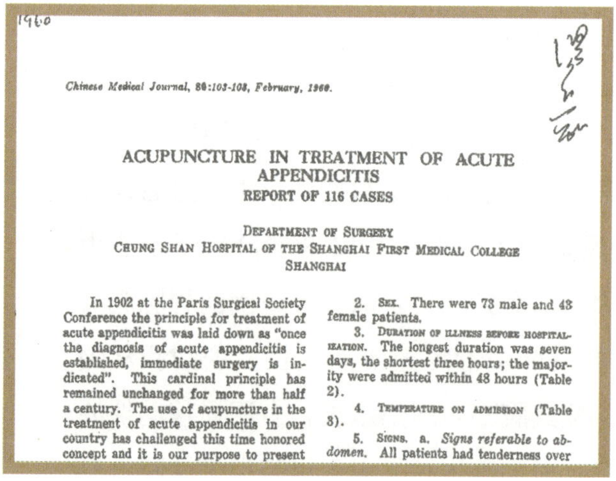

1960

Chinese Medical Journal, 80:103-108, February, 1960.

ACUPUNCTURE IN TREATMENT OF ACUTE APPENDICITIS

REPORT OF 116 CASES

DEPARTMENT OF SURGERY
CHUNG SHAN HOSPITAL OF THE SHANGHAI FIRST MEDICAL COLLEGE
SHANGHAI

In 1902 at the Paris Surgical Society Conference the principle for treatment of acute appendicitis was laid down as "once the diagnosis of acute appendicitis is established, immediate surgery is indicated". This cardinal principle has remained unchanged for more than half a century. The use of acupuncture in the treatment of acute appendicitis in our country has challenged this time honored concept and it is our purpose to present

2. SEX. There were 73 male and 43 female patients.

3. DURATION OF ILLNESS BEFORE HOSPITALIZATION. The longest duration was seven days, the shortest three hours; the majority were admitted within 48 hours (Table 2).

4. TEMPERATURE ON ADMISSION (Table 3).

5. SIGNS. a. *Signs referable to abdomen.* All patients had tenderness over

图 6—1 《中华医学杂志》英文版文章

论中说，针灸治疗急性阑尾炎的优点是：（1）简便易行，无需特殊设施。（2）见效快，通常腹痛消失最快，肌肉痉挛其次，压痛最后消失。（3）疗效也好，治愈率为 92.5%。这组 116 例病人中还包括少数儿童、孕妇和阑尾脓肿患者等，如 12 例阑尾脓肿病人治愈率为 83%。（4）与手术相比，针灸治疗价廉，住院时间短。不会遇到手术治疗后偶见的肠粘连等并发症。

我没有进一步研究其机理，但当年不少国内研究提示，针灸的作用属于双向调节性质，恢复平衡。如腹泻，它可减慢肠蠕动；如便秘，它可促进肠蠕动。采用 X 线观察、气囊描记、腹窗及手术室的直接观察，认为阑尾排空是针刺治疗急性阑尾炎作用机制之一，针灸使阑尾蠕动增强，可以舒畅血运，排除（粪石）梗阻，有利炎症的治愈。关于针灸的作用途径，南京第一医学院发现：针刺足三里穴引起肠运动反应，需要穴位局部感受装置机能的存在；传入径路主要是坐骨神经，传出是迷走神经；但必须在交感神经或其节后神经元存在的情况下，迷走神经才能表现出来。上海第二医学院认为：传入途径是通过血管周围交感神经纤维，同时还通过脊髓与腰交感神经，并与大脑有密切关系；这种作用还必须通过迷走神经；在肾上腺切除后亦不起作用，说明体液系统也起重要作用。上海第一医学院发现：切除 T5–12 交感神经节后，针刺组不比对照组优良，说明针刺治疗的作用可能与交感神经活动有关。所有这些都提示，针灸治疗急性阑尾炎是有现代医学基础的，但始终没有被外科临床认可。

"兵者不祥之器"的更多例证

老子《道德经》有这样一句："兵者不祥之器，非君子之器，不得已而用之。"实际上我国的解放战争，在三大战役逆转力量对比态势后，全国的解放很多是通过劝降、起义等非战形式实现的，即使北平的解放也是和平起义。如果引申到医学，可以理解为"侵入性""破坏性"的诊疗措施宜少用。我再举亲历的家人例子。

1992 年，老伴急性坏死性胰腺炎，因我出国，未做手术引流；仅用西医止痛含片 + 中药牛黄醒消丸 + 中药辨证论治，在重症监护室一个半月便稳定出院。因腹部有多个炎性肿块，原先 3 个月后需做假囊肿手术，然而老伴出院后随我冬泳，腹部肿块消失而免除手术。我曾请上海瑞金医院胰腺专家徐家裕教授到家里看过老伴，他看后也感到惊奇，说"看来治疗急性坏死性胰腺炎的观念要改变"。老伴于 25 年后去世，胰腺炎未再复发。就在同一时期，媒体报道著名演员梁波罗患坏死性胰腺炎，经手术治疗，九死一生才出院，而与他同时住院的坏死性胰腺炎患者，经手术治疗已有几位去世。其实，在 1972 年吴咸中院士已主编出版《中西医结合治疗急腹症》，他在重症胰腺炎治疗上取得进展，使死亡率明显下降，用的就是中西医结合的非侵入性诊疗。

2009 年家兄因爬高取书时跌倒致腰椎骨折，卧床后出现脑梗，全身瘫痪合并吸入性肺炎，住进重症监护室。因瘫痪无力咳痰，医生建议气管切开。我"西学中"的老伴根据"肺与大肠相表里"开中药缓泻，从胃管灌入，第二天排便多次，痰明显减少而免除气管切开。至三年后去世仍无需气管切开。而我老伴2016年同样为吸入性肺炎，经气管切开，只延长了半年毫无质量的生命。

早年五弟腰椎椎管狭窄，留德医学博士建议手术，后我请一位老年骨科专家会诊，认为可以暂缓。五弟减少骑车，改为走路，25年后症状未见发展。

1996年与我共事多年的教授，因胆囊结石癌变手术治疗无效去世。他去世后，我们研究所患有胆囊结石的高年医生都纷纷去将胆囊切除。其实我和去世的教授也于同年发现胆囊结石，之所以没有去做手术，是因为与去世的教授比较有三点不同：我不抽烟，他的房间总是烟雾腾腾；我经常游泳，他不运动；我每餐都有青菜，他喜吃烧烤。我通过"两动两通（动脑动腿，二便通和血脉通），动静有度"，40年后如常，超声复查胆石仅略有增大。还有一个原因，就是前面曾经说过的，在"文化大革命"期间，中山医院一位副院长因胆囊结石，请医院最好的外科医生手术，却因术后并发症而去世。提示"不战而屈人之兵"（非侵入性诊疗）是可能的，尽管上述均属"偶然"的个案，但"必然常寓于偶然中"，值得我们去思考。

"不战而屈人之兵"是医学发展的重要方向

"不战而屈人之兵"，就是说，不通过"侵入""破坏"的办法去解决问题。现代医学已越来越多用侵入性方法（手术、微创、介入等）来解决病痛问题，它确实治好了不少疾病，然而也带来一系列问题。如图6—2所示，如果高龄病人患阑尾炎穿孔弥漫性腹膜炎这样的重症，手术后至少有6—7根管子（腹腔引流管，胃管，导尿管，深静脉插管，氧气管，心脏监护，血压检测，血氧检测等），病人必然卧床无法动弹，烦躁不安，其结果常常是肺炎等并发症接踵而来。而我母亲，身上只有一根静脉输液管，两小时后便拔去，还有儿孙陪伴，心情自然不错。现代医学注重治病，常忽视病人是有情感的社会的人。实际上现代医学也逐步向这个方向发展，从开腹切除到腹腔镜切除阑尾，最近又有通过插入细管冲洗阑尾内梗阻而不切除阑尾者。

写到这里，我刚好看到《自然》刊登了美国和复旦等合作的研究，发现电针鼠"足三里"穴，可激活迷走神经——肾上腺抗炎通路；而刺激鼠腹部的"天枢"穴则无此效应，提示针灸治疗急性阑尾炎确有其科学基础（图6—3）。

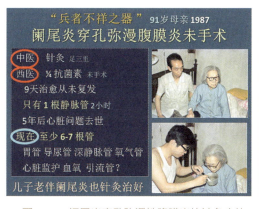

图6—2　阑尾炎穿孔弥漫性腹膜炎的针灸疗效

图6—3　针灸"足三里"穴激活抗炎通路

当前"过度治疗"已引起重视，其中就包括侵入性诊疗。侵入性诊疗常常需要病人卧床，从而降低了病人自身恢复的能力。对危重病人的救治：气管插管、深静脉插管、导尿管、胃管等，似乎都是必需的，加上呼吸、心率、血压、血氧等的监测，使病人长期卧床、动弹不得，有时还需要将病人手脚绑住，以防拔管。不仅病人烦躁不安，时间长了，肌肉萎缩，病人抵抗力每况愈下，最后进入恶性循环。侵入性诊疗还破坏了人体的完整性，并由此可能导致并发症，例如阑尾炎手术伤口感染、肠粘连等。如果从整个医学的发展来看，从创建有中国特色的医学来看，"不战而屈人之兵"，是否也值得深思呢？

如果再进一步分析，我以为"不战而屈人之兵"通常还需要一些条件。例如对立双方的力量比势要达到"我强敌弱"，如北平的和平解放是在天津解放后才能达成。而且病人也需要有一定的抵抗力，如果已病入膏肓，"不战而屈人之兵"就成为一句空话。

人生感悟

耄耋之年，粗读了《道德经》《孙子兵法》《黄帝内经》和《矛盾论》，深感中华哲学博大精深，对医学更有指导意义。我体会中华哲学可概括为"道""阴阳"或"矛盾"。《系辞》说："一阴一阳之谓道。"阴阳不是迷信，而是对立统一的概括。毛泽东说"事物的矛盾法则，即对立统一的法则，是唯物辩证法的最根本的法则"；又

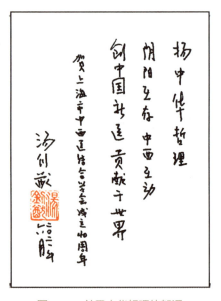

图6—4 关于中华哲理的贺词

说"一切矛盾着的东西，互相联系着，不但在一定条件之下共处于一个统一体中，而且在一定条件之下互相转化"。阴阳既对立，又互存互变。西方医学逐步向局部和微观深入，取得了明显进展，但也出现不少问题。为此，我们不能只看"阴"不看"阳"，不能只重"局部"而轻"整体"，不能只重"侵入"而忽视"非侵入"，不能只强调"消灭"而轻"改造"。在当前"侵入性诊疗"为主线的大潮下，"非侵入"便成为值得思考的方向。"不战而屈人之兵"是取胜更高的思想境界。图6—4是我为上海市中西医结合学会成立40周年的贺词。

针灸治疗急性阑尾炎是"严谨进取"早期探索的个案。

贰 与癌共舞的异想

- 杀癌利器（武器／硬件）固然重要
- 战略战术（思维／软件）也不可少
- 相辅相成，两手都要硬

控癌战，而非抗癌战

—— 《论持久战》与癌症防控方略

中国工程院院士

汤钊猷·著

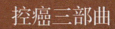

控癌三部曲

- 洋为中用—倡导"消灭与改造并举"
- 古为今用—从《孙子兵法》中找智慧
- 近为今用—毛泽东《论持久战》的启迪

 上海科学技术出版社

7. 困难抉择，首战告捷
——服从需求，精细实践

　　1968 年正当"文化大革命"之际，一天来了一位上海锅炉厂老工人，他患的是晚期肝癌。当年工宣队进驻，要我参与抢救。手术由我的老师吴肇光教授主刀，进行了 12 小时，输血达 5000 毫升，终于切除了右肝巨大肝癌。但左肝还有几个播散癌灶，为了救治病人，临时又请核医学科制备"小核弹"，就是用小玻璃管密封的放射性磷 32，将其埋入癌结节内进行内放射治疗。这样晚期的肝癌病人，即使到了今天，也是不适合手术的。

　　手术后工宣队对我说，您做事认真，术后的救治由您来负担，作为党员，我必须服从需要。就这样在手术室的一间专门房间度过了三个月的日日夜夜。尽管这样晚期的病人生存了三个月，但最终还是死亡。通过尸体解剖，我们发现治疗还是取得了一定效果，例如埋入放射性磷 32 玻璃管的癌结节已经消失。

　　那年同在中山医院工作的我妻子李其松，远赴贵州医疗队一年。儿子 8 岁，到了吃饭时刻便到手术室门口等我，等不出来，只好拿着口袋里的饭票到饭厅吃饭；晚上又到手术室门口等我回家睡觉，也等不出来，只好自行回家，用挂在颈项上的钥匙开门。至今我仍感到对儿子的亏欠。

　　下面讲的是 1968—1978 年间发生的一些故事。

作为党员要服从党的需要

刚好此时周恩来总理发出号召：癌症不是地方病，而是常见病，我国医学一定要战胜它。工宣队又找到我说："医院要成立肿瘤小组，这件事还是要您承担。"我从事血管外科 11 年已有些基础，思想上确实很为难，然而面对党的需要，作为党员，我接受了这一困难的任务。肿瘤小组是由外科、内科、妇产科等 5 位医生组成，我当组长。然而肿瘤是一个很大的范畴，过去没有基础，我们无法面面俱到。由于中山医院在肝癌方面已有些基础，所以不久便决定改为"肝肿瘤小组"，那是 1969 年的事。医院下决心将有 40 张病床的"工农兵病房"改为肝癌为主的"消化道肿瘤病房"，又从各科调来医生，组成最初的班子。中山医院过去肝癌研究是由我的老师林兆耆教授牵头，但在"文化大革命"中他已被打倒，所以组长还是要我来当，那时我 39 岁。

一切又得从头做起

我从事血管外科始于 1957 年，到 1968 年共 11 年。我历来做事都比较认真，既然要我参与血管外科，就得从头做起。首先是看书看文献。记得曾用两年时间，看了数以百计的血管外科文献，写成一篇综述。我又曾参与数以百计的血管外科动物（狗和兔子）实验，包括真丝人造血管的实验和显微血管外科的实验，其实验研究档案后来被中山医院认为是最好的科技档案；还参与了不少难度很大的血管外科手术。最难得的是我们最早开展了显微血管外科手术，取得了断拇指再植成功，特别是与杨东岳教授合作进行了国际首例"游离足趾移植再造拇指"的创新。这时要我改行确实是一件困难的抉择，然而作为党员要服从党的需要，尤其是周恩来总理的号召，作为党员更应身体力行去贯彻。

1969 年中山医院肝肿瘤小组成立，迎来的便是夜以继日的忙碌。因为在那个年代，强调轻伤不下火线，很多工人都是带病工作，直到无法支撑才去就医，所以癌症病人大多都是晚期。而那时又强调千方百计救治病人，往往不宜手术的也勉强去做手术，自然术后风险很大，并发症很多。"白天手术，晚上抢救"变成常态。

既然改行，就得从头做起，又要重新看书、看文献。在 5 年间，我利用所有可能利用的时间到图书馆看书、看文献，晚上常常看到闭馆；星期日又到上海医学会的图书馆看最新的文献。在两百多篇文献的基础上，我也同样写了一篇详细的肝癌综述。然而令人失望的是，世界上的文献里竟没有太多对治疗病人有用的东西。

困难的问题接踵而来

由于多数病人都已晚期无法手术，我们想化疗小剂量不行便用大剂量，果然瞬间肿瘤缩小，但白细胞从几千掉到几百，2—3 周后肿瘤又以更快的速度增长，比原来更大。我们又想到中医中药和秘方土药，于是到江西寻找，从北到南，一直到了江西的万安；到上海群力草药店去问询……知道一些清热解毒中药可能有用，例如半枝莲，用一两未见效，便用一斤；知道蜈蚣一类虫药可能有用，便使用"五毒粉"；民间还说鳖有用，病床脚下常见到用绳子绑住的鳖；等等，可以说做到了"千方百计救治"。然而没有科学的基础，没有哲学思维的指导，结果常适得其反。例如我们一边用超强的化疗"攻癌"，同时再用超大剂量半枝莲的中药"攻"，结果病人很快出现大出血，即食管静脉曲张出血或肝癌结节破裂内出血，生存期反而缩短。总结教训才发现，在西医"攻"的同时，中医宜"补"，这就是我的"西学中"校友于尔辛教授所倡导的"健脾理气"中药。

尽管医院十分支持，开始大家都很积极投入，久而久之，尽管大家都认真学习肝癌的诊治，都认真投入肝癌的救治，但病人长则几个月，短则几天便去世，基本上是"走进来，抬出去"。大家感到"我会的救不了病人，能救病人的我不会"。换言之，像胃肠胆囊等手术是可能救病人的，但我们不去学，而所学的却救不了病人。作为组长，最为难的是，大家都想离开这个科室。

5 年死去 500 人

就这样，在短短的 5 年时间里，死去的肝癌病人约有 500 人。在"文化大革命"中，实行"医护工一条龙"，就是医生既要做医生的工作，查房手术；也要做护士的工作，给病人打针发药；还要做工人的工作，打扫厕所、给病人开饭，送死去病人的尸体到太平间。我永生难忘的是一天夜里，在 5 分钟内死去两位病人，我不得不用一辆推车送两个尸体到太平间。作为医生，遇到病人死亡是难免的，但这样短的时间里，死去这么多的病人，则是罕见的。尤其是当年强调"对病人如阶级兄弟"，医生和病人短时间的相处，往往已建立起一定的感情，病人死去是一件更为痛苦之事。此时，我的思想斗争也到了极点。然而反过来想，这件事总得有人去做，你不做就得别人去做。作为党员，我终于下定决心，不再犹豫，要为与肝癌搏击奋斗终生。

到肝癌高发区去调研

"穷则思变"，不能老这样下去。那时发现不少肝癌病人来自江苏省启东县，团队的同仁也提出是否可以到启东去看看。那时从上海到启东需要近一整天，乘船一个晚上到海门，再从海门乘"二等车"约一个多小时到启东。所谓"二等车"，是坐在别人骑的自行车后座。

刚好那个时期，苏联的一位学者发现肝癌病人可以在血中测出"甲胎蛋白"，这是在胎儿时期出现而出生后很快便消失的一种蛋白。我国的基础研究工作者又引进了这种技术，临床工作者又曾在启东人群中检测了这种蛋白。发现了一批这种蛋白"阳性"的人，然而这些人都是还在田里劳动的"健康者"。没有想到，这些"阳性"人群，一年后约八成死于肝癌。提示血中甲胎蛋白阳性可能就是肝癌，但国外学者在非洲的筛查研究并未得出甲胎蛋白有早期发现肝癌的价值。要证明"甲胎蛋白阳性"是否有关肝癌，对无症状的人来说，只有通过手术才能证明。我们团队的一位同事较早到启东做了这件事，发现甲胎蛋白阳性者，手术后果然发现肝脏有小的肝癌。

于是上海和南京都组织了医疗科研队到启东去调研和开展工作（图7—1）。我也于1975—1976年带领上海医疗科研队到启东工作一年。

图7—1　医疗科研队赴启东调研和开展工作（前排右二为汤钊猷）

精细实践，有始有终

记得那个年代上海还有不少医院开展肝癌早诊早治的研究，但随着时间的推移，发现即使早期手术切除小肝癌，5年内还有半数病人出现癌复发或转移而死亡。过去认为癌手术后一旦复发或转移便不适于手术，从而认为即使早诊早治，还是未能挽救病人，很多单位因此终止了研究。我们团队（图7—2）一直将这项工作坚持到底，我们想，过去所以认为术后复发转移不适于手术，是因为一旦发现复发转移，癌已很大，再切除的效果自然不好。但甲胎蛋白既然可以发现无症状的肝癌，理应也能发现无症状的复发和转移，如果对无症状的复发或转移行再手术，效果会如何？于是我们要求小肝癌切除后的病人，术后每两个月来复查甲胎蛋白，果然发现了无症状的复发或转移。我们又大胆尝试再切除，经过5年随访，证明"再切除"不仅能进一步提高生存率，有些病人还获得根治。总之，肝癌早诊早治的突破，是经过十余年有始有终的"精细实践"，通过三项临床创新才达到的，即：通过对甲胎蛋白和丙氨酸转移酶（一种肝功能指标）的动态分析诊断还没有症状的肝癌；通过局部切除代替肝叶切除，既切除小肝癌又明显降低手术风险；通过对无症状复发和转移的监测和再切除，进一步

图7—2　早年汤钊猷团队部分成员

延长了小肝癌的手术疗效。就这样，"山重水复疑无路，柳暗花明又一村"。肝癌早诊早治的突破，大幅度提高了疗效，并在世界学术界占有一席之地。这项工作，最早在 1978 年的《中华医学杂志》上发表。

人生感悟

"知难而进"还是"知难而退"，这只是一瞬间之事，但往往就导致完全不一样的人生。一个人来到这个世界上不容易，父母的艰辛，朋友的帮助，国家的培养，如果在离开这个世界前能够留下一点印迹，则不枉此生。对我而言，中国共产党的培养和教育，促使我选择了知难而进的人生。

既然知难而进，就要持之以恒，"有始有终"，不能半途而废，见异思迁；还要进行"精细实践"。这就是后来我在一个题词中说的"成功是建立在认真、及时、优质地去完成一个又一个大大小小的任务的基础上"。

孙子说"以正合，以奇胜"，所谓"异想"就是出奇制胜。

8. 难忘的 1976 年
——悲伤与起点

1975—1976 年，我作为上海市肝癌医疗科研队队长，到江苏省启东县肝癌高发区工作一年。之所以说启东县是肝癌高发区，是因为那里人口约百万，而每年约有 500 人死于肝癌。我们一行，晚上到上海的十六铺码头，乘上船，经过一整夜，终于到达江苏海门，然后再坐"二等车"，一个多小时后到达启东。自然，当地相关卫生部门和启东肝癌研究所的领导都来迎接。

1976 年是我一生中难忘的一年，也是全国悲伤的一年。周恩来、朱德、毛泽东三位党和国家领导人先后逝世；导致 24 万人遇难的唐山大地震也在那一年发生；说也奇怪，我的高血压也在那一年开始。然而对我国肝癌防治而言，那个时期也是一个重要起点，形成了"基础—临床—现场"三结合的中国特色，这个特色不久震惊了世界肝病和肿瘤学界。

关起门来诊断病人

这一年，我从医也已 21 年。历来对病人作出诊断，都是先听病人的主诉，然后做详细的体检，加上化验等报告，才能作出诊断。然而我们到启东肝癌高发现场，对肝癌的诊断却"反其道而行之"。就是先看化验报告，单纯根据化验报告作出初步诊断，然后再去看疑似的"病人"，询问病情和做体检。

我们刚到的第二天，便布置了为启东农民检测血中甲胎蛋白的工作。不久检测报告出来，我们便关起门来讨论。在不断的实践中，我们终于形成了一整套通过对甲胎蛋白和丙氨酸转移酶（肝功能）的动

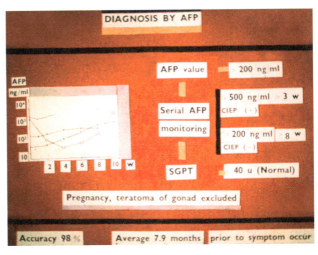

图8—1　用甲胎蛋白诊断无症状肝癌

态分析，诊断还没有症状的肝癌。图8—1是1978年我在第12届国际癌症大会上作报告所用的幻灯片。本书不是专业著作，没有必要详细叙述诊断的要领。然而根据这个诊断流程，可以达到很高的诊断准确率，可以在肝癌症状出现前大半年作出诊断。就这样，我们从一大堆甲胎蛋白检测报告中"找到"了可疑的"病人"。第二天我们便骑车到"病人"所在的公社去看病人。没有想到这些"病人"居然仍在田里劳动，与健康人无异。"病人"说没有不适，我们仔细做体检，只是扪到肝略有增大，肝质有点硬，但没有扪到硬块。我搞了几年肝癌，教科书说诊断肝癌需有"四大症状"（消瘦、乏力、纳差、有肿块）和同位素（核素）扫描有占位。然而这些"病人"都没有所谓"四大症状"，后来有条件的病人做了同位素扫描也没有发现"占位性病变"。

实践出真知

这给我们出了难题。既然怀疑肝癌，就应作出处理。教科书

说，手术是肝癌取得疗效的唯一办法。然而教科书又说，肝癌手术死亡率至少达 20%。换言之，5 位病人手术，一个月内便有一人死去。而现在面对的"病人"看似健康者，病人是否愿意冒这么大的风险，医生是否敢冒这样大的风险。我们外科医生作为当事者，确实矛盾万千。那时不要说 CT，连超声显像都没有，如果是肝癌而开刀找不到，后果无法交代；如果找到并切除肝癌而病人死亡，则后果更不堪设想。如果不手术，根据过去几年的经验，这些甲胎蛋白阳性的人，一年后便有八成死于肝癌。然而要确立这个诊断标准是否正确，只有通过手术去验证。当地卫生部门十分支持，帮助劝说"病人"接受手术。自然只有少数病人接受手术，还有多数病人不接受手术。这也是后来我们能够获得手术与不手术两条生存率曲线的缘由。鲁迅曾称赞"第一个吃螃蟹的人"，在我们团队，他是余业勤教授，可惜他早年去世。很幸运，对这些病人的手术，仅仅通过医生的双手去仔细摸，绝大多数都找到了肿瘤，大家知道，如同一粒花生米藏在肝里面，是很难扪到的；更幸运的是，我们通过局部切除代替肝叶切除，切除小肝癌，手术病人也没有死亡的。通过手术的验证，甲胎蛋白检测确有肝癌早诊早治的价值，"实践出真知"，一点儿都没有错啊。

震惊世界肝病与癌症学界

记得 1978 年初，当年世界最大的癌症中心——美国 Sloan-Kettering 癌症中心主任 Robert Good 到访我们中山医院，看到我们小肝癌的手术，又看到术后的病人，说"您们的工作应该到国际癌症大会去交流"。

这 一 年 10 月，由中国医学科学院肿瘤医院院长吴桓兴教授领衔，带队出席在阿根廷召开的第 12 届国际癌症大会，我作为十人代表团之一出席大会（图 8—2）。

图 8—2　出席国际癌症大会代表团（前排左三为团长吴桓兴，前排右一为汤钊猷）

我报告了肝癌的早诊早治，图 8—3 这张幻灯片显示了两条曲线，上面一条曲线是小肝癌切除生存 5 年者达 7 成，下面一条是未手术者 5 年无一生存；提示肝癌的早诊早治，使"不治之症"变为"部分可治之症"。

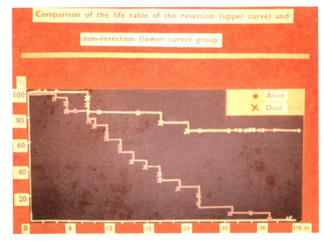

图 8—3　小肝癌切除与未切除的患者生存率

　　一炮打响，致使大批国际知名学者来访，我因此登上国际会议主席台，各种国际学术会议纷纷邀请，还应邀参编多本国际著名癌症和肝癌专著，等等。

骑车差一点冲到河浜里

　　1976 年之所以难忘，还因为有地震的预警，我们都不得不住到帐篷里。失去党和国家领导人的悲痛，肝癌早诊早治研究的紧张和劳累，日常工作生活的打乱，一时间接踵而来。

有一天，我照样骑车到农民家探访，一阵头晕，差一点骑车冲到河浜里。同行的同事把我扶起，让我坐到他的"二等车"上，回到启东肝癌研究所。作为队长，出了这个意外，自然大家都很关心。找来血压表一量，血压竟达150/110毫米汞柱。就是那年，我查出了高血压。也是那年开始，我服用高血压药至今近半个世纪从未停过。后来凡到现场的工作，我便享受了坐"二等车"的待遇。

故地重游

1999年故地重游，老朋友见面分外激动。如图8—4所示，右一是笔者，右二是启东肝癌研究所朱源荣所长，当年金牌获得者之一，右三是我的老战友杨秉辉教授，右四是当年南京医疗队的队长，前排右五也是我的老战友林芷英教授，另一边都是当年启东肝癌所的老同事。二十年后，启东已大变样。改革开放之风吹遍全国，旧貌换新颜。当年启东肝癌所的一个报告说，小肝癌切除的5年生存率为51％，生存10年以上者有29例。我们看到了当年手术后仍健在的病人，心潮澎湃。

图8—4　1999年重访启东

人生感悟

难忘的 1976 年是肝癌早诊早治的重要起点，这个起点可以归纳为"需求出发，质疑先导，精细实践，中国特色"（图 8—5）。我们所以到启东，是从我国肝癌高发的"需求出发"；我们所以有所突破，首先是质疑了教科书上的肝癌诊断标准，质疑了肝癌切除需作肝叶切除的规范，质疑了肝癌切除后转移复发不宜再手术，这些就是"质疑先导"；我们取得成功，是认真细致的诊断和手术的结果，所以是

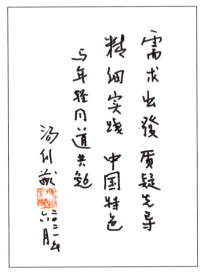

图 8—5　人生感悟

"精细实践"；我们能够在国际学术界占有一席之地，是"中国特色"的结果，这个中国特色就是"基础—临床—现场"的三结合。

要形成"中国特色"需要有"异想"，所谓"异想"需有"中国思维"。

9.微电脑，裸鼠
——自找苦吃

　　人家到我的新办公室，我常介绍办公室最值钱的东西，原来是一台古老的微电脑（图9—1）；我又指着墙上的三张照片（图9—2）说，我一生最欣慰的是没有虚度年华。因为上面的那一张是美国颁发的金牌奖，当中一张是因肝癌早诊早治获得的第一个国家科技进步一等奖，下面一张是因肝癌转移研究获得的第二个国家科技进步一等奖。小故事就从这里说起吧。

图9—1　办公室最值钱的东西

图9—2　我一生最欣慰的三张照片

"是您的国家用还是您自己用？"

　　前面说过，美国Sloan–Kettering癌症中心主任Robert Good到我们研究所考察肝癌早诊早治，看到小肝癌手术和术后的病人，便决定要给我国相关的基础、临床和现场三位学者颁发金牌奖。其中便有我，严格地说是我所代表的"上海第一医学院附属中山医院肝癌研究室"。那是 1979 年 10 月，我们三人便远渡重洋到了纽约。到美国不容易，我想除了领奖外，总得有点收获。我申请了 1000 美元，打算到美国买一点供肝癌病人做肝动脉插管灌注化疗用的导管。然而这种导管每根竟要 50 美元，1000 美元只能买 20 根，只能给 20 位病人用。刚好那时微电脑问世，但 1000 美元也只能买 4K 或 8K 的。我还是决心买一台，打算以后有钱再加上去。

就在我到处打听如何买的时候，美方告诉我："给您们颁发金牌奖的纽约癌症研究所主席 Roger Green，就是搞电脑的"（图 9—3）。第二天宴会时我刚好坐在他的旁边，于是便向他请教。他问的第一句话是："您要买微电脑，是您的国家用还是您自己用？"我立即感到，这是高科技，如果是"国家用"，他们肯定不会给我们，因为当年中美才建交。于是便如实告诉他："既不是国家用，也不是自己用，而是为储存肝癌病人资料用。"他又问："您有多少病人，每位病人要储存多少资料？"我说："大约有一千位病人，每位病人储存的资料至少一百项。"他说要找他们的工程师去计算一下需要多大的电脑。几天后他告诉我："您需要的电脑至少是 32K 的。"我遗憾地告诉他我可能买不起，他说："我们研究后告诉您。"我焦急地等待，因为 1000 美元总要用掉，直到我要回国前 3 天，他们告诉我要送我一台如图 9—1 所示的 48K"APPLE–II PLUS"，时值 4500 美元。我喜出望外，将微电脑带回，还为放置这台电脑制作了一个专门的柜台（图 9—4）。回国后到处打听谁能告诉我如何使用，结果大失所望。那时没有像现在有这么多的"软件"，需要自己去编程序才能使用。我不得不和一位研究生一起去看如同"天书"的说明书。整整半年，每天晚上在狭小的办公室工作到末班公交车快结束才赶回家。有一天，我们终于编好程序，储存了一批病人的资料，望眼欲穿地等候打印出来的结果。一看结果，大失所望，其数据和我预想的完全不同。又费了几天核对所有病人的资料，原来错误发生在"0"和"1"的遗漏和颠倒上。这让比较严谨的我也感到做事真的要分毫不差。"有志者事竟成"，大半年后我们终于成功地用于肝癌病例的储存分析。1982 年在《中华肿瘤杂志》发表了《用微型电子计算机储存和分析 46 例小肝癌的探讨》。

图 9—3　纽约癌症研究所主席 Roger Green

图 9—4　放置电脑的柜台

差一点当废品丢掉

2015 年，由于中山医院心血管和肝癌研究取得进展，国家为此投入建成心血管和肝癌大楼，医院领导要我搬到新办公室。那时我已 85 岁，无需再用如此大的办公室，而且过去每次搬迁都丢失了一些重要的东西，但最后仍无法推托，只好搬迁。由于年迈，对搬迁我已无力一一细看。偶然想起，近 40 年前从美国带回最早的微电脑也许值得保存，当年和我共同编"程序"的研究生早已成教授，也感到应该保存。这才把险些当废品处理掉的微电脑搬过来。

2018 年我看到《参考消息》一篇题为《苹果首款个人电脑将再度拍卖》的报道。报道说"1976 年的 APPLE–I，在 2016 年拍卖出 81.5 万美元"。我的这台是 1979 年的 APPLE–II PLUS，相信可能是国内的第一台，因为 1979 年中美才建交，此前难以获得这种高科技，相信确实是办公室值钱的东西。2016 年搞电脑的儿子到办公室来看我，很高兴看到我仍保存了这台微电脑。然而仔细再看，说"很可惜您没有将打印机和说明书也保存起来"。

其实这台电脑放在办公室，对我而言只是一种念想。让我回忆起现代科技发展已成井喷态势，从那时起，我个人已更换了十几台电脑。记得 20 世纪 70 年代，为了保存病例资料，曾印了用手填写的卡片，后来又设计了打洞卡，然而尚未等到应用便被废弃，因为微电脑的出现。由于微电脑的引进，从那时起，我们研究所病人的数据便都用电脑管理，当前数以万计的病例储存分析，已无法离开电脑。

5 对裸小鼠带来的难题

如前所述，这里的小故事就从那张金牌奖照片说起。到美国一次不容易，总得还有点其他的收获。我们所以获得金牌奖，是由于肝癌早诊早治的突破，然而甲胎蛋白筛查不可能在全国展开，每天来诊的病人仍大多是有症状的大肝癌病人，这些病人中的大多数都无法手术，这些病人大多在一年内去世，没有生存 5 年以上的。对他们的治疗成为无法回避的问题。要研究对大肝癌病人的治疗，就要探索新的治疗途径，而研究不能直接在病人身上做实验，需要先在动物实验中去探索。而动物实验需要有酷似肝癌病人的模型。那时已知道要将人的癌成功接种到动物，需要用先天性免疫缺陷的裸鼠，不然接种上去的人癌便会被排斥掉。那时国内还没有裸鼠，而美国有，我便决心到美国去争取。

1979 年是我国刚实行改革开放的第二年，国家仍穷，国际上这种稀有的实验动物，我们也买不起。所幸借中美建交的东风，我作为被美国授予金牌奖的学者而受到尊重。我厚着脸皮向 Sloan–Kettering 癌症中心主任提出这个要求，却立即获得肯定的回复。临离开美国那一天，他们送来 5 对（雌雄）裸小鼠。为了亲自将裸鼠带回，我请求航空公司给我安排在座位前有一点空间的第一排，他们也满足了我的要求。

当我小心翼翼将裸鼠带回，途经北京，已是冬天，一时也找不到暂时安放裸鼠能保暖的地方，便立即转回上海。到了上海，我便立即寻找有经验饲养裸鼠的单位，当然是一场空，因为国内尚无裸鼠。裸鼠由于免疫功能差，其饲养环境需要恒温恒湿和适度无菌。我带回一个烫手的山芋，弃之可惜，留之困难。

那时我还是副教授，便和第一位硕士研究生一起，向医院申请了一台空调和一个房间，就这样将裸鼠安置下来。但作为外科医生，我对裸鼠一无所知，赶紧买了一本外文的裸鼠专业书，再查文献。在我的那位硕士生（后来成为肝癌所外科主任，现早已退休）和一位技术员的辛勤努力下，我们终于成功繁殖了裸鼠，建成国内第一个裸鼠人肝癌模型，并在 1982 年发表研究结果。

裸鼠实验研究给患大肝癌病人带来曙光

如前所说，建裸鼠人肝癌模型的目的是为了探索治疗不能切除大肝癌病人的新疗法。我们只是临床医生，只能应用已有的治疗手段，研制新药不是我们力所能及

图9—5　裸鼠人肝癌模型

的。已有的治疗手段不外放疗、化疗、局部治疗和免疫治疗。我们用了将近十年的时间，应用裸鼠人肝癌模型（图9—5）进行实验性治疗的研究，发现原先单一应用各种疗法，都难以使肿瘤缩小；然而如果两种疗法合用，则常可看到肿瘤缩小；如果三种疗法合用，特别是在放化疗基础上，再加上免疫治疗，竟可看到肿瘤消失。这提示 1+1+1>3，换言之，合理的综合治疗不仅有量的变化，还可能有质的变化。实验结果极大地鼓舞了我们，后来在临床上也验证了这一结果，从而使部分不能切除的肝癌病人，由于肿瘤缩小后获得切除而长期生存，实现了不能切除肝癌5年生存率"零"的突破。我们也因此获得一个国家科技进步奖三等奖。

裸鼠的引进，后来还使我们因成功建立高转移人肝癌模型系统（包括高转移人肝癌裸鼠模型和高转移人肝癌细胞系）而获第二个国家科技进步奖一等奖。总之，借获得金牌奖的机遇，我还获得三项意外的收获：除引进微电脑和引进裸鼠外，还为我们研究所同仁争取到两个赴美进修的名额。

人生感悟

微电脑和裸鼠都不是外科医生的本行，然而从病人的需求出发，看来"跳一跳把果子摘下来"还是可能的，外行也可能变内行。关键是"知难而进"还是"知难而退"，人的一生，有时要"自找苦吃"，逼着自己做一些"力所难及"之事，便又"上了一层楼"（图9—6）。在国内，我从不向别人索要东西，然而从事业出发，需要的东西还是要敢于提出，才有成功的可能。

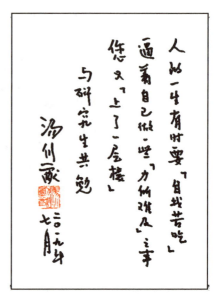

图9—6 汤钊猷与研究生共勉

对付癌症的"异想"，需要有胆略和"自找苦吃"的勇气。

10. 小可变大，大也可变小
——"阴阳互变"的应用

正当我们因肝癌早诊早治取得突破而感到鼓舞之时，每天面临的肝癌病人，仍然大多是患有大肝癌的病人。这些病人只有十分之一能够手术切除，即使切除，也只有五分之一能够活过 5 年；而不能切除的大肝癌病人，过去没有生存 5 年以上的。为什么会是这样呢？因为我国人口众多，由于经费等因素，用甲胎蛋白筛查无法覆盖全国。小肝癌通常没有症状，一旦病人出现症状来诊，肝癌已有苹果大小。我们马上又想，小肝癌研究的理论和实践有没有可能用在大肝癌的治疗上来呢？但前提是大肝癌能否变为小肝癌。从常识来看，小肝癌只会慢慢长大成为大肝癌，而没有遇到大肝癌能够慢慢缩小成为小肝癌的。然而从中华哲理的角度，"道"即"阴阳"，阴阳不仅"互存"，还可"互变"。《三国演义》开篇便是"天下大势，分久必合，合久必分"，这就是"分"与"合"可以互变。为此小可变大，大也可能变小。

要喝茶，先要从挖井取水做起

20 世纪 80 年代，我们根据临床需求，将研究重点由小肝癌研究改到如何应对大肝癌的研究上来。哲理是一回事，而实际又是另外一回事。我们在此前十多年的实践中，应用当年的各种疗法，包括放疗、化疗、肝动脉结扎和肝动脉插管化疗灌注等的单一应用，罕见有肿瘤明显缩小的。为此，要让肿瘤缩小，需要进行新的探索。但探索不能在病人身上进行，需要建立酷似人肝癌的动物模型，然后在动物模型中去探索。

要喝茶，需要用水泡，得先要从挖井取水做起。幸好1979年我从美国带回了5对裸小鼠，因为人的肝癌对鼠而言是"异种"，只能接种到先天性免疫缺陷的裸鼠身上才不会被排斥。我的第一位研究生就从事了这项工作，因为当年国内外均无现成的人肝癌裸鼠模型，而这又是一个我们从未涉猎的处女地。因为先天性免疫缺陷的裸鼠抵抗力极低，饲养需要特定的所谓相对无菌的SPF环境；先要把裸鼠养活，再要使裸鼠繁殖，也是一个难题；然后才能将手术切除的人肝癌组织，接种到足够数量的裸鼠身上，才能进行实验性治疗研究。这些对我们外科医生而言，都只能从头学起，买裸鼠相关的专业书看，查文献，从实践中探索。很幸运，不久我们便建成裸鼠人肝癌模型，并在1982年发表。

"1+1+1>3"可能吗？

建成人肝癌裸鼠模型只是提供了做实验的平台，实验如何构思是能否实现肝癌由大变小的关键。制造新药不是我们的强项，临床医生主要是如何用好已有的疗法。正如下象棋，开始双方都有车马炮，兵力相当，而最后胜出则靠棋艺。于是，我们想到单一应用无效，是否可探索两种疗法合用的"二联"，或三种疗法合用的"三联"。我的另一位研究生承担了这一任务。当年能在动物实验中应用的疗法不外放疗、化疗（顺铂或5氟尿嘧啶）和免疫治疗（混合菌苗 MBV，即最早的 Coley 毒素）。实验结果发现：三联（放疗 + 顺铂 + 混合菌苗）优于二联（放疗 + 顺铂或混合菌苗），二联又优于单一治疗。值得一提的是，单一应用混合菌苗，未见肿瘤缩小的；二联治疗可见肿瘤缩小，但未见肿瘤消失的；而放疗 + 顺铂 + 混合菌苗的三联治疗，则 9 只鼠中有 8 只鼠的肿瘤消失。这提示"1+1+1>3"是可能的，即不仅有量变，还有质变。这个结果发表在 1988 年的《中华肿瘤杂志》上。

从实验室到临床

有了实验结果，我们便马不停蹄地应用到临床上。那时对患有大肝癌的病人，只要身体情况允许，我们都争取切除肝癌。如果手术发现已不宜切除，我们便改用肝动脉插管加结扎。就是在供应肝癌的动脉里插上细塑料管，再将动脉结扎，但要保持塑料管的通畅。这样既阻断了肿瘤的动脉供应，使肿瘤坏死，而塑料管又可在术后供化疗灌注之用，增加肿瘤的坏死。术后我们每天或隔天在塑料管内灌注小剂量化疗，那时常用的是顺铂或 5 氟尿嘧啶，持之以恒，几个月后，有些病人就看到肿瘤慢慢缩小。但缩小多不足以达到能切除的程度，于是我们又探索加上局部外放射治疗，再加上用当年能用的免疫治疗，即混合菌苗或卡介苗。我们惊奇地发现，这种所谓"外放疗 + 肝动脉结扎和化疗灌注 + 免疫治疗"的三联治疗，居然看到有些病人肿瘤缩小至能够切除，但缩小到能够切除的病人仍然是少数。

被逼进行的抗体导向治疗探索

为了不断提高疗效，我们想，还有什么办法可以使肿瘤缩小到能切除的病人更多一些呢？刚好那时国外新出现抗体导向治疗，这好比导弹可能精确摧毁特定目标，所以很吸引人。现在大家都知道有"分子靶向治疗"，就是先找出哪个分子与肝癌有关，再针对这个分子设计药物，这样就可能较精准地杀灭肿瘤。但当年的"导向"不是分子导向，而是抗体导向，就是要找到和肿瘤相关抗原有亲和力的抗体，这样就可能以这种抗体为载体，带上杀伤力强的弹头去攻击肿瘤。我这个不知天高地厚的外科医生，又一次"自找苦吃"。在 20 世纪 80 年代，我们大胆申请了国家攻关课题，从事"肝癌选择性定位与导向治疗"的研究。对这个崭新的领域，又是将近十年的困难研究。多位研究生帮我进行了大量探索，终于选出了三种"肝癌导向治疗剂"在临床试用。就是将对肝癌有亲和力的抗体或碘油背上核弹——放射性碘 131。这些导向治疗剂经肝动脉插管灌注，几个月后，大体上可使三分之一的患大肝癌病人的肝癌缩小到可能切除。由于效果不错，我们想是否可以不切除呢？没有想到半年后，缩小的肿瘤又复增大，病人还是没有最终逃脱死亡的厄运。为此，缩小后的肿瘤就需要考虑切除，但缩小后切除能否延长病人的生存期，仍是未知数，这又得靠实践以及术后 5 年的随访来验证。

意想不到的结果

既然经过二联或三联治疗看到肿瘤缩小，但半年后肿瘤又复长大，提示在肿瘤缩小期间最好能切除。但对病人而言，这需要做工作。因为病人常以为肿瘤既然缩小，就不要再去惊动它。我们好不容易劝服一些病人接受"缩小后切除"。尽管肿瘤缩小后能够切除，但由于二联或三联治疗后腹腔的粘连等，也增加了手术的难度。最让我们心中无数的是"缩小后切除"到底能否延长病人的生存期，因为原先这些病人患的是预后差的大肝癌。手术的发现，让我们坚定了信心，原来二联或三联治疗后肿瘤已大量坏死，但仍有小量活着的残癌，这就是为什么如果不切除，半年后肿瘤又复长大的根源。然而，最终的结果仍然要等随访，这又需要 5 年。5 年后我们惊奇地发现，"缩小后切除"的远期疗效竟与小肝癌切除的相仿，因为切除时的肝癌已不再是大肝癌，而是小肝癌。

由于"不能切除肝癌的缩小（降期）后切除"的成功，导致不能切除肝癌 5 年生存率零的突破（图 10—1）。图 10—2 所示，1991 年肿瘤如同西瓜那么大，如果不手术，通常只能生存半年左右；而用 131 碘——抗肝癌单抗（与上海细胞所合作）为主的三联治疗，肿瘤缩小后切除，25 年仍无瘤生存。我们用了《不能切除肝癌的希望》在国际杂志发表。由于这项成果，我们被《世界外科杂志（World J Surg）》邀请主编"不能切除癌症的治疗"

图 10—1　缩小后切除的疗效

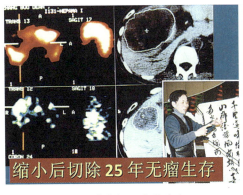

图 10—2　无瘤生存 25 年的病人

的专辑。这项成果，让我们又获得一个国家科技进步三等奖。图10—3是1996年我在《医学与哲学》发表的文章。

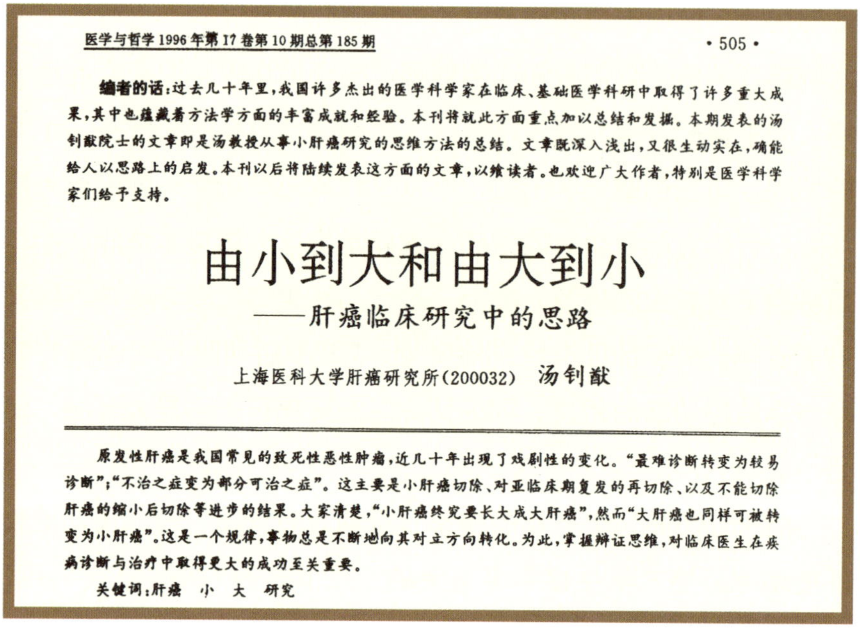

医学与哲学 1996年第17卷第10期总第185期　　　　　　　　·505·

编者的话：过去几十年里，我国许多杰出的医学科学家在临床、基础医学科研中取得了许多重大成果，其中也蕴藏着方法学方面的丰富成就和经验。本刊将就此方面重点加以总结和发掘。本期发表的汤钊猷院士的文章即是汤教授从事小肝癌研究的思维方法的总结。文章既深入浅出，又很生动实在，确能给人以思路上的启发。本刊以后将陆续发表这方面的文章，以飨读者。也欢迎广大作者，特别是医学科学家们给予支持。

由小到大和由大到小
——肝癌临床研究中的思路

上海医科大学肝癌研究所（200032）　**汤钊猷**

原发性肝癌是我国常见的致死性恶性肿瘤，近几十年出现了戏剧性的变化。"最难诊断转变为较易诊断"；"不治之症变为部分可治之症"。这主要是小肝癌切除、对亚临床期复发的再切除、以及不能切除肝癌的缩小后切除等进步的结果。大家清楚，"小肝癌终究要长大成大肝癌"，然而"大肝癌也同样可被转变为小肝癌"。这是一个规律，事物总是不断地向其对立方向转化。为此，掌握辩证思维，对临床医生在疾病诊断与治疗中取得更大的成功至关重要。

关键词：肝癌　小　大　研究

图10—3　在《医学与哲学》发表的文章

人生感悟

我到耄耋之年，更加感到"硬件"和"软件"相辅相成，不可或缺。而医学软件，其实可以从中华文明中去学，而中华哲学思维正是中华文明的精髓。中华哲学不同于其他哲学体系，是建立在五千年来唯一从未中断的、原生的中华文明基础上的原生哲学。笔者管见，中华哲理可简化为"三变——不变、恒变和互变"。小可变大，大也可变小，这就是"互变"。我之所以提倡学点中华哲学思维，不是复古，而是应用这些哲学原理，去发展现代医学，也就是老子所说"执古之道，以御今之有"；不是拆台，而是补台。如果只是遵循"常识"，事物只能由小变大，而不会

由大变小，就不会思
考如何能使大变小，
就不会去实践，也就
不可能成功。

图 10—4　中华哲理可简化为"三变"

　　这一篇成稿之时，
正值新冠疫情肆虐，
这个简化的中华哲理
"三变"，相信也有助
应对新冠疫情，为此
我将其作为 2021 年贺年片发出，亦以待评说。

　　所谓与癌共舞的"异想"，需要有中华哲学思维的背景。

11. 又一个国家科技进步一等奖
——逆向思维的奇效

1985 年我们因"小肝癌的诊断与治疗"获国家科技进步一等奖。2006 年我们又意外地获得第二个国家科技进步一等奖。那是自 1994 年起经过十几年的努力，建成国际首例高转移人肝癌模型系统及其应用研究（图 11—1）。这个奖的获得，追根溯源，应归功于"逆向思维"。

图 11—1 获国家科学技术进步奖证书

困难的抉择

1994 年我卸任上海医科大学校长，由于我还兼任上海医科大学肝癌研究所所长，一个大难题放在我的面前。自从 1969 年我投入肝癌临床与研究，从提高疗效的目标出发，20 世纪 60—70 年代，面临晚期病人，我们研究所的研究重点是"早诊早治"；80—90 年代当早诊早治已有所突破后，研究重点是针对临床多数大肝癌，开展不能切除肝癌的"缩小后切除"，为了达到使大肝癌更有效缩小，我们承担了国家攻关项目，进行"肝癌导向治疗研究"，经过十几年的努力，取得了可喜的进展。据统计显示，尽管小肝癌切除疗效不错，然而几十年来其5年生存率却没有提高（图11—2）。究其原因，肝癌早期切除后，5年内癌复发转移超半数，缩小后切除也不例外。

小肝癌切除5年生存率40年没有提高
不研究转移将难以进一步提高

100%　57.9%　57.9%　55.5%　57.1%

5-y%

治愈　1968-77　1978-87　1988-97　1998-09
例数　19　138　711　4190

图11—2　不研究癌转移难以提高生存率

至于大肝癌切除、复发后再切除，其复发转移发生率更高。不研究肝癌复发转移这个"瓶颈"，疗效将难以进一步提高。如果研究复发转移，将意味着要放弃经十几年努力已有初步成果的"导向治疗研究"。这确实是一个困难的抉择，然而"提高疗效"始终是我们的战略目标。我终于痛苦地下决心，将整个研究所的研究方向转到肝癌转移方面，因为复发的重点是癌转移。在终止肝癌导向治疗研究的同时，1994年我们启动了对这个世界难题的新征程，因为"癌转移"已被认为是21世纪生命科学需要迫切解决的问题，而这一切又得从头做起。

建立高转移人肝癌模型又要从头做起

研究癌转移不能在病人身上做试验，需要建立酷似人肝癌的动物和细胞模型。建立转移性人肝癌模型系统，是癌转移研究三大任务之一，另外两个任务是癌转移的预测和干预。然而转移性人肝癌模型的建立难度极大，文献未见。理想的模型系统有三个：可供体内研究的裸鼠模型，但转移率高者难建成；可供体外研究、易于保存的细胞系，极难建成；酷似病人转移靶向和转移潜能不同的细胞系，文献未见，无可借鉴。

我们在1982年便建成裸鼠人肝癌模型，尽管提供肝癌组织的病人有癌转移的表现，但那个裸鼠模型却不出现癌转移。为此，需要建立在裸鼠也出现癌转移的模型，一位博士研究生承担了这一难题。我们想，那个裸鼠模型之所以不转移，可能是因为人肝癌组织是用细胞悬液（肝癌细胞）种在裸鼠皮下的缘故，皮下的微环境不同于肝脏的微环境。1889年Paget曾对癌转移提出"种子与土壤"学说，认

图11—3　高转移人肝癌裸鼠模型

为种子的生长需要合适的土壤，于是我们将人肝癌组织块接种到裸鼠的肝脏。尽管如此，我们取了30位病人的肝癌组织接种到裸鼠的肝脏，最终也只有一例出现癌转移。为了提高癌转移的潜能，我们反复取转移到肺的肝癌组织接种到肝脏，最后才获得在裸鼠的肺、肝和淋巴结高转移的模型（图11—3）。

难题接踵而来

高转移人肝癌裸鼠模型的成功建立，使我们喜出望外。该

成果 1996 年发表在国际有名的《国际癌症杂志（Int J Cancer）》，但那位研究生毕业后也因此被国外聘去。然而要保存这个裸鼠模型就得不断地传代接种，因为癌不断长大和转移，裸鼠便死亡，需要在裸鼠死亡前将癌组织接种到另一只裸鼠的肝脏，如此反复，不仅工作量大，耗费也大。最好能建成有转移潜能的人肝癌细胞系，因为细胞系可以在液氮中长期保存，要使用时取出解冻扩增再接种到裸鼠肝脏。于是，另一位曾有在组织胚胎教研组工作经验的研究生承担了这一课题。

照理建立一个细胞系并不是很难的难题，我们也抱着希望等待它的来临。于是这位研究生便将高转移人肝癌裸鼠模型的癌组织取出，放到试管内培养。不久他来告诉我，那个细胞在试管内培养 6—7 代后便死亡。我说，是否买最好的培养基来培养。不久他又来说，还是不行。我们又想到是否还是因为原先细胞是在裸鼠肝脏的微环境，现在放到试管内的微环境不能适应的缘故。如同婴儿断奶，换吃牛奶不适应，可以不时交替吃母乳。我们便试行体内体外交替的办法，当试管内培养的癌细胞将要死亡前，再将癌细胞接种回裸鼠身上，果然这个办法经过 78 次失败后，终于成功建成高转移人肝癌细胞系（图 11—4）。该成果 1999 年又在《英国癌症杂志（Br J Cancer）》发表。这位博士不久又到国外去工作了。

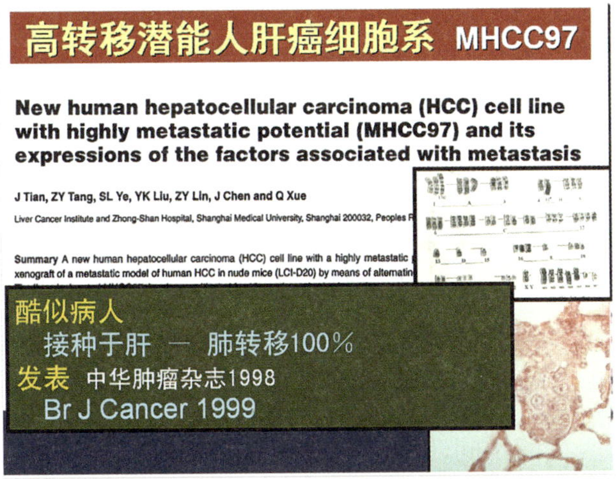

高转移潜能人肝癌细胞系 MHCC97

New human hepatocellular carcinoma (HCC) cell line with highly metastatic potential (MHCC97) and its expressions of the factors associated with metastasis

J Tian, ZY Tang, SL Ye, YK Liu, ZY Lin, J Chen and Q Xue

Liver Cancer Institute and Zhong-Shan Hospital, Shanghai Medical University, Shanghai 200032, Peoples R

Summary A new human hepatocellular carcinoma (HCC) cell line with a highly metastatic p xenograft of a metastatic model of human HCC in nude mice (LCI-D20) by means of alternating

酷似病人
接种于肝 — 肺转移100%
发表 中华肿瘤杂志1998
Br J Cancer 1999

图 11—4　高转移人肝癌细胞系

更难的难题又出现

　　不同病人身上的肝癌却有不同的表现。有些病人肝癌容易转移，而另一些病人却不容易转移；有些病人肝癌的转移只是在肝内播散，有些病人肝癌转移到肺，而另外一些则转移到淋巴结，肺、肝、淋巴结是最常见的转移靶点。为此，我们还需要建立不同转移潜能（高转移潜能和低转移潜能）和不同转移靶向（转移到肺，转移到肝脏其他部位，转移到淋巴结）的细胞系，而且最好是相同遗传背景的。因为癌转移的研究，重点是要找出癌转移有关的基因，如果是不同遗传背景，就很难确定找到的不同基因，到底是和遗传有关还是和癌转移有关。于是，第三位博士研究生承担了这一课题。这好比一对双胞胎兄弟（遗传背景相同），要培养出一个善于文学的，另一个长于数理化的。古人云："近朱者赤，近墨者黑"，这意味着环境因素起着重要作用。又是经过艰苦的探索，终于发现：将转移到肺的肝癌，重新接种到肝脏，反复多次，这样获得的肝癌细胞，如果再接种到肝脏，就容易转移到肺；如果将转移到淋巴结的肝癌，重新接种到肝脏，反复多次，这样获得的肝癌细胞，如果再接种到肝脏，就容易转移到淋巴结。

　　几位博士研究生，前后经过十多年的探索，终于建成"高转移人肝癌模型系统"，包括：可供体内试验的高、低转移裸鼠模型（LCI–D20 和 LCI–D35）；可供体外试验和保存的高转移细胞系 MHCC97；可供寻找肝癌转移相关分子的遗传背景相仿的高、低转移细胞系（MHCC97L 和 MHCC97H）；可供研究癌转移机理的不同转移潜能细胞系（HCCLM3 和 HCCLM6）；以及不同靶向转移的细胞系和可视化的转移细胞系等，共 11 个模型。而建成这个模型系统，是通过创建几项新技术才达成的。这包括：肺克隆体内纯化，体内外交替培养，肺逐级定向筛选，淋巴结逐级定向筛选等（图11—5）。为了证明环境因素可以影响癌细胞的性能，我们做了

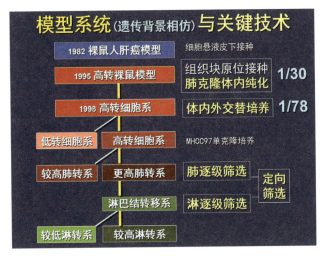

图 11—5　高转移人肝癌模型系统

三个实验：发现肺提取物可以促进癌细胞的侵袭性和肺转移的潜能；发现淋巴结粗提取物可促进淋巴结转移潜能和细胞侵袭；发现基底膜蛋白对癌转移起主动作用。因为不是专业书，就不再细说。值得一提的是：建立和应用此模型系统的博士生中，有3人其博士论文被评为"全国优秀博士论文"。

建立人肝癌转移模型系统有什么用？

　　大家一定要问，费这么大劲儿建立高转移人肝癌模型系统有什么用？如前所说，肝癌转移的研究不能在病人身上做试验。我们应用此模型有了一些新发现：（1）在肝癌转移机理方面，发现了一些新的转移有关分子——比较不同转移潜能细胞系，发现肝癌转移为多基因/多蛋白参与的过程；发现第8号染色体短臂（尤其8p23.3部位）缺失与人肝癌转移有关；发现细胞角蛋白19（CK19）、热休克蛋白27（HSP27）、KIAA0008基因、血管内皮的血小板衍化生长因子受体（PDGFRa）等，与肝癌转移相

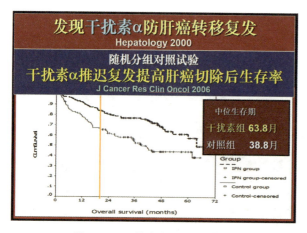

图 11—6　干扰素有助预防肝癌术后转移

关，并已在国际杂志发表。这些均可能成为肝癌转移预测和干预的潜在靶点。（2）筛选了多种有助于干预癌转移的药物——首次发现干扰素有预防病人术后转移的作用（"Hepatology"，2000），经临床随机分组试验证实后，已在临床应用（图 11—6）；此外实验还发现反义H–ras 寡核苷酸、金属蛋白酶抑制剂 BB94、肝素、分化诱导剂 CDA–II（喜滴克）、靶向性抗黏附分子、左旋咪唑、细胞分化剂 CDA–II、丹参和蛇毒等，对肝癌转移均有一定的抑制作用。

国内外对这个模型系统的评价

高转移人肝癌模型系统的成功建立，特别是应用这个模型系统，进行研究在癌转移方面的新发现，以及筛选出药物在临床上的应用，使我们研究所获得了历史上第二个国家科技进步一等奖。国外也给予很高的评价，美国国立

图 11—7　美国国立癌症研究所的评价

癌症研究所人癌癌变实验室评价说："据我所知，这是目前可供研究肝癌转移和识别抗转移药物第一个模型，显然对学术研究和筛选药物均很有用"（图11—7）。我们研究所应用模型做研究后发表论文时，一位《临床癌症研究（Clin Cancer Res)》

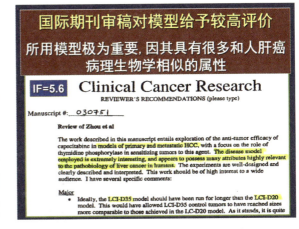

图11—8 《临床癌症研究》审稿人的评价

的审稿人专门指出："所用模型极为重要，因其具有很多和人肝癌病理生物学相似的属性"（图11—8）。

20年后国外著名研究机构仍来函索取

这个高转移人肝癌模型系统建成后，国内外约200家研究机构纷纷来索取，其中不乏国际著名的研究机构。如美国国家卫生研究院（NIH）、美国国家癌症研究所（NCI）分子细胞遗传学部、美国NCI–Frederick免疫学实验室、美国加州大学旧金山分校（UCSF）、美国新泽西州的分子医学及免疫学中心、德国埃森大学医学院、瑞

图11—9 全球约200家科研机构来索取模型

典 Karolinska 研究院、加拿大 Manitoba 大学肝病学系等。国内的科研机构来索取者，如南方基因中心、中国科学院细胞所、中国科学院药物所、上海肿瘤研究所、北京大学医学院、香港大学医学中心肝病研究中心、华中科技大学、重庆大学、兰州大学、内蒙古医学院，还有当年第二、第三、第四军医大学等（图 11—9）。

1996 年我们在国际发表了高转移人肝癌裸鼠模型，1999 年在国际发表了高转移人肝癌细胞系，直到 20 年后，仍有国际著名科研机构来函索取，如美国 MD Anderson 癌症中心、美国宾州大学、英国剑桥大学、德国海德堡病理研究所、日本滨松大学、新加坡国立大学、土耳其 Dokuz Eylul 大学等（图 11—10）。

图 11—10　20 年后仍有国际科研机构来索取

模型系统建成的关键在于"逆向思维"

Paget 关于癌转移的"种子与土壤"学说，过去强调种子需要在合适的土壤才能生长，而忽略了另一方面，即不同的土壤也能影响种子的性能。我们的模型系统所以成功建成，正是应用了过去被忽视的另一方面。我们所以能在 1996 年建成高转移人肝癌裸鼠模型，是通过"肺克隆体内纯化"的新技术，就是让肝癌细胞反复在肺的微环境下培育，从而增强了向肺转移的潜能。我们所以能在 1999 年建成肝转移人肝癌细胞系，是通过"体内外交替培养"的新技术，使肝癌细胞从体内的微环境，逐步适应试管内的微环境。我们所以能建成不同转移靶向和潜能的人改癌细胞系，是通过"肺、淋巴结定向筛选"的新技术，是肝癌细胞逐步增强向特定靶向转移的潜能。

总之，我们既学习了 Paget 学说中被强调的一面，即种子需要合适的土壤才能生长，将人肝癌接种到裸鼠的肝脏，而不是皮下，建成了有转移潜能的人肝癌裸鼠模型；但又质疑了认识上所忽视的一面，即"不同的土壤也能影响种子的生物学特性"，从而建成高转移人肝癌模型系统(图 11—11)。直到 20 年后的今天，国外仍缺如，从而达到"超越"。如前几年我的一个题词所说："质疑是一分为二，不是全盘否定"(图 11—12)。

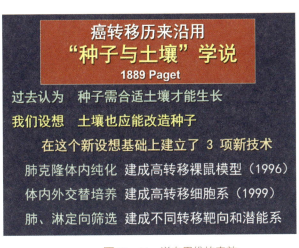

图 11—11 逆向思维的奇效

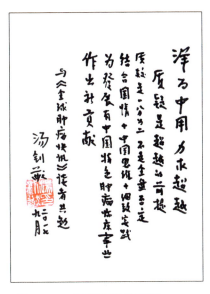

图 11—12 质疑是超越的前提

人生感悟

顺口溜曰：中华哲理，概括为道，道即阴阳，阴阳互存，恒动互变。不同种子，（需要）不同土壤；不同土壤，（产生）不同种子。肺脏土壤，种子转肺；淋巴土壤，转移淋巴。阴阳互变，奥秘所在。软件硬件，互相补充，有无相生，便是明证。

逆向思维的"异想"，实际上就是阴阳互存、互变的体现。

12. 未完成"交响曲"
——人生憾事

喜欢听古典音乐的都知道，奥地利作曲家舒伯特是西方音乐史上最杰出的作曲家之一。《未完成交响曲》写于 1822 年，舒伯特时年 25 岁，但直到 43 年后乐谱才被发现，并于 1865 年首次公演。而舒伯特的《C 大调交响曲》完成于 1828 年，这说明他完全有时间完成，作曲家为什么没有完成，至今还是个谜。

回顾九旬人生，感到也有未完成"交响曲"，成为人生憾事。我从医，不是音乐家，所谓"交响曲"，以为是一件摆得上桌面的东西，这就是晚年启动的一项科学研究——"杀癌促残癌转移及其干预"，但这项研究却成为一生中唯一"有始无终"的憾事。这一篇就说一下为什么我认为是"交响曲"，又为什么没有完成。

两件半事

在很多场合我都说，"一生只做成两件半事"。对临床医生来说，是否做成了一件事，关键看是否给病人带来效益，是否得到客观的评价，疗效始终是临床评价的金标准。我说的"第一件事"就是我和团队完成的"肝癌早诊早治"。为什么说是"做成了"，因为它获得了国家科技进步一等奖，获得了美国纽约癌症研究所"早治早愈"金牌；但更重要的是它大幅度提高了肝癌的

 内文字：

救死扶伤　攻坚克难
我和第一梯队
对肝癌早诊早治取得进展

1979 美国金牌
提示占一席之地
比美国早 8 年
要有人家没有的东西

已由不治之症变为部分可治之症
主要由于早诊早治
复旦肝癌所 中山医院 1958—2010 n=12870

5y 44.0%

5y 2.8%

	1958-67 n=117	1968-74 n=355	1978-87 n=711	1988-97 n=2066	1998-2009 n=9621
C res%	0.9	5.4	19.4	34.4	50.9

图 12—1　做成的第一件事——"早诊早治"

临床疗效，获得了大批肝癌长期生存者。如图 12—1 所示，我们研究所住院肝癌病人的 5 年生存率已从 20 世纪 50—60 年代的 2.8% 提高到 21 世纪初的 44.0%。1971 年 Curutchet 统计全球 1905—1970 年间，生存 5 年的肝癌病人只有 45 例；而仅我们一个研究所，随访至 2012 年，生存 5 年以上者已有 2613 例；生存 10 年以上者有 724 例，其中 62.2% 来自早期发现的小肝癌切除。

所谓"第二件事"，就是"不能切除肝癌的缩小（降期）后切除"，这项研究，也获得国家科技进步三等奖，这项研究导致不能切除肝癌病人的 5 年生存率零的突破，使不能切除肝癌病人的 5 年生存率从 1958—1973 年的 0，提高到 1989—2005 年的 16.1%，并出现了一些长期生存者。

为什么得了国家一等奖还说是半件事

那么"半件事"是指什么呢？我们研究所在几十年的实践中，发现无论大肝癌切除、小肝癌切除、缩小后切除或复发转移的再切除，仍未解决再复发转移的问题，不解决这一问题，疗效难以进一步提高。为此，1994 年后便将整个研究方向改为"肝癌复发转移的研究"。癌转移是癌症研究的核心问题，如果癌不转移，就变成良性肿瘤，就不会危及病人生命，这是世界难题。我们从"需求出发"研究这个课题，而一旦进入，才发现这是我们临床医生力所难及的。如同喝茶，需要先种茶树，需要挖井取水，才能煮水泡茶，这些都需要自己去做。首先遇到的是：癌转移研究不能用病人做试验，需要建立酷似人癌的动物和细胞模型。经过十几年的努力，我们终于建成高转移人肝癌模型系统，包括动物和细胞模型，包括不同转移潜能和不同转移靶向的模型。再加上我们用这个模型研究肝癌转移的机理，用这个模型筛选出干扰素等有助于减少转移复发的药物和措施，从而获得第二个国家科技进步一等奖。

既然获得了国家科技进步一等奖，应该可以说是又做成了一件事。然而对临床医生而言，"疗效是硬道理"，尽管发现了干扰素，但临床疗效只是小幅提高。其对病人带来的效益，远不如"早诊早治"，也不如"缩小后切除"，为此只能算是"半件事"。

画龙点睛，研以致用

有资料说，古代有个画家张僧繇，在金陵（现南京）安乐寺画四龙于壁，不点睛。每云："点之即飞去。"人以为妄诞，固请点之。须臾，雷电破壁，二龙乘云腾去上天，二龙未点睛者皆在。这就很形象地说明，如果画了一条龙，但没有眼睛，这就不是一条活生生的龙，而一旦有了眼睛，就变成一条"生龙"。我们从 1994 年起研究肝癌转移，经过十年奋战，已有不少积累，甚至还写成一本专著《肝癌转移复发的基础与临床》。2006 年，"七君子"（图 12—2，左起郑树森、杨胜利、吴孟超、闻玉梅、顾健人、汤钊猷和王红阳院士）倡议，争取到将肝癌列入国家重大

图 12—2 "七君子"使肝癌列入国家重大专项

专项，肝癌转移自然也在其中。研究肝癌转移的机理是解决肝癌转移预测和防治的基础；肝癌转移的预测也不可或缺，它是进行癌转移防治的前提；然而最终目的还是要解决肝癌转移的防治问题。如果在肝癌转移的防治上没有办法，这个课题仍不能算是完成。所以，"画龙点睛，研以致用"是我们必须遵循的。

意想不到的发现

自古稀之年起我便逐步淡出临床与研究。倒不是因为身体状况，而是希望留出更多空间让年轻同道去承担和发挥。肝癌入列重大专项，自然癌转移研究也要从基础做起。所以 2006 年（76岁）自选了尚无人研究的"杀癌促残癌转移及其干预"课题，继续招收研究生进行研究。这个课题先前曾名为"消灭肿瘤疗法的负面问题及其干预"，随着研究的发现，才改为当前的名称。

为什么研究这样的课题呢？我以为，研究有两条路线，一条是弄清机理再转化为临床，而根据"阴阳互存"的原理，应该还有一条路线，就是实践有效再弄清机理。对付癌症，消灭肿瘤是近两百年来的主要目标，然而至今仍未完全解决问题。"阴阳互存"，就是提倡要全面看问题，要一分为二看问题。消灭肿瘤疗法有其正面疗效，也必然有其负面问题，如果我们能找到消灭肿瘤疗法的负面问题，再研究应对的办法，就有可能进一步提高疗效，而且可能是提高疗效的一条捷径。因为弄清机理再转化为临床常需要十年以上的时间。

果然这个思路给我们带来意想不到的发现。我们发现，各种直接消灭肿瘤的疗法，包括手术、肝动脉阻断、放化疗、消融疗法，甚至大多数最新的分子靶向治疗，都在杀灭肿瘤的同时，又促进未被杀灭残癌的转移潜能。其主要机理是消灭肿瘤疗法可导致炎症、缺氧和免疫抑制等，从而促进残癌的转移潜能，自然也伴有一系列基因的改变。这些结果，我们团队都已在 SCI 杂志发表。有趣的是，我们又发现一些没有直接杀灭肿瘤的药物和措施的加入，却能减轻杀癌促残癌转移的问题，从而提高疗效。为什么能提高疗效，它们的机理包括：通过分化诱导改造残癌，使残癌"改邪归正"，如三氧化二砷；通过抗炎和抗缺氧，改造肿瘤的微环境，降低残癌的转移潜能，如阿司匹林、唑来膦酸、丹参酮 IIA；通过改造机体，包括增强免疫功能，如干扰素、万特普安；还有是通过综合干预而起作用的，如含5味中药的"松友饮"、

黄芪甲甙 IV，适度游泳等，也可减轻杀癌促残癌转移的问题（图 12—3）。

这些实验研究产生的苗子，如果经临床随机对照研究证明有效，是有可能获得国家奖的，因为在思维上不同于西方的

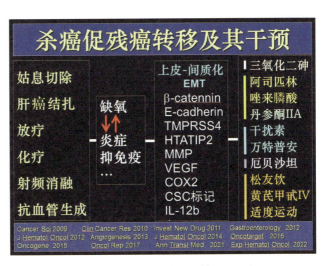

图 12—3　杀癌促残癌转移及其干预

"弄清机理再实践"（寻找相关基因—针对基因设计分子靶向剂—进行实验验证—进行临床试验—进入临床）的方法，成本较低，推广更易。

阿司匹林遭冷遇

2007 年，我的一位博士研究生在试管内的实验研究中发现，采用放射治疗来杀癌，未被杀灭的残癌，其侵袭转移潜能明显增高。在裸鼠模型的研究中也发现，放疗虽可使肿瘤缩小，但周边又出现多个播散癌灶，如果加上阿司匹林和干扰素，就很少看到播散灶（图 12—4）。那时我想如果能开展临床随机对照试验，有可能给病人带来效益。但想到原发性肝癌病人常有肝硬化食道静脉曲张，阿司匹林难以避免出血的风险，于是找到兄弟科室看是否可在其他癌症病人身上开展这一试验。但对方一听是普通的阿司匹林，而不是热门的分子靶向治疗剂，便婉言拒绝了。

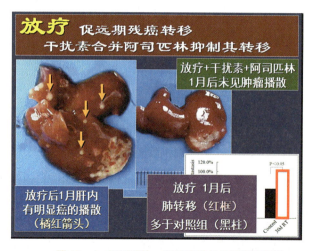

图 12—4　阿司匹林＋干扰素抑放疗后肝癌播散

2011 年，我看到著名的《柳叶刀》刊登了一篇题为《每天一片阿司匹林会远离癌症吗?》，提示阿司匹林有助于结直肠癌的预防。于是我们还是继续在实验研究中研究阿司匹林的作用。我的一位研究生发现晚期肝癌唯一被认为有用的分子靶向治疗剂索拉非尼，在裸鼠模型实验中，虽可使肿瘤缩小，但由于下调了 HTATIP2 这个分子，周边看到很多播散的癌灶，说明以消灭肿瘤为目标的分子靶向治疗剂也不例外，可促残癌转移。我的另一位研究生进行裸鼠模型实验发现，如果索拉非尼与阿司匹林合用，则可上调 HTATIP2，从而有助抑制索拉非尼所促进的转移，延长生存期。但阿司匹林单独应用，并无抑制肿瘤的作用。可惜由于种种原因，临床随机对照试验还是未能成功进行。

前述的一些药物（包括阿司匹林）和措施，都没有直接杀灭肿瘤的作用，我将其概括为"改造"，即改造残癌，改造微环境，改造机体和综合改造。总之，如果在杀癌的基础上，加上改造的措施，将可能减轻杀癌促残癌转移的作用，从而提高疗效。拿不到临床"实"的证据，只好留一点"虚"的材料，2011 年我出版了《消灭与改造并举——院士抗癌新视点》。

2020 年《新英格兰医学杂志（N Engl J Med）》刊登了一篇文章，题目十分惊人：《肝癌治疗的里程碑》。仔细一看，原来是抗 VEGF 合并应用抗 PD–L1，前者旨在"消灭"肿瘤，后者旨在"改造"机体的免疫功能，不就是证明"消灭与改造并举"可以提高疗效吗？

"以正合，以奇胜"

孙子有句名言"以正合，以奇胜"。只严谨按规范办事不够，要胜出，常需"出奇制胜"。2005 年有一位肝癌病人来找我，他于 2001 年手术切除肝癌，术后多次复发，曾再手术、用化疗、射频消融，甲胎蛋白仍阳性。既然消灭肿瘤疗法都已用过，我建议用干扰素＋游泳，没想到 18 年后竟无瘤生存。另一位病人手

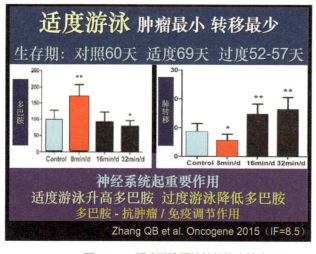

图12—5　适度游泳调控神经抑癌转移

术病理标本见血管内有癌栓，提示高复发风险，术后同样用干扰素＋游泳，20年无瘤生存。还有一位某大学的副校长，肝癌切除后肺转移，又做了治疗，这样的病人再复发转移风险极大，但同样用干扰素＋游泳，14年后来看我，竟满面红光。这样的病人已有不下十人生存。我曾在《消灭与改造并举——院士抗癌新视点》一书中列了一个小标题："游泳和买菜能否作为处方"。为了证实游泳是否有用，我的又一位研究生在荷瘤裸鼠做了游泳对生存期影响的实验。如果粗略表述，生存的天数：不游泳者60天，适度游泳者近70天，过度游泳者50多天。发现其机理竟与神经系统有关，多巴胺是一种神经递质，适度游泳者多巴胺增高，而过度游泳者则减低。多巴胺本身有一定抑癌作用，还可调控提高免疫功能（图12—5），文献报道还有抗炎作用。然而要对游泳进行临床随机对照试验，难之又难。"实"的还是拿不到，2014年再出版《中国式抗癌——孙子兵法中的智慧》这个"虚"的材料，以供参考。

松友饮——欲速不达

"松友饮"是我的老伴（西学中）为肝癌手术（消灭）后用于提高疗效而设计的中药小复方（改造），含5味中药（黄芪、丹参、枸杞、山楂、鳖甲）。我们在近十年的实验研究中发现，在各种杀癌治疗后，合并使用松友饮，可提高疗效；其提高疗效的机理可归纳为通过分化诱导改造残癌，通过抗炎和抗缺氧改造微环境，

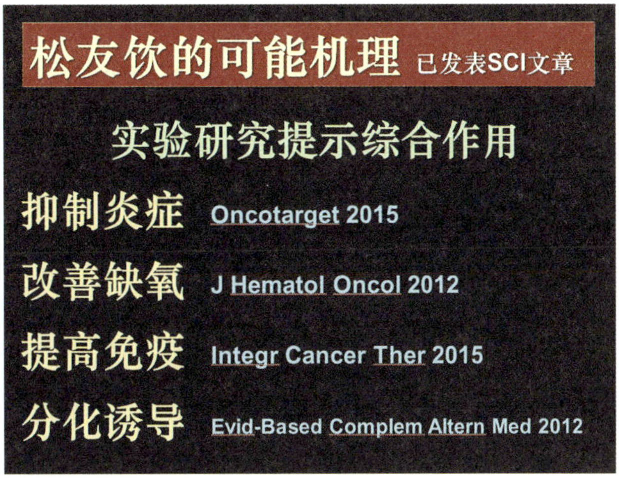

图 12—6　松友饮作为"改造"疗法的机理

通过提高免疫功能改造机体（图 12—6）。

于是我们便启动临床随机对照试验，对象是不能切除肝癌用介入治疗，供药方也急于求成，只提供半年的疗程。不久，负责临床试验的医者告诉我"看来很有苗头"，然而最终结果仍没有统计学意义。后来又曾考虑用于根治性手术，但讨论再三，仍未能落实。而有些单位却一直在用，患者也欢迎。

2018 年，我看到槐耳颗粒能降低肝癌术后复发风险 33％，刊登于著名国际杂志《肠道（Gut）》上。从临床试验的设计来看，对象是肝癌根治性切除（残癌量少），以及用药两年（疗程长）可能是关键。"改造"疗法对付的是少量残癌，并需较长时间用药和观察。我又看了毛泽东的《论持久战》，其中有这么一段："游击战争没有正规战争那样迅速的成效和显赫的名声，但是'路遥知马力，事久见人心'，在长期和残酷的战争中，游击战争将表现其很大的威力，实在是非同小可的事业。"于是我又不知天高地厚出版了《控癌战，而非抗癌战——〈论持久战〉与癌症防控方略》。我以为，控癌战是消灭与改造并举的持久战。

2019 年我接收了两位"关门弟子"，这是我最后的两位研究生。我专门为他们作了一个 PPT 的介绍，题为《减少根治术后复发的实验研究》。也许是由于综合治疗的多种治疗在实验研究中的困难，也许是因为这些综合治疗都不是时髦的分子靶向治疗剂，这个最后的希望落空了。

有始无终的内因与外因

毛泽东在《矛盾论》中说："唯物辩证法认为外因是变化的条件，内因是变化的根据，外因通过内因而起作用。"这项研究之所以成为一生中唯一"有始无终"的憾事，首先应从内因去检讨。所谓内因，就是自身的问题。

2006 年，启动这一科研项目的同年，老伴忽然患了恶性程度很高的 HER–2 阳性、伴淋巴结转移的乳腺癌，手术后用了刚问世的分子靶向治疗剂赫赛汀，但副反应极大，最后因心脏损害，只用了半个疗程便被迫停用。接下来出现心房颤动导致两次脑梗，后来又是腰椎骨折，老年痴呆，丹毒，反复肺炎，十年病痛不断，直至 2017 年离世。这个阶段的早期，我仍坚持定期召开课题小组会，集思广益，所以进展不小。我听力日渐衰退，尽管已使用助听器十余年，还是无法听清课题小组会议的发言而终止小组会。加上已是耄耋之年，精力有限，无法像年轻时那样拼搏，又不具体管病床，后期进展大不如前。

然而外因也不容忽视，这个阶段正值分子生物学的收获期，临床上分子靶向治疗剂日新月异，科研上分子机理的研究成为时尚，SCI 论文成为评价标准，成为求职、晋升的需求。尽管每位研究生的进入，我都首先告诉他们课题的目的、前面研究生的发现，希望在前人的基础上继续深入。但我通常又不给他们具体的课题，希望他们通过自己的思考和过去的优势，在这个大课题范围内找到自己主攻方向。顺便说一下，我这个课题中有中医药内容（"松友饮"），所以曾希望招收一位有中医药基础的研究生。2017 年刚好遇到一位中医药大学毕业生报考我的研究生，我很高兴地接收了他，然而在整个研究生期间，包括博士论文，竟没有涉及一点中医药。我不怪他，因为当前主流不是"西学中"，而是"中学西"。我注意到曾在中医医院看过病的病人，其检验方面的材料，比在西医医院看病的，"有过之而无不及"。所有这些，我归纳为"西风烈"。我不反对学习西方医学中确实使病人受益的进展，但我们不能只满足于"紧跟"和"填补空白"，中国医学不能长期成为西方医学的延伸，需要有"中国思维"。要通过"洋为中用 + 中国思维"，形成有中国特色的医学。其实我们早年获得国家科技进步一等奖的"小肝癌的诊断与治疗"，就是学习西方"甲胎蛋白"，加上中国思维和精细实践的结果。于是我又写了《西学中，创中国新医学——西医院士的中西医结合观》和《中华哲学思维——再论创中国新医学》。

人生感悟

2009 年我已进入 79 岁，鉴于 2006 年我启动的新课题取得了一些进展，我曾写下几句话以自勉："人的一生需要不断有所追求，有追求才会思

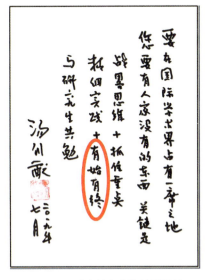

图 12—7　"有始有终"的重要性

要在国际学术界占有一席之地
您要有人家没有的东西 关键是
战略思维 + 抓住重要
妙细实践 + 有始有终
与研究生共勉

汤钊猷 二〇〇九年
七月

考，才会实践，才可能成功。"然而2019年，10年后，我进入89岁，已办理退休手续，这个课题便成为未完成"交响曲"。我反复思考，为什么没有完成，我又写下另一段话："要在国际学术界占有一席之地，您要有人家没有的东西，关键是战略思维＋抓住重点＋精细实践＋有始有终"（图12—7）。看来由于内外因素导致"有始无终"是"未完成"的核心所在。我以为正因为当前"西风烈"，所以更需要"扬东风"。

有了与癌共舞的"异想"，还需要有"有始有终"的定力和毅力。

13. 从一块板上写专著说起
——人生就是不断地攀登

20 世纪 60 年代末，我从血管外科改行从事肝癌临床与研究。从那时开始的半个世纪，我主编过 9 本癌症相关的专著（医学硬件）：1981 年《原发性肝癌》，1985 年《亚临床肝癌（Subclinical Hepatocellular Carcinoma）》，1989 年《原发性肝癌（Primary Liver Cancer）》，1993 年《现代肿瘤学》，1999 年《原发性肝癌（第二版）》，2000 年《现代肿瘤学（第二版）》，2001 年《汤钊猷临床肝癌学》，2003 年《肝癌转移复发的基础与临床》，以及 2011 年《现代肿瘤学（第三版）》。耄耋之年，我又写了 6 本传播科学思维的科普读物（医学软件）：2011 年《消灭与改造并举——院士抗癌新视点》，2014 年《中国式抗癌——孙子兵法中的智慧》，2015 年《消灭与改造并举——院士抗癌新视点（第二版）》，2018 年《控癌战，而非抗癌战——〈论持久战〉与癌症防控方略》，2019 年《西学中，创中国新医学——西医院士的中西医结合观》，2021 年《中华哲学思维——再论创中国新医学》；还有 6 本影集。有趣的是我主编的第一本专著竟是在一块板上写成的，小故事就从这里说起吧。

第一本专著是在一块板上完成的

编写有特色的医学专著，需要有足够的临床实践积累，需要有理论提炼，最好还要有自己的创新，然后结合文献进展，形成有自己观点的专著。当年国内仍缺少一本肝癌的专著可供参考。20 世纪 70 年代末，我们已有 10 年肝癌临床实践的积累，在肝癌早诊早治方面取得了进展，使我感到编写一本肝癌的专著有了较充实的基础。

那时我仍处于"婚后一室户的 20 年"，家里只有一个房间，生活要用，工作要用，睡觉也要用；只有一张长桌，妻子要用，儿子要用，吃饭要用，读书也要用。然而要写专著，需要静心的构思，包括邀请国内搞基础、流行病、生化、病理、超声、放疗等专家；需要铺开各种参考资料；而且常要"开夜车"。幸好我还有一间 3 平方米的小厨房。于是我买了一块板，自己涂上白漆，再装上铰链，铰链的另一头装在墙上。通过铰链可临时将翻板安放上去，用时将板翻起（图 13—1）；不用时将翻板放下或取下。再在旁边安放一张单人小床，用以放置各种参考资料。在没有病人抢救的晚饭后，我坐在一张小矮凳上进行写作，直到深夜。为了不影响妻子和儿子睡觉，我就睡在那张小床上。将近两年的无数个晚上，《原发性肝癌》1981 年终于在上海科学技术出版社出版。由于这本专著的基础、生化、病理等都是国内最著名的学者撰写的，并

图 13—1　在一块板上写成的专著

有在肝癌早诊早治方面的创新，从而获得 1977—1981 年度全国优秀科技图书奖。

在第一张书桌上写的国际专著

我们因肝癌早诊早治，在 1978 年的国际癌症大会产生广泛影响，1979 年还获得美国金牌奖，结识了不少国际学者。于是我将刚出版的《原发性肝癌》送给一些国际肝癌研究学者。

不久反馈回来了，他们说："您这本专著应该是不错的，可惜我们看不懂中文，可否请您将这本专著翻译成英文出版？"我们中国学者能看懂英文文献的不少，而外国学者能看懂中文文献的极少。《原发性肝癌》的出版前后用了 3 年，如将其翻译成英文再出版，至少还要 3 年。6 年过去，肝癌研究又将有新进展，还不如另写一本能显示我们特色，并能涵盖最新进展的英文专著。但那时不要说英文专著，就连能在国际杂志发表的英文论文也少有经验。即使真的写成英文专著，当年也只能在国内出版，难有国际影响。刚好此时世界著名的德国 Springer 出版社总裁 Gotze 来访，寻找我国有价值出版的题材。当听完我们的介绍，他立即决定要出版我打算编写的英文版《亚临床肝癌（Subclinical Hepatocellular Carcinoma）》。我立即全力以赴，启动了编写进程。

1978 年，医院分给我上海第一批高层住宅的"两室户"。我用"纤维板（不是三夹板）"请木匠制成一张简陋的书桌，这是我的第一张书桌。虽说两室户，但岳父岳母从重庆带了两个孙子来，一住就是几年，这样我的三人小家仍然是一室户。所不同的是，我有了自己的书桌。

编写英文肝癌专著，而且是突出早诊早治，自然又需从头搞起。这包括邀请院内外搞基础、病理等相关学者，所内同仁也需分工。我从未出国留学，英语水平是上海育才中学的高中水平，我要直接撰写全书的三分之一，要自己用打字机打字，幸好我高中毕业后曾在一位外汇经纪人办事处工作学会了打字。我用了近两年时间完成书稿，又将他人所写稿件核对、统稿，重新打字，整个打字书稿叠起来近两寸厚。再请上海医科大学外语教研组主任帮忙润饰英文。最后我将修改后的书稿重新打字，寄到 Springer 出版社。很快对方就把修改后的书稿寄回，又改得"面目全非"，主要是将中国式的英语改为国际上习惯用的英语，并要求几天内核对完毕。没有想到从书稿寄去到出书只用了 6 个月时间。这又一次让我体会到"快"是成功的要素。顺带说一下，Springer 出版社只印出 1000 本，每本定价 200 美元。由于我打算送给诸多国外学者，无力购买这么多的原版书。协商后对方同意国内由北京的中国学术出版社同时出版国内版。

有了这张简陋的书桌，后来我又会同国内肝癌研究学者吴孟超和夏穗生教授，共同编著了反映我国当时肝癌研究的精华《原发性肝癌（Primary Liver Cancer）》，1989 年在 Springer 出版。图 13—2 便是在第一张书桌上写成的

图 13—2　在第一张书桌上写成的国际专著

两本国际专著。

意想不到的连锁反应

1985 年《亚临床肝癌》英文版出版后，我给一些国际学者寄去，很快诸多反馈接踵而来。美国肝肿瘤外科学者 Foster 教授说"这是肝癌领域的里程碑著作"；第 6 届国际肝病协会（IASL）主席 Okuda 教授称赞是"一本极好的书"，并马上要我为他和美国 Ishak 合编的专著《肝脏的恶性肿瘤（Neoplasms of the Liver)》，撰写"亚临床肝癌的外科治疗"；法国肝移植鼻祖 Bismuth 教授携该书到上海找我说："1987 年将在悉尼召开第 32 届世界外科大会，希望您同意担任肝外科会议和肝胆肿瘤会议的共同主席"，这提示我国将在这类重大的国际学术会议上占有一席之地。在多个国际会议场合，不少外国学者拿着《亚临床肝癌》书要我签字；直到 2007 年国际肝癌协会（ILCA）在西班牙巴塞罗那成立，首任主席 Bruix 教授将珍藏 22 年的《亚临床肝癌》拿出来要我签字。有些学者说您这本书有现代肝病学奠基人 Hans Popper 的前言，应该在书的封面写上"with preface by Hans Popper（本书有 Hans Popper 所写前言）"，这样书的身价更高。原来这本书有 Hans Popper 写的前言，前言说"亚临床肝癌的概念是人类对肝癌认识和治疗的重大进展"。

在卧室隔出的"书房"编成《现代肿瘤学》

1990 年我被评为"全国重点学科肿瘤学学科带头人"，当年又当选为国际抗癌联盟（UICC）理事，我想是否可以出版一本肿瘤学专著，因为当时只有人民卫生出版社 1978 年出版的《实用肿瘤学》，但该书出版已十余年没有再版；加上癌症已成为我国人口死亡的主因之一；癌症防治与研究也是当年发展较快的领域；改革开放以来，我国癌症的防治与研究已做出不少成绩，在食管癌、肝癌、鼻咽癌等方面在国际学术界已占有一席之地；我国癌症防治与研究的机构日多，从业人员也日增，为此也迫切需要有一本癌症防治研究现状的专著。作为个人，有责任推动学科的发展，也希望对我国肿瘤学的发展尽微薄之力。

1988 年我出任上海医科大学校长，学校又分配给我一房（卧室）一厅。我在卧室用书橱隔出一个 2 平方米的"书房"（图 13—3）。又是若干个日日夜夜，从组稿到出版只用了 2 年，《现代肿瘤学》终于在 1993 年问世。

图 13—3　卧室隔出的"书房"

又是意想不到的结果

偶然看到，我竟是 1998 年国内被引用最多的两位作者之一，原来是我主编的《现代肿瘤学》（1993 年第一版）是被引用最多的两本专著之一的缘故。这一年，《现代肿瘤学》获得了国家科技进步奖三等奖。所以取得这样的结果，也许是由于此书的目标是"新、全、实用、精炼、高质"。《现代肿瘤学》

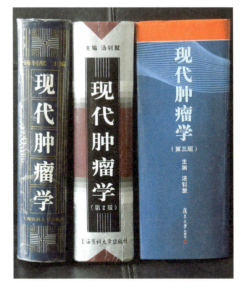

图 13—4　三版《现代肿瘤学》

的出版受到欢迎，成为很多从事癌症临床与研究学者案头必备的专著，成为肿瘤学最畅销的书。我们也因此在 2000 年出版了第二版，2011 年又出版了第三版（图 13—4）。

在病床上完成的又一本专著

此时，我们在临床上仍面临着肝癌术后转移复发的大问题。无论是大肝癌切除，缩小后切除，复发转移的再切除，即使小肝癌切除，5 年内仍有半数病人出现转移复发。这个问题不解决，肝癌疗效就难以进一步提高。在校长即将卸任之际，我终于下决心放弃已有十几年积累的肝癌导向治疗研究，把整个研究所的研究方向转到肝癌转移复发上来。这一改变，又得从头做起。经过艰难的实践，终于建成高转移人肝癌裸鼠模型和高转移人肝癌细胞系。这个模型系统的建成，为研究肝癌转移的机理和筛选抗转移药物提供了平台；我们又在国际上最早发现干扰素有助减少术后癌复发转移。所有这些成果使我们在 2006 年获得第二个国家科技进步奖一等奖。

毛泽东在《实践论》中说，"理性认识依赖于感性认识，感性认识有待于发展到理性认识"。由于有了近十年实践的积累，编写一本《肝癌转移复发的基础与临床》，将促使大家看文献和总结经验，提高理性认识；并有助于国内关注这个癌症研究最核心的问题。我这个不知天高地厚的肿瘤外科医生，又再一次领衔深入这个陌生的领域。然而正当编写顺利进行之际，我突然在没有跌倒的情况下得了腰椎骨折，那是 21 世纪初之事。因为我是院士，医院安排了全市大会诊，基本诊断为前列腺癌全身骨转移。我隐隐感到"来日不多"，在腰椎骨折疼痛略减轻之际，努力靠在床边，将吃饭用的桌子抬高，放上笔记本电脑，以便加快完成这本专著。当这本专著基本完成的时候，我发现几个月下来，不但没有消瘦，还胖起来，脉搏缓慢，血沉正常。最终证明是骨质疏松引起的微骨折，一场虚惊，而这本专著也在 2003 年出版。

书房和大办公室的用途

古稀之年我终于有了自己的书房，耄耋之年我又有了 50 平方米宽大的办公室。这个时期，我又编写了 6 本传播科学思维的科普读物，还出版了 6 本影集。

作为科学研究工作者，不仅要有所创新，还有责任将自己的创新加以普及。而科普有两种，一是传播科学知识（硬件），二是传播科学精神和科学思维（软件）。我的前半生重点是传播科学知识，耄耋之年考虑到硬件和软件相辅相成，加上即使老年也需要不断地动脑和动身体，这就是我为什么写了《消灭与改造并举——院士抗癌新视点》等三本所谓"控癌三部曲"，以及《西学中，创中国新医学——西医院士的中西医结合观》和《中华哲学思维——再论创中国新医学》两本展望我国医学前景的科普读物。结合老年的特点，科普是紧张的脑力劳动，而影集是轻松的脑力劳动，二者交替，也有助"劳逸适度"，这是为什么我在2008—2023 年间出版了 6 本影集。写科普是奉献，但也从中得到享受。例如，《消灭与改造并举——院士抗癌新视点（第二版）》和《控癌战，而非抗癌战——〈论持久战〉与癌症防控方略》被评为全国优秀科普图书；《西学中，创中国新医学——西医院士的中西医结合观》成为中央和国家机关"强素质·作表率"读书活动 2019 年上半年推荐书目之一，并被邀做该活动主讲嘉宾。

人生感悟

中华哲理可简化为"不变、恒变和互变"。毛泽东在《矛盾论》中说："生命也是存在于物体和过程本身中的不断地自行产生并自行解决的矛盾；这一矛盾一停止，生命亦即停止，于是死就来到。"所以生命是"恒变"的过程。从某种意义看，人的一生就是"不断攀登"的过程，"无限风光在险峰"，攀登越高，风险越大，收获也越多。攀登停止，生命也将终结。笔者半个世纪的编著也是一个攀登的过程：从中文专著到英文专著的攀登；从一个研究所角度到全国角度（英文版《原发性肝癌》）的攀登；从肝癌诊疗到肝癌转移研究的攀登；从一种癌症到全部癌症（《现代肿瘤学》）的攀登；从医学硬件到医学软件的攀登。不断攀登就是"恒变"的过程，按正确的方向攀登就是不断作出"奉献"的过程。攀登需要一定的硬件（如实践的积累和知识面），但不一定会受制于硬件（如是否有书房），但攀登却取决于软件（科学精神和科学思维）。

写书不是为出名，而是为将感性认识提高到理性认识，再从理性认识来指导实践。如果小肝癌只停留在手术的积累，而没有上升为"亚临床肝癌"的理论，仍然不能成为一个完整的科学成果。

著作的成败，关键在于有"异想"，其核心是创新。

14.《现代肿瘤学》的故事
——实用与特色

　　1990 年对我而言是特殊的一年。我刚被任命为上海医科大学校长不久，又代表我国当选为国际抗癌联盟（UICC）理事；出席第 15 届国际癌症大会，任肝癌会议共同主席；应邀到美国 Sloan–Kettering 癌症中心、哈佛大学麻省总医院、耶鲁大学、Mount Sinai 医学中心等讲学；在国内又任国家教委科技委副主任委员；任中华医学会肿瘤学会副主任委员；有幸获得国家教委、国家科委授予的"全国高等学校先进科技工作者称号"；还成为全国重点学科肿瘤学学科的带头人。

　　国家给了我重任和荣誉，总该办点实事。我能做的自然只是我的本行，因为 1968 年响应周恩来总理的号召，我从血管外科改行搞癌症已有 20 多年。想到我国较早的肿瘤学专著当推 1978 年人民卫生出版社出版的《实用肿瘤学》，可惜十多年来未再版，旧版已跟不上客观需要。这样就设想能否主编一本《现代肿瘤学》。

主编《现代肿瘤学》的初衷

　　为什么要主编《现代肿瘤学》？一是癌症已成为我国人口死亡最主要原因之一，当年平均每死亡 5 人即有 1 人死于癌症；二是癌症防治与研究是当年世界上发展较快的领域，新技术、新疗法层出不穷；三是我国在改革开放的推动下，在癌症防治与研究方面也有了不少进展，与国际差距明显缩小，在食管癌、肝癌、鼻咽癌等方面的防治已形成特色，有些在国际学术界已占有一席之地，为此总结我国经验，推动癌症防治，有重要战略意义；四是我国癌症防治与研究机构激增，人员众多，而我国与国际先进水平仍有差距，为此也迫切需要有一本癌症防治与研究现状的专著；五是作为全国重点学科肿瘤学的学科带头人，也有责任推动学科的发展，也希望为我国肿瘤学的发展尽微薄之力。

编一本有特点的肿瘤学

目标既定，1991 年初启动了这个项目。首先需要有一个编写的"主导思想"。考虑到生命科学是发展极为迅速的领域，而恶性肿瘤是生命科学中最活跃的领域之一，癌症又是导致每天死人的重要疾病，有其迫切性。这样就为编写定出一个奋斗目标："新、全、实用、精炼、高质"。为了"新"，要求引用文献以 1986 年后为主，但必须有 20 世纪 90 年代的。要新便要"快"，考虑到要快，所以编写人员，只限定在当年上海医科大学基础部和附属医院相关的专业人员，一共组织了 111 位专家教授；由于当年我是校长，有一点号召力，多次召开编写人员会议，定出"截止日期"，严格执行。结果从动员、编写到出书，只用了两年。所谓"全"，就是由基础到临床，病因到诊治，西医和中医，基本覆盖整个肿瘤领域；并力求反映当年最新进展，如分子生物学、影像医学、生物反应修饰剂（Biological Response Modifiers, BRM）、介入放射学等。关于"实用"，强调实用性，以总结自己工作为基础，早期发现作为独立一章列出；特别强调适应国情，突出重点，列出 9 种我国常见恶性肿瘤，每章字数可达 6 万字，集中列为"常见肿瘤篇"。关于"精炼"，用 263 万字概括全书，用较小字号，优质纸张，保证成为一册。至于"高质"，采取副主编把关，主编总审，编辑加工严格按照国际惯例。坦率而言，那时真的辛苦，我白天在学校当校长，晚上便到我研究所办公室审稿。所谓审稿，首先要看稿件的质量，还要从各个小标题看逻辑性，要看字数是否超标，要看各章风格是否统一，甚至每篇后面参考文献的格式与标点符号都要改过，以保证质量。

如果说是否有一点创新，也许以下是与其他国内同类专著不同的地方：（1）分为基础篇、临床总论篇、常见肿瘤篇和其他肿瘤篇，这种划分在其他肿瘤专著中少见。（2）结合国情，突出我国常见的 9 种恶性肿瘤，给以较大篇幅，以适应临床实际需要。（3）每章允许附有较多参考文献，接近国际专著的惯例。（4）编排上，每章之首有小目录，允许有较活泼的小标题，采用较新的"1.2.3."分段方式。

《现代肿瘤学》18 年间出了三版

1993 年《现代肿瘤学》第一版问世（图 14—1），没有想到需求甚旺。时隔 7 年，由于客观需求强烈，2000 年又出了第二版（图 14—2）；从封面可见，第一版和第二版的主编和副主

图 14—1 《现代肿瘤学》第一版

图 14—2 《现代肿瘤学》第二版　　图 14—3 《现代肿瘤学》第三版

编都没有改变。十年后，我已是古稀之年，本想就此搁笔，但客观需求仍旺，出版社说，《现代肿瘤学》是该出版社出版的专业书中的排头兵，为此多次催促再出新版。无奈又于 2011 年主编出了第三版，由于时隔多年，大家可以看到，副主编已全部更新（图 14—3）。随着癌症研究的进展，第三版虽仍是一册，但字数也由第一版的 263 万字增加到 371 万字，而且改为彩图插于文字中。

意想不到的评论

《现代肿瘤学》第一版问世，1993 年 6 月第一次印 6000 册，迅即脱销，1994 年 4 月第二次印 5000 册，也一售而空，前后重印 5 次，售出 19000 册。当年中国抗癌协会名誉理事长张天泽教授认为，此书"堪称适应当时国内肿瘤界渴求的旷世之作，我发现我周围的医生们，很多有它置诸案首，足见其所具有的魅力"。当年中国抗癌协会理事长徐光炜教授指出："该书出版于 1993 年，时值国内自 1978 年以来尚缺乏一本肿瘤专业参考书，填补了国内的空白，对我国肿瘤事业的发展起了很好的推动作用。"中华医学会副会长肖梓仁教授认为是"继 1978 年出版的《实用肿瘤学》之后，又一本科学性和实用性强的好书"。吴孟超院士称"本书代表了当今我国肿瘤研究的特色及诊疗水平的成功经验，有科学性、系统性和实用性，堪称是一部具有现代水平的专著"。评论不免有过誉之词，但却是意想不到的。

《科学时报》1999 年 1 月关于"被引频次最高的前 20 本专著与译著"中，《现代肿瘤学》也有幸纳入。《中国肿瘤》2000年第 9 卷第 2 期有一篇"部分专家对肿瘤学著作看法的调查报告"，《现代肿瘤学》有幸成为推荐比率最高的肿瘤学著作（图14—4）。

表 2   推荐比率超过半数的著作

书　名	主　编	出版年份	比率(%)
现代肿瘤学	汤钊猷	1993	56/58(96.6)
肿瘤学(上中下册)	张天泽等	1996	52/58(89.7)
实用肿瘤学(一二三册)	《实用肿瘤学》编委会	1978	45/58(77.6)
中国常见恶性肿瘤诊治规范	卫生部医政司	1991	45/58(77.6)
肿瘤学新理论与新技术	曹世龙	1997	35/58(60.3)
肿瘤放射治疗学	谷铣之等	1993	34/58(58.6)
中国恶性肿瘤死亡调查研究	卫生部肿瘤防治研究办公室	1979	29/58(50.0)
临床肿瘤内科手册(第3版)	孙燕等	1996	29/58(50.0)

图 14—4   推荐比率最高的肿瘤学著作

意外获国家奖

《现代肿瘤学》第一版在诸多专家的推荐下，获得省部级和国家级大奖，如上海市优秀图书一等奖（1994 年）；第八届中国图书奖（1994 年）；卫生部科技进步一等奖（1996 年）；1998 年有幸获得国家科技进步奖三等奖，成为肿瘤学专著中唯一获国家

图14—5　获得的国家科技进步奖三等奖证书

奖的专著（图14—5）。

2006年，我已76岁，本不打算再主编第三版，但此书第一版和第二版的责任编辑，复旦大学出版社阮天明编辑，又与我联系关于出版第三版的问题。因为该书第二版经6次重印，销售数达13000册，对于大型学术专著而言，是很大的发行量。来信称"本社至今没有一本学术专著的发行数能超过《现代肿瘤学》第1、2版的（合计32000册）。……这本学术专著能以质量和实用取胜，成为肿瘤专业中里程碑式的巨著，也是这本书成为本社现代系列图书的领头羊"。于是只好硬着头皮再主编第三版，然而那时我早已卸任校长，由于少数作者拖稿，从启动到出版竟用了4年时间，我撰写的"绪论"和"原发性肝癌"章第一年便成稿，但时隔4年，又不得不重写。这也是为什么不再考虑主编第四版的缘由。

不做"挂名主编"

由于《现代肿瘤学》的成功，一些出版社曾来函请我做《XXX手术学》《XXX肿瘤学》的主编。我回信说，耄耋之年，难以有精力认真投入。对方说，您只要挂个名便是，无需投入，我最后还是一一婉拒。我以为，既然要做主编，就必须亲自投入。从编写的思路，副主编的选定，作者的邀请，前言和绪论的撰写，目录的拟定，各章字数，全书总字数，编写须知，编写格式，截稿日期，审稿程序，到主编审稿，等等，都要自己去做。

2007年4月，我曾在自己的肝癌研究所内做了一个题为"悬空寺的启迪——论特色与和谐"的报告（已收录在《医学"软件"——医教研与学科建设随想》，复旦大学出版社2007年版，第280—287页）。报告中认为，所谓"特色"，至少有三点：一是有明显的创新；二是获科技成果奖，特别是国家奖，或在高影响因子SCI杂志发表论文；三是有效益并获得认可。要主编一本书，首先是要有自己的创新，要有一定分量的自己的资料，对医学而言，就是要有疗效的提高；光是东抄西抄，是没有资格主编书的。至于如何创特色，一是需要有一个明确的目标，二是"抓大事，亲自做，重细节"，三是"目标明确后，持之以恒是关键"。在耄耋之年，我也无力做到。这就是为什么我最终都婉拒的根本原因。

人生感悟

我一生主编过9本专著，作为代表性的主编专著，只有4本，一是被评为1977—1981年度全国优秀科技图书《原发性肝癌》，二是获广泛国际影响的《亚临床肝癌（Subclinical Hepatocellular Carcinoma）》，三是获国家科技进步三等奖的《现代肿瘤学》，四是包含后来国家科技进步奖一等奖的《肝癌转移复发的基础与临床》。这几本专著基本符合上述具有"特色"的三点要求，而所

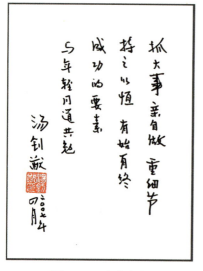

图 14—6 人生感言

以最终得以实现，是践行了"抓大事，亲自做，重细节"，并能"持之以恒，有始有终"（图 14—6）。对于大事，就要亲自做，不能假手于人。作为学科带头人、所长，大事包括：学科方向，大基金、大成果、大专著，全国重点学科，全局性统计资料，国际上占一席之地等。此外，医疗无小事，外事无小事，但不能只忙于日常医疗。重细节，因为"细节决定成败"，并能持之以恒，有始有终。

"异想"就是有特色，与众不同；细节决定成败，不可不察也。

15. "控癌战"畅想曲
——消灭与改造并举的持久战

自从出版了《消灭与改造并举——院士抗癌新视点》等三本控癌方面的科普书后，在脑子里逐步形成了控癌战总体思路的个人见解：控癌战是消灭与改造并举的持久战。突出"改造"以补充"消灭"的不足，强调"持久"以填补"速战"的短板。总之，控癌战是一个动态变化的、复杂的系统工程。控癌战有三个板块，其重要性依次为：预防为主，早诊早治，综合治疗。其目标有二，即降低发病率和降低死亡率。

为什么是控癌战而不是抗癌战，因为"生老病死"是不能被干预的自然法则，没有"老、病"，人就不会死。癌症只是疾病之一，人类只能控癌，难以完全消灭癌症。为什么光"消灭"不够，还要"改造"，因为癌症是机体内乱，不是病原体入侵，癌细胞来自正常细胞。抗日战争是对付"侵略"，解放战争是内部战争，性质不同，对策也异。前者主要是消灭入侵之敌；后者既要消灭，也要劝降处于劣势之敌，即"消灭与改造并举"的方针。如同对付犯罪，光有死刑不够，还需有徒刑。为什么控癌战是持久战，因为癌症是慢性疾病，由内外因素导致基因突变的积累，是一个长期的过程，起病要十几年乃至几十年，好起来也需时日；临床癌症更是处于"敌强我弱"态势，好起来更需时日。因为是持久战，所以要重视所谓"小打小闹"的游击战。毛泽东说过："游击战争没有正规战争那样迅速的成效和显赫的名声，但是'路遥知马力，事久见人心'，在长期和残酷的战争中，游击战争将表现其很大的威力，实在是非同小可的事业。"

预防为主的消灭与改造并举的持久战

《道德经》说："为之于未有，治之于未乱"；《黄帝内经》也说："圣人不治已病治未病，不治已乱治未乱。"都是一个意思，即对付癌症要"预防为主"，然而重治轻防始终是当前对付癌症的大问题。本篇不是专业书，对癌症的预防，只能讲个简单的框架（图15—1）。我曾主编过三版《现代肿瘤学》，在癌症预防相关的部分，应该说已基本覆盖。然而在现实生活中，仍然是重消灭，轻改造；重速战，轻持久。多少年来人们致力于弄清各种癌症的致癌物，并设法消除这些致癌物。我搞肝癌，因已弄清黄曲霉毒素与肝癌密切相关，而黄曲霉毒素在霉变的花生和玉米中最多，所以在预防上就有"防霉"，强调减少霉变花生和玉米的摄入，这无疑是对的。然而从阴阳互存的角度，消灭与改造既对立

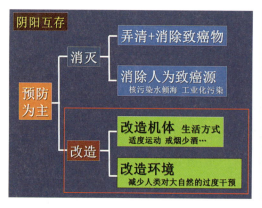

图15—1 癌症预防为主的框架

图15—2 防止对大自然的过度干预

又互存，我们不能只顾消灭而轻改造。改造主要有两个方面，即改造外环境与改造机体内环境。我以为，防止人类对大自然的过度干预，改造产生致癌物的外环境，是癌症预防的治本之道；其实这些都已是众所周知的，但在残酷竞争的环境下难以实现；从外太空看地球，1978年还算清晰的地球，到2012年便蒙上灰尘（图15—2）。

毛泽东说："外因是变化的条件，内因是变化的根据，外因通过内因而起作用。"《黄帝内经》也说"正气存内，邪不可干"。我以为，生活方式与改造机体内环境密切相关，不当的生活方式是癌症预防的重中之重，因为这是每个人可以自己掌控的（图15—3）。《黄帝内经》早已有言："今时之人不然也，以酒为浆，以妄为常，醉以入房，以欲竭其精，以耗散其真，不知持满，不时御神，务快其心，逆于生乐，起居无节，故半百而衰也"。半百而衰自然也包括癌症导致的死亡。当前电视剧"烟不离手"已悄悄改为"酒不离口"；电脑互联网的应用，不少人久坐不动成常态；竞争激烈导致应激过劳也与日俱增。关于饮酒与癌症关系，2021年《国际癌症杂志（Int J Cancer）》有报道称，平均每

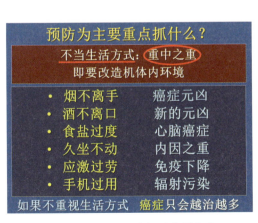

图15—3　抓不当生活方式

图15—4　运动抑制癌

周酒精增加 280 克，癌症风险增加 37%。适度运动是生活方式需要关注的重点，有实验证明，锻炼可以促进免疫系统对癌症发起攻击，减缓现有肿瘤的增长速度（图 15—4）。为此，强身却病是预防癌症治本之道。

总之，从顺应自然的角度，避免对大自然的过度干预，是癌症"预防之本"；从"阴阳中和"的角度，改善生活方式，是癌症预防的"重中之重"；从外因通过内因起作用的角度，强身却病是癌症预防"治本之道"。

早诊早治的消灭与改造并举的持久战

第二个板块是"早诊早治"。我一生与团队主要从事肝癌的早诊早治，由于在这方面的突破，大幅提高了疗效，使肝癌从不治之症变为部分可治之症，并由此提高了我国在肝癌国际学术界的地位。美国肝外科学者 Foster 对我们出版的《亚临床肝癌》英文版专著认为是"里程碑著作"；美国学者 Heyward 寄我论文单行本，附言说"没有您们的工作，我们的工作是不可能的"，确实我们的工作比他们早了 8 年。直到近年，国际上仍认为肝癌预后的改善，主要归因于早诊早治；2023 年美国肝病协会肝癌指南也将甲胎蛋白与超声显像列为肝癌早期诊断指标，认为其"耗费与收益"更好。

然而我们的工作并非完美无缺，早诊早治仍面临术后复发转移的瓶颈，40 年来小肝癌早期切除的 5 年生存率没有提高。究其原因，仍然是"阴阳互存"中，重视了"消灭"，忽视了"改造"。过去对付小肝癌术后复发转移，大多仍然以消灭为主，但并未解决问题。

对癌症早诊早治的消灭与改造并举的持久战，我提出了一个简单的框架（图15—5）。对早期癌症，消灭仍然重要，正如《孙子兵法》所说："十则围之，五则攻之，倍则分之……"提示机体与肿瘤力量对比，在癌症早期"我强敌弱"的态势下，"十则围之"提示预防为主；"五则攻之，倍则分之"，这时要力争消灭肿瘤，即早诊早治。因为这个时段，力量对比态势是"我强敌弱"，消灭容易取胜，也就是孙子所说"善战者，胜于易胜者也"。当前对各种小的实体瘤仍然需要强调手术切除或消融，非手术的消灭肿瘤疗法也需研究。然而从"阴阳互存"的角度，要解决消灭后肿瘤复发转移的问题，还要重视"改造"。任何消灭肿瘤疗法都难以保证百分之百消灭癌细胞，因为还有血循环中的癌细胞。再者，我们的实验研究也提示，各种消灭肿瘤疗法，如手术、放疗、化疗、消融、多数分子靶向治疗，都可通过炎症、缺氧、免疫抑制等，导致"上皮间质化"，癌细胞由方方正正不太活跃的样子，变为两头尖异常活跃的样子，从而促进未被消灭肿瘤的转移潜能。有趣的是一些没有直接消灭肿瘤作用的药物和措施却有助逆转这一负面问题。例如关于缺氧的问题，文献也有相

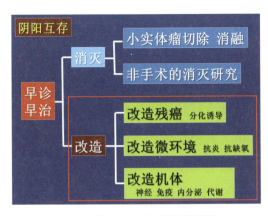

图15—5　早诊早治的框架

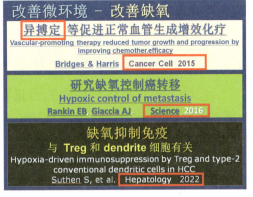

图15—6　改善缺氧以改善微环境

关报道，缺氧抑制免疫，研究缺氧有助控制癌转移（图15—6）。为此后继治疗不可或缺，但过去术后继续用消灭肿瘤疗法并未解决问题。我以为，可能与没有应用针对炎症、缺氧、免疫等相关的治疗，而这些治疗都不属于消灭肿瘤的疗法，所以过去并未列入治疗肿瘤范畴。

回顾对付癌症的历史，1863年魏尔肖（Virchow）发表《癌的细胞起源》以来，无论临床或基础研究只盯住"癌"，所以临床上认为只要将癌消灭，问题便解决。直到21世纪初，研究发现，还需要关注微环境、全身和外环境。为此，要解决消灭后癌复发转移的问题，需要补充"改造疗法"。即通过分化诱导等改造残癌；通过抗炎和抗缺氧等改造微环境；通过神经、免疫、内分泌、代谢等改造机体；当然还包括避免外环境致癌物的继续接触。而各种改造疗法，都与"立等可取"的消灭疗法不同，需要时日。我们研究所有一位肝癌百岁寿星，他所以能活过百岁，除切除大肝癌和切除肺转移癌外，还连续10年，用了4种免疫疗法，用了攻补兼施的中药，以及没有负担的心态。所以说控癌战在早诊早治阶段，同样是消灭与改造并举的持久战。

综合治疗的消灭与改造并举的持久战

然而临床上，每天仍遇到大量有症状的癌症病人，这时肿瘤已经不小，机体与肿瘤的力量对比已处于"敌强我弱"态势。很多肿瘤已无法切除，或虽能勉强切除，大多仍免不了复发转移的厄运。《孙子兵法》在用兵之法说"少则能守之，不若则能避之"，又说"不可胜者，守也"。这提示不宜"以硬碰硬"，勉强进攻，"以柔克刚"也许是一条出路。

而取胜之道,《孙子兵法》有一段精彩的论述,"故形人而我无形,则我专而敌分。我专为一,敌分为十,是以十攻其一也"。尽管总体上"敌强我弱",但如能避其锋芒,并在局部形成"我强敌弱"态势,则"敌虽众,可使无斗"。孙子又说"知胜有五",其一是"识众寡之用者胜"。总之,以众击寡是"敌强我弱"态势下,可能取胜之道。我以为这是提示"综合治疗"的重要性。对于中晚期癌症,提出了"综合治疗的消灭与改造并举的持久战"框架(图15—7)。

综合治疗有两种模式,过去近两百年基本上是"消灭+消灭"模式(例如手术切除后再用放化疗),但未完全取胜。我以为,"消灭+改造"模式值得探索,就是在基本消灭肿瘤的基础上,再用"改造"的药物或措施(所谓改造,是指没有直接杀灭肿瘤作用,而作用于机体其他方面的药物或措施)。我看到《新英格兰医学杂志(N Engl J Med)》的一篇题为《肝癌治疗的里程碑》的文章(图15—8)。题目十分惊人,仔细分析,原来就是"消灭与改造并举",因为抗VEGF的分子靶向治疗主要是"消灭"肿瘤,而抗PD-L1的分子靶向治疗,则是"改造"机体的免疫

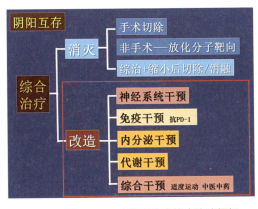

图15—7　中晚期癌症综合治疗框架

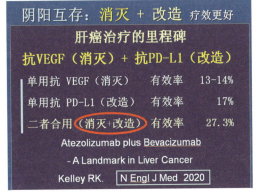

图15—8　消灭与改造并举的例证

功能，两者合用，事半功倍。

对付中晚期癌症，"改造"已出现不少线索，尤其是针对全身各个重要系统。文献报道，交感／副交感神经与癌互动促癌进展，提示调控神经系统对癌症防治具有重要意义；有抗交感神经作用的 β 阻断剂可提高黑色素瘤疗效。实际上中医这方面治疗已有千百年的经验，因现代科学已证实中医阴虚和阳虚治疗与交感神经密切相关。2023 年著名的《细胞（Cell）》一篇文章提出，"癌症神经科学（Cancer neuroscience）为癌症治疗创造一个重要新支柱"。免疫系统干预已成为当前热点，尤其是靶向 CTLA–4/PD–1 的免疫治疗。内分泌干预也在多种癌症中得到应用，但需较长时间的应用与随访才能见效，提示持久战的重要。代谢干预同样成为近年的热门话题，持久战中代谢干预举足轻重；2022 年《自然—癌症评论（Nat Rev Cancer）》一篇文章的题目是《通过饮食（代谢）干预治疗癌症》，提示我国民间的"补品""发物""忌口"等隐藏着不少线索。运动与中药治疗实际上是综合治疗，因其作用机理是多方面的，好的综合治疗不仅有量变，还可能有质变。

从动态看问题的角度，当"消灭＋改造"使肿瘤缩小后，如能乘胜追击，一举消灭缩小后的肿瘤，就有可能最终获胜。这就是我们在 20 世纪 80—90 年代曾研究的"不能切除肝癌的缩小后切除"。总之，通过综合治疗的消灭与改造并举的持久战，有可能使更多没有根治希望的中晚期病人获救。

人生感悟

综上所述，控癌战是一个复杂的、动态变化的系统工程，其重点有三大块，其目标只是"降低"发病率和死亡率，而不是完全消灭癌症。

我以为，我国癌症防治的核心是"洋为中用＋中国思维"，除继续引进西方癌症防控精华的"硬件"外，还需补充癌症防控的"软件"，即中国思维。所谓"中国思维"，是"中国国情＋中华哲理"；而中华哲理的重点是"阴阳互存"和"阴阳互变"。我们对待任何事物，不能只看"阴"不看"阳"，要动态看问题，要重视"阴阳中和"，也就是要"适度"、要"复衡"，而不是"多益"。近两百年的"抗癌战"基本上是只看"癌"，少看"机体"；只用"消灭"，轻视"改造"，偏重"速胜"，忽视"持久"。为此，学一点中华哲学，当有助临床提高疗效，也有助开阔创新探索的视野。

从"抗癌"到"控癌"一字之差，成为与癌共舞"异想"的核心。

叁 放眼世界的初探

第 16 届国际癌症大会肝癌会议主讲专家
（左三为会议主席汤钊猷，右二为共同主席
Okuda）

16."挤进去发言"的奇效
——在国际学术界占一席之地

1978 年中国共产党的十一届三中全会，是新中国成立以来的伟大历史转折，使中国进入了改革开放和社会主义现代化建设的历史新时期。刚好也是这一年，我出席了第 12 届国际癌症大会，由于"挤进去发言"，使我国在国际肝癌学术界占有一席之地。

紧张的出国准备

1978 年是我有生以来的第一次出国。由于在肝癌早诊早治方面的突破，我被选为中国出席第 12 届国际癌症大会的十人代表团代表之一。毫无出国经验的我，自然十分紧张。我们报去的论文被选为小组会发言，我得准备幻灯片。那时没有电脑，我们买来植绒纸，到印刷厂印了一些幻灯片需要的英文词句，请护士帮我一一剪开，再贴到植绒纸上，然后用彩色幻灯片胶卷拍摄（图 16—1，图 16—2）。再根据每张幻灯片的内容准备英文的讲词，事先背诵。顺带说一下，我的英语是高中水平，新中国成立后我们还要学俄语，在国际会议上用英语作报告还是第一次。服装也得准备，我已有旧的西服，专门定制了一套中山服。那时人很瘦，身高 1.69 米，体重却只有 47 千克，这样瘦长的衬衫也得定制。

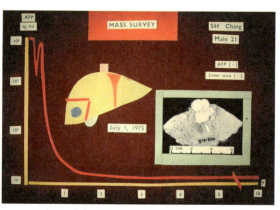

图 16—1　甲胎蛋白诊断小肝癌　　　图 16—2　小肝癌的局部切除

34 小时的飞行只能讲 3 分钟

我先从上海到北京，然后和代表团全团一起从北京飞巴黎，那时中途要停，所以需要 17 个小时。到巴黎后停留 3 天，和我国在巴黎的大使馆联系上，安排一些参观。然后由巴黎飞阿根廷的首都布宜诺斯艾利斯，也需要 17 小时，所以一共飞行了 34 小时。第一次出国，自然十分兴奋，在巴黎、布宜诺斯艾利斯和飞机上拍了不少照片（图 16—3，图 16—4）。

到达布宜诺斯艾利斯后的第一顿饭，大家听说阿根廷牛扒出名，都不约而同地点了牛扒。没有想到，送来的牛扒竟是厚厚的一大块，我们全团，只有一人能吃完。原先以为南美洲的阿根廷也比较落后，没有想到竟相当

图 16—3　与使馆人员共进午餐（右二为汤钊猷）

繁华，马路上车水马龙，热闹非凡，难怪有"小巴黎"之称。1978年我刚住进上海最早的高层公寓，没有想到那里已是高楼林立，所以拍的照片中不少是高层建筑。然而，我国改革开放后的30年，我

图16—4　在布宜诺斯艾利斯街上（左一为汤钊猷，右一为上海药物所教授胥彬）

书房外的景色，却比当年阿根廷的高层有过之而无不及。

入住旅馆并到会议报到后，我立即细看会议的日程，没有想到，我费时费神准备的报告只能讲5分钟，而且是安排在5天会议最后一天的下午。后来因为闭幕式，改为只能讲3分钟。要知道，那时国家为我们每人的机票食宿零用等需要花费一万元左右，20世纪70年代的一万元是很多的钱。一万元只能讲3分钟，实在想不通啊！

"您是日本人吗？"

在国际癌症大会中，除大会报告外，还有不同癌症的专题会。我搞肝癌，当然十分注意肝癌的专题会。我注意到肝癌专题会有6位国际学者作报告，自然这6人中没有中国的，因为中国那时没有地位。我是有备而来的，通过看文献，我知道一些国际知名肝癌研究学者。我高兴地看到这6人正是我出席这次国际癌症大会所希望结识的学者，并打算会后一一去拜访他

们。我认真听了 6 位特邀演讲人的报告，失望地感到，他们的报告中竟没有我所希望听到的对病人治疗有用的新东西，真不如我准备的幻灯片有用。当专题报告快结束进入讨论时，我脑子里飞快地思考着："要不要参加讨论，还是等到最后一天作 3 分钟发言？"想到国家为我们每人付出万元让我们来开会，不能就这样无声无息地回去。而且专题会的听众大多是来自全球关注肝癌的学者，于是我对会议主席说："我能否放几张幻灯片用几分钟讨论一下？"会议主席看我穿的是西服，问我："您是日本人吗？"我说："我是中华人民共和国的。"幸好我口袋装了 7 张最精彩的肝癌早诊早治的幻灯片，不知哪里来的勇气，我镇静地作了讨论发言。没有想到，我发言后，主席说："大家有什么问题可以问中国，他们有经验。"顿时我感到十分紧张，我从来没有在几百位外国人面前作过发言。幸好还是有备而来，我都一一作答。

"请您到中国馆子吃饭！"

会议结束已到午饭时分，我想上主席台去结识几位演讲人。没有想到他们却一起走到我面前，说："您讲得真好，我们要请您到中国馆子吃饭！"我感到亦喜亦忧，喜的是他们都是我想结识的学者；忧的是，我口袋里只有 20 美元。那时出国，每人只发 20 美元。到中国馆子吃饭，我是中国人，自然是我来点菜，当然也应由我来结账。幸好我看到团长就在不远的地方，我便过去说明缘由，他给了我 100 美元。我还是只能点最简单的东西"馄饨汤"，没有想到大家还是吃得津津有味。其间，日本的 Okuda 教授对我说："我是第 6 任国际肝病协会（IASL）主席，打算介绍您成为 IASL 会员，您是否同意？"我能在国际肝病学界占有一席之地，当然不会反对，就这样，1980 年我当选为 IASL 会员。后来才知道，我是破例当选的，因为要成为 IASL 会员，首先应该是其下一级肝病协会的会员，我在中国，首先应该成为亚太肝病协会（APASL）会员，才有资格竞选 IASL 会员。

我原先的发言是排在 5 天会议最后一天的下午，因为闭幕式，要大家的发言从 5 分钟缩短到 3 分钟。尽管我在肝癌专题会上通过讨论已作了发言，但如能再作一次面对不同听众的发言，可以进一步扩大影响。那天我穿上中山服去发言（图 16—5），没有想到会

图 16—5　在国际癌症大会上发言

议主席说："您们的工作很有特色，请您讲 6 分钟，不是 3 分钟。"

"挤进去发言"的连锁反应

以第 12 届国际癌症大会的"挤进去发言"为起点，由于肝癌早诊早治的突破，导致一系列连锁反应。1979 年正当中美建交之际，在美国 Sloan–Kettering 癌症中心主任来院考察后，美国纽约癌症研究所给三位中国学者颁发金牌奖，分别是搞甲胎蛋白基础研究的孙宗棠，搞肝癌临床的我，和启东肝癌高发现场的朱源荣。颁奖后，现代肝病学奠基人 Hans Popper 邀请我到他所在

的 Mount Sinai 医学中心演讲。原先我想在世界最大肝病权威面前，讲 15 分钟即可，没有想到 Popper 对我讲的每张幻灯片都作了详尽的讨论，使演讲持续了 2 小时。会后还邀请我参编他主编的《肝脏病进展》。1980 年，我便被破例选为国际肝病协会（IASL）会员；1982 年，我被邀请成为国际肝病会议主席团成员。

20 世纪 80 年代，世界知名肝病、癌症大家纷纷来访，其中就有国际肝病协会的第一任（Popper）、第四任（Leevy）和第六任（Okuda）会长，曾获日皇奖的国际甲胎蛋白权威（Hirai），法国巴斯德研究所乙型肝炎病毒分子生物学泰斗（Tiollais），法国肝移植鼻祖（Bismuth），等等。1985 年，法国 Bismuth 拿着我主编的英文版《亚临床肝癌》，邀请我担任 1987 年第 32 届世界外科大会两个分组会的主席。1988 年，我当选为世界外科学会会员。1990 年我代表中国当选为国际抗癌联盟（UICC）理事，成为 1990 和 1994 两届国际癌症大会肝癌会议共同主席和主席，并连续三版应邀为 UICC 主编的《临床肿瘤学手册》编写"肝癌"章。世界各国（美国、德国、法国、日本，甚至南美洲的智利）搞癌症和肝病的著名学者主编的专著，也纷纷邀请参编。几十年间，要我出席各种国际学术会议的邀请，也如雪片纷纷而来，达到上百次之多。

"挤进去发言"，使不少国际知名学者成为我的挚友，相互交流，获益匪浅，可惜近年不少已一一离世。

人生感悟

要在国际医学界占一席之地，你要有人家没有而对病人有用的东西。这就是"创新"，而创新的关键是"战略思维＋抓住重点"，以及"精细实践＋有始有终"。

与国际知名学者为友，有助开阔思路，扩大影响。关键是"不卑不亢，以诚待人"。当我们有了一点成绩，千万不要骄傲自满，但也不能妄自菲薄。习近平总书记强调的"文化自信"，是我们的底气，我们在早诊早治所取得的成绩，正是"洋为中用＋中国思维"的结果。

在学术研究上，光埋头苦干不行，还要在重要场合勇于表达和适度表达，这就需要有一定的人文基础。

放眼世界，就是要走出去，到国际舞台比武。

17. 坐到国际会议主席台上
——国际学术界的话语权

前面说过，1978 年在阿根廷召开的第 12 届国际癌症大会上，我国在肝癌方面是没有话语权的。因为我们报送的论文只是安排在 5 天会议最后一天的下午，而且只能讲 5 分钟，后来因为闭幕式又缩短到 3 分钟。肝癌专题会邀请了 6 位国际大家演讲，没有我国的学者。我只是作为讨论性质，采取"挤进去发言"，放了 7 张幻灯片，才引起重视。

首次坐到国际会议主席台上

我首次坐到国际会议的主席台上，是 1982 年在中国香港召开的国际肝病协会（IASL）与亚太肝病协会（APASL）的年会上，"深造课程（Postgraduate course）"上请了 7 位国际大家讲课，我有幸在其中（图 17—1，右一为 Popper，右二为 Okuda）。之

图 17—1　首次坐到国际会议主席台上（左二为汤钊猷）

所以获此殊荣，应追溯到 1978 年的国际癌症大会，由于我关于肝癌早诊早治的"挤进去发言"，受到第 6 任 IASL 会长 Okuda 教授的重视；特别是 1979 年美国授予我们"早诊早治"金牌奖时，应邀到美国 Mount Sinai 医学中心演讲，得到首任 IASL 会长 Hans Popper 的认可，并邀请我为他主编的《肝脏病进展》第 7 卷撰稿，那是我国学者第一次应邀为这本权威著作撰稿；而这个"深造课程"正是由他主持的。在这次"深造课程"中，我讲了"小肝癌的切除"。

成为世界外科大会两个分会的共同主席

由于我主编的英文版《亚临床肝癌》曾送给诸多国外学者，1985 年法国肝移植鼻祖 Bismuth 教授拿着我主编的书到上海来找我，说 1987 年即将在澳大利亚悉尼召开第 32 届世界外科大会，问我是否同意担任其中两个分会的共同主席，我当然不会拒绝。于是我便成为肝外科分会的共同主席（图 17—2），主席是澳大利亚的 Little 教授。Little 教授和我商量，这个肝外科分会的演讲者只请了 5 位，分别是瑞士、德国、法国、日本的学者和我。我担任共同主席的另一个分会是肝胆肿瘤分会，主席是希腊的

图 17—2　世界外科大会肝外科会议共同主席

Papaevangelou 教授。第二年，即 1988 年我便当选为国际外科学会（ISS）会员。

当选为国际抗癌联盟理事

1978 年阿根廷会议的"挤进去发言"，1979 年获美国的金牌奖，1982 年参加 IASL–APASL 的年会，1987 年世界外科大会等国际会议的亮相，加上中国科协的推荐，1990 年我代表中国成为国际抗癌联盟（UICC）理事。图 17—3 为 1990 年在德国汉堡召开的 UICC 理事会，右二为笔者。新中国成立后，代表我国当选为国际抗癌联盟理事，是中国医学科学院肿瘤医院院长吴桓兴教授，他去世后这个位置便空缺多年。

图 17—3　德国汉堡召开的 UICC 理事会（左二为国际抗癌联盟主席 Eckardt，左三为国际抗癌联盟秘书长 Murphy，右二为汤钊猷）

我之所以当选，主要还是因为我们在肝癌早诊早治方面的突破，受到国际学术界的关注，加上我国改革开放后国际地位的提高。当选既是荣誉，也是责任。至1998年卸任，共担任了8年UICC理事。其间，我曾和中华医学会一起争取申办国际癌症大会，但由于1989年政治风波的影响，申办未能成功。我很高兴，由于后来担任UICC理事郝希山院士的努力，2010年在我国深圳成功举办了世界癌症大会，我也应邀作了演讲。

两届国际癌症大会肝癌会议任共同主席和主席

我国在国际学术界肝癌方面的话语权，在1990—1998年间达到新的高度。1990年在德国汉堡召开了第15届国际癌症大会，我应邀担任其中肝癌会议的共同主席，主席是匈牙利的Lapis教授。这次会议让我第一次有权和Lapis教授共商，邀请了7位国际著名肝癌学者作演讲（图17—4）。

图17—4　第15届国际癌症大会肝癌会议合影（左一为会议主席Lapis，左二为共同主席汤钊猷）

由于会议的影响，会后在1990—1994年期间，我还应邀到美国的耶鲁大学、哈佛大学麻省总医院（MGH）、纽约 Sloan–Kettering 癌症中心、纽约 Mount Sinai 医学中心、休斯敦 MD Anderson 癌症中心、Indiana 大学医学中心和匹兹堡医学中心去作演讲；在匹兹堡医学中心的演讲是由肝移植之父 Starzl 教授主持的。还应邀在 UICC 日本京都的消化道会议、印尼的学术会议和中国香港王泽森国际外科会议等作演讲。

1994 年在印度新德里召开了第 16 届国际癌症大会，我被指定为肝癌会议的主席，我邀请了 Okuda 教授为共同主席。这让我又一次有权决定邀请哪些专家来作演讲。这里不妨说一个小插曲，正当我向 Okuda 教授发出邀请，请他当共同主席时，新德里却出现肺鼠疫流行。Okuda 教授来信说，"很抱歉，由于新德里的肺鼠疫流行，我很可能不出席会议"，但后来他还是来了（图 17—5，右二为 Okuda，右三为汤钊猷）。会后印度友人陪我外出访问，我们在火车站贵宾室候车，确实看到几只老鼠的踪迹。这次会后，自然又是诸多邀请，不再赘述。

图 17—5　第 16 届国际癌症大会肝癌会议合影

在三千人的大会上作演讲

1998 年在巴西里约热内卢召开第 17 届国际癌症大会，我仍有幸成为肝癌会议的三位演讲人之一，其他两位分别为美国 Slaon–Kettering 癌症中心的 Blumgart 教授和意大利肝移植鼻祖 Genari 教授（图 17—6，右一为 Blumgart，右二为 Genari）。

图 17—6　第 17 届国际癌症大会肝癌会议演讲者

在巴西会议后的一周，我又应邀到奥地利的维也纳出席世界胃肠病学大会，会议的一个重要部分是"四年评论（Quadrennial reviews）"，我有幸成为"肝癌四年评论"的演讲者，那次我面对的是 3000 名听众（图 17—7），演讲稿 2000 年在著名国际杂志《胃肠病学和肝脏病学杂志（J Gastroenterol Hepatol）》刊出。

回顾一生，应邀在国际会议上作演讲有记录的已有百次。除上述会议外，不乏有重要影响的会议，如 1983 年在美国 Bethes-da，由美国国立卫生研究院（NIH）召开的"乙型肝炎携带者癌

图 17—7　世界胃肠病学大会的演讲

变的预防"会议，现代肝病学奠基人Popper教授主持了"肝癌的二级预防"的报告；1984年在泰国曼谷举办的亚太肝病协会（APASL）年会上，其中的"深造课程"，我应邀作了"肝癌进展"的演讲，成为国内唯一应邀演讲的学者；1984年在日本福冈召开的"UICC消化道肿瘤的基础与临床会议"；1985年在德国海德堡召开的中德肿瘤会议，在那里我认识了德国癌症中心主任zur Hausen，我们一直为友30年，他后来因人乳头瘤病毒的研究获诺贝尔奖；1989年在美国阿拉斯加Anchorage召开的"肝癌筛查会议"，美国学者Heyward说，"没有您们的工作，我们的研究不会成功"，确实美国比我们晚了8年；还有如1992年，在意大利米兰，由意大利肝移植鼻祖Genari教授主持的肝胆肿瘤会议；1994年在洛杉矶召开的"第10届世界胃肠病学大会"，等等，我均为特邀演讲者。顺带说一下，过去由于经费问题，所有邀请如不能提供机票和食宿的，均已婉拒。

人生感悟

学术界的话语权，是反映一个国家学术水平的重要方面。然而要取得话语权，首先是要在国际学术界占有一席之地。而占有一席之地，就医学而言，您要有人家没有的东西，特别是能明显提高诊疗效果的东西。我们当年主要是在肝癌的早诊早治方面，这项突破使肝癌手术效果成倍提高，使肝癌从"不治之症"变为"部分可治之症"，因为有了长期生存者。据我们研究所前不久的不完全统计，有88例生存20—48年的肝癌病人，其中近60%来自早诊早治，而且这项成果简便易行，易于推广。我以为，在国际学术界占有一席之地，关键

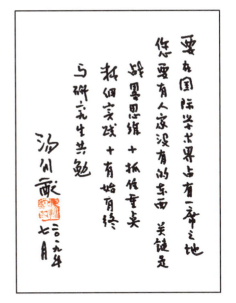

图 17—8　取得国际学术界话语权的关键

还是要有战略思维（抓住早诊早治这个方向），还要抓住重点（抓住早诊早治的几个关键），精细实践（我们研究所为此进行了长达十余年的细致实践），而且要有始有终（有些兄弟单位因小肝癌切除后仍出现复发转移而放弃研究）。（图 17—8）

放眼世界，到国际舞台比武，你要有人家没有的东西。

18. 七十人的小会变成五百人的大会

——首届上海国际肝癌肝炎会议

1978 年我出席在阿根廷召开的第 12 届国际癌症大会，在肝癌专题会上，由于采取"挤进去发言"，取得意想不到的效果。然而，此后我应邀出席的所有与肝癌相关的国际会议，都是在瑞士、美国、泰国、日本、德国等国外举行的。1985 年，因肝癌早诊早治的突破，我们获得国家科技进步奖一等奖；我又主编出版了英文版《亚临床肝癌》，并送给了不少国际学者。我想既然我们已经有一些国外没有的东西（肝癌早诊早治），是否可能在国内举办肝癌的国际会议呢？这样我国学者便有机会在国内出席国际会议，在国际会议上作报告，获得面对面的国际交流。当年由于经费等原因，出国参加国际会议十分困难。

一个七十人国际会议的计划上报

我这个人又不知天高地厚，竟自找苦吃，报告了一个举办70 人规模的国际会议计划，即 20 位国外学者和 50 位国内学者。很快，上海市科委来人和我联系，积极支持我们的这个想法，但经费要我们自行筹措。我只是一个读书人，筹措经费难上加难，幸好我的大学同窗，搞肝炎的姚光弼教授愿意当大会的秘书长，他比我灵活。

不要说办国际会议，我们连办国内会议的经验都缺如，需要方方面面的思考。首先是经费问题，会议的组织，谁当主席和共同主席，邀请哪些国内外学者作报告，会议地点，宾馆的预订，国际学者的接待，要不要请上海市领导等，千头万绪。要知道那个年代，连邀请信、筹资信都是自己先起草，然后用打字机打成，签字后寄出。

鉴于我们已经有一些国外没有的东西，我们大胆决定邀请国际最著名的肝癌肝炎大家来当共同主席。他们是首届国际肝病协会（IASL）会长、美国搞肝病病理学的 Hans Popper 教授，因为1979 年美国给我们颁发金牌奖时，曾应邀到他的 Mount Sinai 医学中心作报告，他还为我主编的英文版《亚临床肝癌》写了前言；第 6 届 IASL 会长、当年肝癌临床最著名的 Okuda 教授，正是他在阿根廷会议认识后，推荐我直接成为 IASL 会员；还有当年欧洲最著名的肝炎专家 Deinhardt 教授。没有想到，他们都欣然接受。我们还有幸请到当年上海市市长江泽民出席开幕式。

五百人的大会

那是 1986 年的 1 月，上海已是隆冬，首届"上海国际肝癌肝炎会议"竟成为五百人的大会，热闹非凡。这个会议全部按国际惯例召开，即会议全部用英语交流（包括中国学者的报告）；会前大半年即已定好报告人的具体报告时间（几分钟）和作报告在哪个会议厅；报告的时间准确控制；完全按预定的日程进行；等等。会议虽有秘书组等分工负责，但关键事宜仍需亲自检查落实。记得我在会前两天到会场检查，发现放幻灯片的屏幕太小，与会听众无法看清，便立即安排有关人员去买"的确凉（涤纶）"白布，在各个会场重新安排足够大的屏幕，因为学术会议的核心就是"学术交流"。

让我惊奇的是五百人中,竟有来自 15 个国家和地区的 140 位境外学者。要知道,当年国外友人来华的不多,我曾经问一些外国学者:"您们为什么来参加这个不知名的国际会议?"他们回答说:"您这个会有世界上顶级肝病学者出席,一定是一个非常重要的会议"。大会报告是在上海科学会堂的报告大厅举行,500 人的会场几乎容纳不下。更令我感动的是,Hans Popper 竟自告奋勇说要为大会作总结报告。

会议花絮

1986 年的这个会议是 40 年前的陈年往事,学术上的东西已无必要再详述,倒是一些会议花絮让人回味。

当年 Hans Popper 已年过八十,这样一位世界科学大家如果在中国出了问题就不好办,可偏偏就遇到一些问题。开幕式那一天,我亲自到外宾所住的上海宾馆去接他们。乘电梯下楼却遇电梯故障,Popper 急得不得了,说:"今天市长接见,我们怎能迟到呢?"国外学者这种"一分钟也不能迟到"的严谨之风值得学习。前面说过,那时已是隆冬季节,科学会堂的大厅冷得异常。我立即担心只

图 18—1 祥和的会议晚宴

穿了西装的 Popper 会不会受凉，于是立即请会务组人员去买一件羽绒大衣给他穿上。几十年过去，中国已经崛起，我的办公室不仅有暖气，还有热水供应。回顾几十年中国共产党的领导和中国人民的奋斗，不是值得我们珍惜吗？

会议气氛祥和，晚宴期间我国学者可以和国际大家交流，图18—1是我们研究所当年的一些成员与两位共同主席合影（右一为 Popper 教授，右四为 Okuda 教授）。

在校园内召开的大型国际会议

首届上海国际肝癌肝炎会议的成功举办，鼓舞我们把它办成一个上海的标志性系列学术会议。1991 年我们又筹办了第 2 届上海国际肝癌肝炎会议。但由于 1989 年的政治风波，让我十分担心能否成功举办，特别是经费的筹措是最大的问题。当年我是上海医科大学校长，我又筹措了一些经费，将图书馆的大厅修缮一新，定名为"元洪厅"，这样就可以在校园内开会（图 18—2），

图 18—2　在校园召开的国际会议

减少开支。第二个担心是外宾会不会来，对共同主席，我们邀请了 1990 年国际肝炎大会主席美国的 Hollinger 教授，乙型肝炎分子生物学大家法国巴斯德研究所的 Tiollais 教授，代替去世的 Popper 和 Deinhardt 教授；共同主席当然还有 Okuda 教授和我国的江绍基、吴孟超和姚光弼教授。没有想到这个会议竟有 635 人出席，其中有来自 26 个国家和地区的 180 位境外学者，比 1986 年的首届还要多。这次会议最难忘的莫过于开幕式上几十位生存十年以上肝癌病人的大合唱（图 18—3），直到 2009 年纪念复旦大学肝癌研究所成立 40 周年之际，法国肝移植鼻祖 Bismuth 教授发来贺信，仍热情洋溢地说："您获得的成就显著而令人惊异。您是首位证明原发性肝癌切除后能长期存活的研究者。在那次您组织的上海（国际肝癌肝炎）大会中，肝癌切除手术后生存十年以上病人的大合唱是最感人的时刻。"接下来，1996 年我们又在上海召开了第 3 届上海国际肝癌肝炎会议。

图 18—3　生存十年以上肝癌病人的大合唱

又一次成功的国际会议

几次会议的成功，香港学者建议与我们合办，于是有了2000年的第4届。那时上海在浦东刚建成国际会议厅，我们便决定在那里召开。然而那里的演讲大厅只能容纳800人，而会议预期要超过一千人，只好将开幕式和大会报告改到宴会厅，这时又有一个插曲值得一提。大会秘书长告诉我："您放心，一切都会办好。"但开幕前一天的下午4时，我还是不放心去检查。到宴会厅一看，不像演讲大厅是倾斜的，后面的听众也能看清前面的屏幕，而放幻灯片的屏幕只打算用撑杆的小屏幕，分别在会场的四个点播放，显然千人的听众难以看清。幸好我曾是上海医科大学校长，还可以调动学校后勤的力量，于是立即找人去买白布，请木匠连夜制成电影屏幕大小的框架，将白布安装上去，放在主席台的旁边，等开幕式结束，开始大会学术报

图18—4　第4届上海国际肝癌肝炎会议的开幕式

告前，将制备的大屏幕放到主席台上，这样会场的 1200 人都能看清幻灯片。

这次会议，全国人大副委员长吴阶平教授和上海市市长徐匡迪出席，我们邀请了 101 位特邀演讲者，收到的论文摘要达 664 篇，与会人数达 1200 人，又是一次成功的国际会议（图 18—4）。会议摘要也刊登在著名的国际杂志《胃肠病学和肝病学杂志（J Gastroenterology Hepatology）》。

上海系列会议成为亚太地区最有影响的肝病会议

由于 1991 年第 2 届上海国际肝癌肝炎会议的成功举办，共同主席法国的 Tiollais 教授建议每两年召开一次，但由于经费筹措等诸多困难，我们还是决定每 4 年召开一次。在 1986 年至 2008 年的 22 年间，共举办了 7 届这样的国际会议。除了前面的 4 届外，2004 年在香港召开了第 5 届，2006 年在上海召开了第 6 届，2008 年在香港举办了第 7 届。

2008 年的会议与 1986 年的首届会议相比，特邀演讲人已从 85 位增加到 159 位，会议收到的论文摘要也从 346 篇增加到 802 篇，与会人数已从 500 人增加到 2500 人，其中境外学者从 140 人增加到 600 人，覆盖的国家和地区从 15 个增加到 50 多个。这个会议已成为亚太地区最有影响的国际肝病会议。

人生感悟

中国和平崛起，不仅在政治和经济上，而且在学术上也应有所体现。但要在国际学术界占一席之地，您要有人家没有的东西。我以为，要有人家没有的东西，关键是"洋为中用＋中国思维＋精细实践"。我们在肝癌早诊早治方面所取得的突破，正是这个关键的结果。我们后来组办的多届会议之所以仍能取得成功，是因为我国在肝癌研究的诸多方面仍有一定特色。为此，会议的成功举办，首先是举办方在学术上有特色，才可能吸引境外学者与会。当前我也曾参与一些国内举办的所谓国际会议，那些只邀请几位国际学者来作报告，而没有自己学术特色的会议，严格说不是真正意义上的国际会议。

本文多次提到幻灯片屏幕，其实这正是国际会议成功举办中不可忽视的一个细节。为此我曾在 2007 年作过一个题为"悬空寺的启迪——论特色与和谐"的报告。其中有一段是"抓大事，亲自做，重细节"。悬空寺之所以 1500 年不倒，和"重细节"分不开。除精心构思和选址外，还有精心选材和精心设计。同样，国际学术会议如果达不到学术交流的目的，就不能算是成功的会议。细节决定成败。

会议的成功，还与正确处理与国外著名科学家的关系密切有关。与名人为友，有助开阔思路，扩大影响，关键是"不卑不亢"和"以诚待人"。会议的共同主席之一 Hollinger 教授在我们研究所 40 周年的贺信中说："对我来说，您的友谊和忠诚一直是我的祝福和财富；正如有人说：'良友难觅，更难割舍，永生铭记'。"他在 2020 年新冠流行期间，还来信问候。另一位共同主席 Tiollais 教授，后来成为世界著名巴斯德研究所的名誉所长，说："汤教授，我与您相识已久，认识您我感到非常荣幸。每一次我去中国，您在医学与外科领域的水平之高，都给我留下深刻印象。我希望长久地保持我与您的卓越关系，我的朋友，汤钊猷教授"。我和 Tiollais 从 1986 年认识后的 30 余年中，保持了每年必见的友谊，2017 年他还到家里看望我，并和我的研究生交流。

　　放眼世界，除了走出去，还可请进来，但关键是有自己的特色。

19. 当年肝癌诊疗规范由我国起草
——"以奇胜"不可或缺

　　《孙子兵法》有句名言"以正合，以奇胜"，前者如同下象棋要按规则出，车、马、炮各有各的走法，否则棋就无法下；但要胜出，则要出奇制胜，这就是"以奇胜"。为什么最初棋盘双方兵力（硬件）相等，而一方会胜出，是因为有高超的棋艺（软件）。打仗也不例外，取胜除了有一定的兵力外，还要靠指挥员的"奇招"。

　　近年来，我国医学界已十分重视诊疗规范的制定与推广，诊疗规范是尽可能汇集当前国内外最先进的诊疗进展，如果得到推广，则可能使我国的诊疗效果接近当前最先进的水平，这正是践行"以正合"的举措。然而要超越当前最高水平，则要依靠"以奇胜"。换言之，需要有更多的创新才能达到目的，有了更多的创新，才能提高我国在诊疗规范中的贡献度。这一篇打算从制定诊疗规范的角度，议论一下创新的重要性，也就是如何达到"以奇胜"的问题。

国际肝癌诊疗规范连续三版由我国起草

　　1990 年我当选为国际抗癌联盟（UICC）理事后，不仅连续两届国际癌症大会让我成为肝癌会议的共同主席和主席，提高了我国在国际肝癌学术界的话语权，而且由 UICC 主编的《临床肿瘤学手册》，也连续三版邀请我成为撰写"肝癌章"的共同作者或作者。这意味着在 1994—2004 年间，国际肝癌的诊疗规范由我国起草或参与起草。

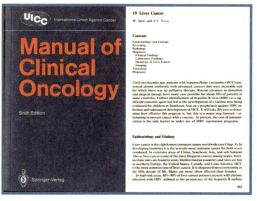

图 19—1　1994 年第 6 版

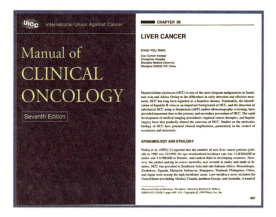

图 19—2　1999 年第 7 版

图 19—3　2004 年第 8 版

UICC 主编的《临床肿瘤学手册》，在当年是不成文的国际癌症诊疗规范，大约每四年更新一版。在当选为国际抗癌联盟理事后不久，便收到邀请，要我参与编写 1994 年第 6 版《临床肿瘤学手册》中的"肝癌章"。第一作者是香港中文大学的 W. Shiu，我是第二作者（图 19—1）。在这一章中，关于肝癌筛查和小肝癌切除的方法和疗效，都是引用了我们研究所的资料。

1999 年第 7 版《临床肿瘤学手册》中的"肝癌章"，则只由我国起草（图 19—2）。在这一章中，除大量资料引自我们研究所，还专门比较了小肝癌和大肝癌，强调了早诊早治的重要性。

2004 年第 8 版《临床肿瘤学手册》的"肝癌章"，我为第一作者，第二作者邀请了美国最大的癌症研究所 MD Anderson 癌症中心的 Curley 教授（图 19—3）。这一版仍大量引用了我们研究所的资料，如继续强调肝癌的筛查和早诊早治。此外，对不能切除肝癌，介绍了通过肝动脉结扎、插管灌注化疗药物等综合治疗，实现降期（缩小）后切除，实现了不能切除肝癌 5 年生存率"零"的突破，而且对肝癌术后转移复发，也介绍了我们研究所相关的分子生物学研究成果。

"你们的办法既提高疗效，又便于推广"

有一次，我遇到国际抗癌联盟（UICC）秘书长美国的 Murphy 教授，我问他："UICC 主编的《临床肿瘤学手册》为什么邀请我参与编写'肝癌章'？"他毫不迟疑地说："你们的办法（肝癌早诊早治）既提高疗效，又便于推广。"寥寥数语，道出两个要点：一是提高疗效，二是便于推广。我有幸成为 UICC 理事，了解到 UICC 关注的是全球的癌症问题，尤其是发展中国家和地区的问题，而不单单是发达国家的问题。面对全球癌症如何提高疗效，就需要既能提高疗效，又便于推广的办法。

就我们研究所而言，如图 19—4 所示，住院肝癌病人的 5 年生存率，从 1958—1967 年的 2.8% 提高到 1998—2010 年的 44.0%。这个提高主要是由于早期发现的小肝癌切除的比例由 0.9% 提高到 50.9% 的缘故。如果从另一个角度来看，据前几年我们研究所的不完全统计，已有 88 例肝癌患者手术后生存 20—48 年，这些长期生存的病人中，有 59.1% 来自小肝癌切除，提示早诊早治是肝癌病人长期生存的主要原因。我们肝癌的早期发现和早期诊断，在当年只是靠验血中甲胎蛋白的筛查，价格十

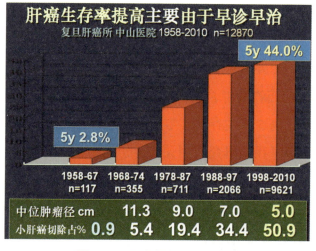

图 19—4 　肝癌疗效提高主要因早诊早治

分便宜；后来有了超声显像，价格也不昂贵。当年早期治疗，主要是肝癌的局部切除，它比肝叶切除要简单，而且手术风险也大大降低。这也是为什么直到 40 多年后的今天，这种早诊早治的模式仍在应用的原因。然而美国过去对甲胎蛋白在肝癌筛查中的应用一直有争议，出乎意料的是，2023 年美国肝病协会发布的《肝癌预防、诊断和治疗指南》，对肝癌的筛查除用超声显像外，又重新加上甲胎蛋白，认为"超声 + 甲胎蛋白"在"耗费与收益"方面更好。

"规范"是建立在"创新"的基础上

诊疗规范是践行"以正合"，然而要在国际上占有一席之地，则需要更多的创新。当年国际肝癌诊疗规范，之所以在 1994—2004 年间由我国起草，主要还是因为当年我们有一些外国没有，而又能较大幅度提高疗效的东西——肝癌的早诊早治。

当年肝癌早诊早治的核心是甲胎蛋白，但甲胎蛋白不是我国发现的，我们主要是通过"更新观念""诊疗创新""精细实践"和"长期随访"才取得成功。为此，这一成果从开始到获得国家科技进步奖一等奖，历时长达 13 年。这一成果之所以获得国际认可，不仅是因为我们取得手术成功，还因为我们将其提升到"亚临床肝癌"的理论。这个理论包含了：小肝癌诊断的创新，小肝癌手术的创新，小肝癌术后复发转移的创新性处治，小肝癌预后的变迁，小肝癌的自然病程，小肝癌与大肝癌在病理方面的异同，等等。

此外，适度的对外表达也不可或缺。如：编写英文专著《亚临床肝癌》英文版，并扩大对国际学者的影响；参编国际专著，如 1987 年应邀参编国际最著名

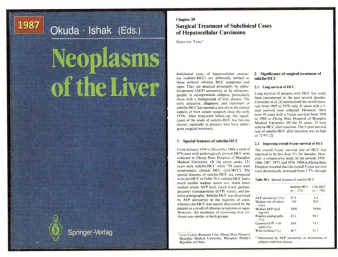

图 19—5　参编著名国际专著

肝癌学者 Okuda 和 Ishak 主编的《肝脏恶性肿瘤》（图 19—5）；在国际杂志发表论文，如 1989 年在最著名癌症临床杂志《癌症（Cancer）》上发表小肝癌论文；国际会议的推介；等等。

人生感悟

还是孙子名言"以正合，以奇胜"，二者相辅相成，缺一不可。没有"以正合"，难以"以奇胜"。我曾到巴塞罗那看过大画家毕加索的展览，他后来的"代表作"，外行人看似儿童作品。但注意到他早年的画作，却是十分严谨、功力深厚的。没有扎实的基本功，就难以升华到后来的"代表作"。但是如果没有后来

图 19—6 "以正合，以奇胜"相辅相成

的"代表作"，毕加索可能就不会被认为是大画家。同理，诊疗规范是基础，而要胜出，则要靠创新取胜。只有更多的创新，才能提高我们在"规范"中的贡献度；也只有当我们有足够的贡献度，才可能真正在国际学术界占有一席之地。为此，要占有一席之地，"以奇胜"不可或缺（图19—6）。

放眼世界，占一席之地，提高话语权，重在疗效提高和便于推广。

20. 一届校长只做了两件事
——愿青出于蓝而早胜蓝

1988 年我被任命为上海医科大学的校长（图 20—1）。我这个偏重于医学发展而不擅长行政管理的人，被逼上架。刚一上任，便遇到 1989 年的政治风波，接着各种矛盾层出不穷。每周的党政联席会总要从下午开到晚上，讨论不完的事，可谓"忙得不亦乐乎"，却难有成效。照理作为医科大学校长的政绩应该主要在"医教研"三个方面，但坦率地说，我这一届校长真是"乏善可陈"。过了这么些年，想来想去，一届校长可能只做了两件事。

图 20—1　上海医科大学党政领导和前两届校长合影（前排左一为前任校长石美鑫，左二为校长汤钊猷，左三为前任校长张镜如，右一为党委书记萧俊；后排为党委副书记和副校长）

矛盾扑面而来

这一任校长可谓"丰富多彩"：遇到 1989 年的政治风波；遇到学校也要搞"创收"；遇到从 4 个系发展为 12 个系的改革；遇到老一辈纷纷离世；遇到校长不仅要管"医教研"，还要管"生老病死"；等等。

刚一上任，便遇到 1989 年春夏之交的政治风波，"北京和其他一些城市发生政治风波，党和政府依靠人民，旗帜鲜明地反对动乱，平息在北京发生的反革命暴乱，捍卫了社会主义国家政权，维护了人民的根本利益，保证了改革开放和社会主义现代化建设继续前进"。学校在党委的领导下平稳度过。

改革开放才十年，经费仍十分拮据。记得春节时，学校给教工只能发一棵大白菜。我当校长，吃中午饭只是把家里带来的饭盒子热一下。那时便提出学校也要搞"创收"，幸好一位比我年轻约 10 岁的刘俊副校长（图 20—1 后排左二，后来成为上海市卫生局局长），在短短几年，便把年度创收由 186 万元增加到 562 万元，使学校的经济略微得到缓解。

上海医科大学历来只有 4 个系：医学系、基础系、卫生系和药学系。但是为了"大学"的大而全，便从原来的 4 个系增加到 12 个系。记得每天来访的各级领导，几乎都困扰在人员、经费、设备上，后来还有毕业生的分配等问题。例如法学系，理应国内人员缺乏，但法院的岗位却已满员，编制有限，又没有淘汰机制。这些问题都不是学校能够解决的。

我也许是到殡仪馆主持追悼会最多的一任校长，因为不少知名老教授在那个时段去世。说句俏皮话，"校长要管医教研，外加创收，还要管生老病死"，连校办幼儿园也得过问。医教研难有建树，不言而喻。

破"论资排辈"，立"破格晋升"

上面说到，每周的党政联席会开到深夜，常难有成效，然而也不能说一事无成。记得有一次在讨论学校的发展时，大家都同意办好学校的关键在于人才。然而我们学校已有不短的历史，从创建至今，老人不少。其中有知名者，也有平庸者。知名者中不少已垂垂老矣。记得林祥通副校长（图20—1后排左一）说，我们是否可以试行"破格晋升"。这是一项破旧立新之举，自然阻力不小。当年校长分管负责晋升的人事处，这件事便落到我的身上。记得在新规宣布后，一些业绩平庸而年资已到可晋升的教师，前来陈诉者络绎不绝。连具体操办晋升的人事处，我都要去做通思想工作，好不容易才取得一致意见。1989年这个大胆的设想终于实现了，一批优秀有为的中青年学者脱颖而出。"破格晋升"在当年国内医学院校属于首创，我们邀请了包括上海市的

图20—2　上海医科大学破格晋升庆祝会（前排右七为汤钊猷）

副市长等有关领导，和兄弟院校领导出席了隆重的庆祝会（图20—2）。若干年后，事实证明，那些破格晋升的教师都成了院长、主任、学术骨干，还有当选为中国工程院院士的。

在校园举办大型国际会议

我这一届校长还做了另一件事，就是在第 18 章说过的"在校园内召开的大型国际会议"。为什么把这看来和"医教研"毫不相干的事当作一件事来说。笔者管见，因为这件事和"人才培养"密切相关，而人才正是学校发展的核心。

1978 年党的十一届三中全会提出了"改革开放"。我体会，改革就是对内改革，开放就是对外开放。上面说到"破格晋升"，就是在人才培养方面的内部改革；但学校如何践行"对外开放"呢？由于团队在肝癌早诊早治方面取得进展，从而有机会应邀出席在世界各地召开的学术会议，每次回国，都增加了紧迫感，世界大势，日新月异，天外有天，不进则退。深感我们既要认真学习国外先进并对我们有用的东西，也需要展示我国的新进展。然而限于经济条件，当年有机会出国开会学习和交流的寥寥无几。如果能在校园办一个大型国际会议，学校师生就可以面对面和国际学者交流，开阔眼界，增加"紧迫感"。其实当年之所以决定在校园召开这样的大型国际会议是被逼出来的。

前面第 18 章已说过，1986 年我们成功在上海科学会堂举办了首届上海国际肝癌肝炎会议，于是决定这样的会议每 4 年召开一次。照理应该在 1990 年召开，但不巧的是 1989 年的政治风波，使我们担心国外学者是否会来，还有筹集经费也是一个大问题。如果在校园内召开，会场费用可免，再调动学校的后勤等力量以及学生的投入，经费也可大大减少。我们从中青年教师中选拔了一些英语好的组成一个工作班子，又在学生中选出一些英语口语好的参加国外学者的接待，连校办幼儿园的小朋友也发动起来，参加迎接与会者和节目演出（图20—3）。

图20—3　幼儿园小朋友的节目演出

没有想到，1991年在校园召开的第2届上海国际肝癌肝炎会议竟比首届更为成功。与会人数达600余人，有来自26个国家和地区的180位外国学者，来自美国（Hollinger）、法国（Tiollais）和日本（Okuda）的国际顶尖肝病学者担任大会共同主席。学校师生可以到各个会场旁听，也因此直接间接感受到"改革开放"的真谛。会场座无空席，营造了浓厚的学术气氛。一位意大利代表说，在中国的一所大学里能办如此成功的国际会议，真是出乎意料。1991年《世界科学》由江世亮写的一篇采访文章最后说："这次受到广泛好评的名副其实的国际会议，不仅起到了交流学术、互相学习的目的，而且还将对今后我国举办这类大型国际学术活动积累了有益的启示和经验。"

图20—4 法国肝移植鼻祖 Bismuth 的贺信

开幕式上生存十年以上肝癌病人的大合唱，把国内外听众引向高潮。上海市谢丽娟副市长在多年后一见到我就说，大合唱太感人了。法国肝移植鼻祖 Bismuth，在给我们研究所40周年所庆的贺信中也说："在那次您组织的上海（国际肝癌肝炎）大会中，肝癌切除手术后10年病人的大合唱是最感人的时刻"。（图20—4）

人生感悟

中华哲理可简化为"不变，恒变与互变"。新陈代谢是"不变"的自然法则，人类也因此保持着青春活力。一所老校，要保持活力，也同样需要新陈代谢。人的一生，中青年时期是最有创造性的年华。"破格晋升"就是创造条件，让有为的中青年能脱颖而出。世界不断在进步，这是"恒变"。常年的"闭关自守"也因此需要向"改革开放"转变，这就是"互变"。一届校长做了两件事，也许可以归纳成一句话："愿青出于蓝而早胜蓝"（图20—5）。

放眼世界，在校园召开大型国际会议当属践行"改革开放"之创举。

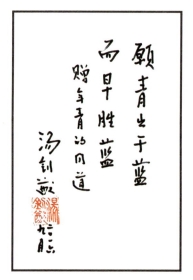

图20—5 赠年轻的同道

21. 我与肝移植创始人的友谊
——君子之交淡如水

　　屈指算来，我与肝移植之父 Starzl 的友谊，在 34 年后画上了句号，他于 2017 年与世长辞。我与法国肝移植鼻祖 Bismuth 的友谊同样久远，故事不少。我与意大利肝移植奠基人 Gennari 虽见面不多，却也留下深刻印象。我与英国肝移植创始人 Calne 的友谊虽短，却有趣闻。这一篇作为与国际学术大家的交往，值得寻味。

一位才华横溢又不善于言表的人

　　那是 1983 年 5 月的一个晚上，现代肝病学奠基人 Hans Popper 为 80 岁华诞，举办了一个小型的家宴，邀请了全球约 30 位相关学者，我作为中国唯一应邀者有幸出席。

　　晚上我出席了 Popper 祝寿家宴。他们给我介绍了出席的医学大家，这是我第一次和肝移植之父 Starzl 见面和交谈。因为是第一次，相互不熟悉，所以交谈不多。但我事先已知道他正是肝移植的创始人。短短交谈，给我留下了"一位才华横溢而又不善于言表的人"的印象。1985 年我与他再次见面，在洛杉矶为纪念病理学家 Edmondson 的一个肝病会议上，我和他是三位演讲人之一。1992 年，我们又在意大利的米兰见面，在那里召开的首届国际肝胆肿瘤会议上，我们又是少数应邀作大会演讲的。回顾与 Starzl 的 34 年友谊，有几件事是值得说一说的。

我为 Starzl 自传中文版写序

1993 年，我出席了在匹兹堡召开的一个学术会议，会后 Starzl 邀请我在他的研究所作学术报告。他亲自主持了我的演讲，作了热情洋溢的介绍。会后在那里工作和学习的中国学者对我说，您的演说长了中国人的志气。回国不久，那里的中国学者来信说，Starzl 写了一本自传，他希望有人帮他翻译成中文在中国发行，并要我为其中文版写序，我欣然同意。

当我看到 Starzl 的英文自传时，感到这不单是一本专业著作，同时也是一本文学著作。我决定找上海医科大学英语专业的郭北海先生翻译。光就书名的翻译就值得仔细斟酌，英文书名"The Puzzle People"，最终翻译为《组装人》，其实这也包括《求索者》，"忘我追求真理的人"的深意。我认真阅读了全书，这本中文版和我写的序，1996 年终于在中国出版。人家都说 Starzl 是"工作狂"，"序言"中我写道："历史上一些重大的科学发现与进步，哪一件不是出自'工作狂'之手的呢"。我以为 Starzl 既是出色的科学家，也是一

图 21—1 我为《组装人》写序

位文学家，书中隐藏着成功者的艰辛与喜悦，寓哲理于平凡之中（图21—1）。

出乎意料的祝贺

2005年2月，我突然收到美国外科协会秘书长的来信："很高兴通知您，美国外科协会理事会无记名投票，您当选为名誉会员，这是美国外科协会对国外的外科学者最高的认可，至今全球只有64位名誉会员。希望您能出席2005年4月在美国棕榈滩召开的年会，开幕式上协会主席Polk将向大会介绍您，并请您作简短答词。"我虽然是外科医生，但更多的是参与肝癌相关的肝病和肿瘤学国际组织，较少参与国际外科组织，因为前者我可能学到更多。于是我叫秘书查一下美国外科协会的背景，原来是有125年历史的全球最大的外科协会，它下面有9个分会，除英美外，其他每个国家最多只有2—3名该会的名誉会员。当选后我国仅有2名，

图21—2　Starzl对我当选名誉会员表示祝贺

另1名在香港。于是我和老伴按时赴会，在Polk介绍后，我作了5分钟答词，其中说到我在美国有很多朋友，包括Starzl。没有想到，我刚发言完毕走下台，Starzl竟主动走来对我（和老伴）表示祝贺（图21—2）。

Starzl 银婚在北京再见面

没有想到，一年后的 2006 年，我与 Starzl 在北京再见面。原来是 Starzl 的银婚到中国来旅游，听说还到了西藏。我拍摄了他们夫妇的亲密交谈（图 21—3）。借来华之际，Starzl 还在北京会见了中国的著名学者裘法祖院士等。中国人民解放军进修学院操办了学术报告会，还授予了诸多学者名誉教授头衔，包括Starzl，我也有幸在其中。我们团队不少骨干也出席了学术报告会，Starzl 还高兴地和我们的团队骨干合影（图 21—4）。

图 21—3　纪念银婚的 Starzl 夫妇　　图 21—4　Starzl 与我们的团队骨干合影

肝癌所 40 周年庆——Starzl 的贺信

又过了 3 年，2009 年是我们复旦大学（中山医院）肝癌研究所 40 周年华诞。我的老朋友 Starzl 又发来贺信："衷心祝贺肝癌研究所成立 40 周年。尽管我们生活在不同的半球，但我一直非常想知道在 40 年间您是如何在癌症研究中取得如此大的成就。在我看来，您在最近假期旅游的照片（注：承德的棒锤峰）中所站立的高地，就是医学领域的奥林匹斯山。在这座奥林匹斯山下有很多人，他们包括生命在内的所有一切都是您给予的。在美国外科协会的外籍名誉院士中，没有任何一位可以比您更值得获此荣誉。您的工作在流逝的时光中刻下了印记，并将永远为人们所铭记。"（图

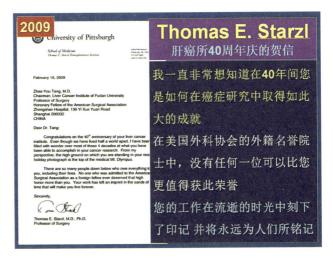

图 21—5　Starzl 发来的贺信

21—5）刚好一年前我发给他的贺年片就是他所说的"医学领域的奥林匹斯山"。

2017 年 3 月惊悉 Starzl 辞世，我和曾在他的研究所进修的樊嘉教授发去了唁电："Starzl 是伟大的科学家和医生，他的离世是中美医学界友谊的重大损失。"

拿着《亚临床肝癌》来找汤钊猷

1985 年的一天，一位从未谋面的法国人，拿着刚出版的我主编的英文版《亚临床肝癌》，到中山医院来找汤钊猷。见面后，我说"我就是汤钊猷"，交谈后才知道他正是法国肝移植的鼻祖 Bismuth，他是代表将在 1987 年召开的第 32 届世界外科大会来找我的。他说，后年将在澳大利亚的悉尼召开第 32 届世界外科大会，你们在肝癌的早诊早治方面取得了如此大的成绩，您是否同意出席这个大会，并担任肝外科会和肝胆肿瘤会的共同主席。我当然不会拒绝这个在国际学术论坛交流经验的机会。他离开后

不久，我便收到正式的邀请函。从那时开始，我和 Bismuth 的友谊与日俱增。1991 年我在上海医科大学校园举办了第 2 届上海国际肝癌肝炎会议，那次会议有 635 人出席，包括来自 26 个国家和地区的 180 位境外学者，Bismuth 就是我邀请的 78 位特邀演讲者之一，他被安排在外科组首位发言，介绍了法国肝移植的经验。

我和 Bismuth 家人合影

我和 Bismuth 之所以成为好友，是因为我们是同行，既相互交流，又相互尊重，我和他的家人还曾多次见面和合影。例如 2006 年我们就有三次见面：1 月，他和他的同事到我办公室交流，我们相谈甚欢（图 21—6）；3 月，我邀请他作为第 6 届上海国际

图 21—6　Bismuth 在汤钊猷办公室交流

肝癌肝炎会议，即2006年沪港国际肝病会议特邀演讲者。没有想到一个月后，我和Bismuth又在美国波士顿召开的第126届美国外科协会年会上见面，因为他和我都是美国外科协会的名誉会员而被邀请（图21—7）。一年后，2007年6月，在新疆的一次会议上，我们小家5口，极难得地和Bismuth伉俪相聚（图21—8），因为那次会议后，Bismuth伉俪和我们小家都计划在新疆游览。

图21—7　2006年在波士顿再见面　　图21—8　两家的珍贵合影

两次所庆的欢聚

也许更值得珍惜的是我们在复旦大学（中山医院）肝癌研究所所庆的欢聚。2009年是我们肝癌所40周年华诞，Bismuth发来热情洋溢的贺信："祝贺您从事肝癌研究40周年！您获得的成就显著而令人惊异。您是首位证明原发性肝癌切除后能长期存活的研究者。在那次您组织的上海（国际肝癌肝炎）大会中，肝癌切除手术后10年病人的大合唱是最感人的时刻。我支持您写一部有关您人生经历的书。您的人生就是肝癌研究史中的一页。"那次庆典，Bismuth又作了精彩的演讲。我和我儿子又有幸和他的全家合影（图21—9）。

图21—9　Bismuth全家和汤钊猷父子合影　　　　图21—10　老朋友再次见面

十年瞬间又过去，在2019年肝癌所50周年华诞之际，我也进入90岁。没有想到已是耄耋之年的Bismuth又风尘仆仆地从巴黎赶来祝贺（图21—10）。满头白发的老朋友又作了精彩报告，我们为友30余年，让我感慨万千："君子之交淡如水"。

意大利肝移植奠基人

说到意大利肝移植奠基人Gennari，那要追溯到1992年。那年我收到一封来自Gennari的邀请信，说1992年将在意大利米兰召开首届国际肝胆肿瘤会议，请我作亚临床肝癌外科治疗的报告。会议上我又一次和Starzl相遇，当然还有几位已熟悉的肝胆肿瘤专家。那是我第一次到意大利，那时对世界遗产的概念了解不深，错过了去看米兰的世界遗产，但也领略了世界五大教堂中排名第二的米兰大教堂的风采。

1998年我和Gennari又一次相遇。那年在巴西里约热内卢召开的第17届国际癌症大会，其中肝癌专题会只请了意大利的Gennari、美国的Blumgart和我三人作演讲。自然我们又共聚了友谊。

我与英国肝移植之父的偶遇

众所周知，英国肝移植鼻祖是 Calne。由于肝癌相关国际会议很少在英国召开，所以我从未去过英国；在各种国际肝胆会议上，也从未与 Calne 相遇。然而 2007 年我收到来自日本外科学会主席 Monden 的一封邀请信，信中说：您已当选为日本外科学会名誉会员，希望您能接受邀请，出席 2007 年 4 月在大阪召开的第 107 届

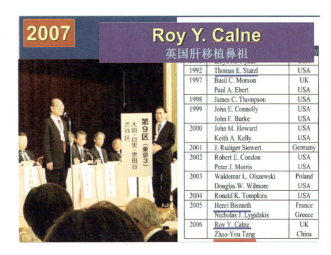

2007	Roy Y. Calne 英国肝移植鼻祖	
1992	Thomas E. Starzl	USA
1997	Basil C. Morson	UK
	Paul A. Ebert	USA
1998	James C. Thompson	USA
1999	John E. Connolly	USA
	John F. Burke	USA
2000	John M. Howard	USA
	Keith A. Kelly	USA
2001	J. Rudiger Siewert	Germany
2002	Robert E. Condon	USA
	Peter J. Morris	USA
2003	Waldemar L. Olszewski	Poland
	Douglas W. Wilmore	USA
2004	Ronald K. Tompkins	USA
2005	Henri Bismuth	France
	Nicholas J. Lygidakis	Greece
2006	Roy Y. Calne	UK
	Zhao-You Tang	China

图 21—11　当选日本外科学会名誉会员

日本外科年会，并作演讲。我去信询问，迄今日本外科学会有多少名誉会员，他们来信说，包括今年您和英国的 Calne 的当选，共 19 人。我注意到 Starzl 和 Bismuth 均已在其中。连同 Calne，搞肝移植的有 3 人当选名誉会员（图 21—11）。

尽管我和 Calne 只是偶遇，但也有趣闻。我们交谈后才知道他也是 1930 年出生的，我便说："我应该叫您老大哥啦！"因为我的生日是 1930 年 12 月 26 日，没有想到他竟说："不见得，因为我比您还小 4 天呢。"

人生感悟

肝移植是当代外科的一大进展，我虽不搞肝移植，却能与几

位肝移植创始人为友，感到不胜荣幸。回顾我和他们为友，从未互送礼品，也未请客吃饭，可以说是"君子之交淡如水"。

然而建立友谊的基础，却是您要在国际学术界占有一席之地。换言之，您要有人家没有的东西，就医学而言，就是要有能够大幅提高疗效的东西。我们团队在肝癌早诊早治的突破，确能大幅度提高疗效，比美国要早了 8 年，而且至今仍被公认是提高疗效的最主要途径。

要占有一席之地，我以为关键是："战略思维＋抓住重点＋精细实践＋有始有终"。就目前现状而言，光"紧跟"和"填补空白"是不够的，还需要"洋为中用＋中国思维"。

光埋头干不行，还需要适度表达。Bismuth 之所以主动来找我，就是因为我们出版了英文版《亚临床肝癌》。如果只顾埋头开刀，不重视总结推广，尤其是在国际学术界的适度表达，与国际大家交往就缺少了基础。

放眼世界，与国际学术名家为友，同样需要有人家没有的东西。

22. 与国际学术名家为友的故事
——不卑不亢，以诚相待

年届九十，来日不多，往事却常重现眼前。前面说过的与肝移植创始人为友是因为都为外科同行，但给我留下深刻印象的还有非外科同行。例如，我与现代肝病学奠基人、首届国际肝病协会（IASL）会长、美国病理学家 Hans Popper，与法国科学院院士、中国工程院外籍院士、法国巴斯德研究所名誉所长、乙型肝炎病毒分子生物学奠基人 Pierre Tiollais，与前国际肝炎大会主席、美国分子病毒学家 Blaine F. Hollinger 等为友，也有不少故事。

15 分钟的幻灯片讲了两个小时

那是 1979 年 10 月，因我们肝癌早诊早治的突破，美国纽约癌症研究所，决定给中国三位学者金牌奖。在授奖仪式后，Mount Sinai 医学中心的 Popper 教授邀请我去讲学。我心里想，在这位世界肝病学权威面前，我讲 15 分钟就够了，于是选了不多的幻灯片。没有想到，Popper 对每张幻灯片都作了详细的点评，强调了我们早诊早治的意义，就这样演讲竟持续了两个小时。会后他和我亲切合影，我和 Popper 的故事也从这里开始，可惜他1988 年便辞世（图 22—1）。

报告会后，Popper 说："我和 Schaffner 主编的《肝病进展》即将出第 7 卷，可否请您写一篇您们肝癌早诊早治进展方面的文

图 22—1　我与 Popper 的友谊

章"，我当然不会拒绝，有机会在有重大国际影响力的专著中交流我们的经验，不是个人问题，而是关系到国家的对外影响。然而这是我第一次在重大国际专著中写文章，毫无经验可言。回到上海，我赶紧找到搞肝癌病理的应越英教授和生化教研组的顾天爵教授，共同撰写了题为《肝癌——近年观念的改变》的文章。后来了解到，这是国人首次参编这本国际权威著作。

"这样大的国际权威，你们怎么只请他吃馄饨"

1982 年 3 月，上海天气还很冷，Popper 夫妇便来到我们的上海医科大学附属中山医院访问，说是要跟中国医生共同"查房"。那时上海的条件仍差，室内还得穿上羽绒服，Popper 非常仔细地察看了病房的每一位病人（图 22—2）。我们说，这位病人已做了小肝癌切除手术，他还亲自检查病人。查房结束已快到中午，我说现在有一位小肝癌病人手术，问他是否还要去看，他兴致勃勃地说"去看"。在手术室看到切下来的小肝癌时，已过了吃中饭的时候，我急得不得了，因为事先没有准备请他吃饭。于是和手术室护士长商量，她说只能煮点馄饨吃。就这样，我们请 Popper 在手术室的休息室吃了馄饨。这个插曲不知怎的传到

图 22—2　Popper 非常仔细查房

　　了香港，香港的同道说："世界上这样大的权威，要请也请不到，你们怎么只请他吃馄饨呢?"

　　当然我们还安排了他的演讲和座谈，因为他是肝病的病理学家，我们请病理教研组的应越英教授等参与座谈。Popper 返美不久，与他共同主编《肝病进展》的 Schaffner 教授，也于 1983 年接踵来访，我问他为什么来，他说："你们的工作我从来都不知道。"

我第一次成为重要国际会议主席团成员

　　1982 年国际肝病协会（IASL）和亚太肝病协会（APASL）年会在香港召开。如图 22—3 所示，会议由首届 IASL 会长 Popper（右一）和第 6 届 IASL 会长 Okuda（右二）主持，我有幸成为主席团成员（左二）。这是我首次在重要国际会议上亮相，如果没有肝癌早诊早治的突破，这是不可能的。同年，在瑞士召开的巴塞尔国际肝病周，又邀请我去作报告，我有幸和 Popper 以及日本东京大学肝病病理学家 Mori 合影（图 22—4），Mori 后来

图 22—3　有幸成为重要国际会议主席团成员（右一为会议主席 Hans Popper，右二为 Okuda，左二为汤钊猷）

图 22—4　巴塞尔国际肝病周留影（右一为 Hans Popper，右二为汤钊猷，左一为 Mori）

成为日本医学会的会长，我们每年互寄贺年卡，一直到最近。

过了一年，1983 年 5 月，美国国立卫生研究院（NIH）召开了一个"乙型肝炎病毒慢性携带者癌变及可能的预防与干预"的学术会议。那天上午 Popper 主持了"肝癌的二级预防"演讲，下午他请生化专家 Acs 与我交流，Acs 是组织纤溶酶原激活物（t–PA）研究学者。晚上，Popper 为 80 岁华诞举办了一个小型的家宴，邀请了全球约 30 位相关学者，我作为中国唯一应邀者有幸出席。

答应"写前言"，答应"当共同主席"

1981 年我曾主编出版国内首部《原发性肝癌》，因为包含了肝癌早诊早治的内容，我曾送给一些国外学者。但他们反馈说，可惜我们看不懂中文，可否请您将其翻译成英文出版。我思考再三，还不如另外写一本英文版的亚临床肝癌专著。于是我费了两年时间主编了英文版《亚临床肝癌》。出版前我去信问 Popper，可否为此书写前言。没有想到这样的大专家竟一口答应，而且给予了很高的评价，"前言"中写道："亚临床肝癌的概念，是对肝癌认识，特别是对肝癌处治的重大进展，当疫苗的一级预防仍为遥不可及的目标时，便可进行二级预防。这本基于大量

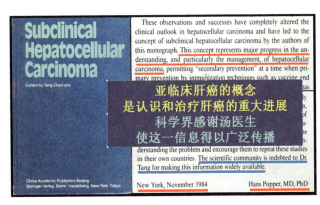

图 22—5　Popper 撰写的"前言"给予英文版《亚临床肝癌》很高评价

资料和中国经验的专著，当引起包括西方世界的全球临床与基础研究者的极大兴趣；将有助他们对问题的进一步认识，并在他们的国家重复验证。科学界感谢汤医生使这一信息得以广泛传播。"（图22—5）这部英文版《亚临床肝癌》终于在1985年由Springer出版社和中国学术出版社共同出版问世。由于这本书有Popper的前言，导致后来一系列连锁反应，包括各种国际会议的纷纷邀请。有的外国学者说，应该在书的封面注明"with preface by Hans Popper（本书有Hans Popper写的前言）"，这样书的身价更高。

我们取得肝癌早诊早治进展后，我应邀出席的各种肝癌国际会议都不在我国召开，为此我想可否在我国召开一次肝癌肝炎的国际会议。然而在20世纪80年代，我国经济仍然十分困难，于是构想试行开一个小型的国际会议，邀约20位国外学者、50位国内学者。这个想法很快得到市领导的支持，但经费要自行筹集。我和我的大学同窗、搞肝病的姚光弼教授商量，作出了召开会议的决定，我任大会主席，他任大会秘书长。为了扩大影响，打算邀请三位国际大家任共同主席，即首届国际肝病协会主席Hans Popper，欧洲肝病权威Deinhardt和第六届国际肝病协会主席Okuda。没有想到他们都迅速答应。由于这几位大家的出席，1986年的上海国际肝癌肝炎会议，从原先计划的70人会议，开成500人的大会，其中包括来自15个国家和地区的140位境外学者。当年的卫生部部长和上海市市长也出席了开幕式。首届会议的成功，使它成为上海市的系列品牌国际会议。后来与香港合办，前后共7届，成为亚太地区最有影响力的肝病会议。会后，我陪Popper游苏州，在苏州午餐，我们准备了一桌精美的"苏州菜"，可惜Popper只吃了酸辣汤。Popper说晚上请我们在上海吃西餐，司机饭后对我说："有血的牛排实在吃不惯"。可见世界是多彩的，要互鉴互学。

两年后，惊悉 Popper 因前列腺癌辞世，但 10 年的友谊仍历历在目。

"法国老头"最近为什么不来啦?

2019 年的一天，司机问我："'法国老头'最近怎么不来啦?"其实"法国老头"是亲切的称谓，是指法国巴斯德研究所的名誉所长 Tiollais。确实，他已经快两年没有来了。因为多少年来，每次 Tiollais 来访，我们共进午餐，都是司机去接送的，他们已经成为很熟悉的"老朋友"。说到我与 Tiollais 的友谊，可以追溯到 1986 年。1986 年我们组办了首届上海国际肝癌肝炎会议，那次会议上，国际肝病大家云集，其中就有乙型肝炎病毒分子生物学的奠基人、法国巴斯德研究所的 Tiollais。从那时开始，我们的友谊与日俱增，他担任了三届上海国际肝癌肝炎会议共同主席，后来几乎每年都要到上海 1—2 次，每次我都要和他共进午餐，可是 2017 年 4 月末次来访后便不再来，这就是为什么司机问了这句话。

三届上海国际肝癌肝炎会议的共同主席

1991 年的上海国际肝癌肝炎会议，由于原先的共同主席 Popper 和 Deinhardt 相继辞世，我们决定在欧洲，由法国的 Tiollais 取代德国的 Deinhardt 担任共同主席。作为大会的第一位演讲者，他作了"嗜肝病毒是肝癌的插入性诱变剂"的精彩报告。我深感他对上海会议的认真投入，他认为上海会议办得好，影响大，还建议由每四年一届改为每两年一届。但由于当年国内条件和经费的限制，我们还是每四年召开一次。1996 年的第 3 届（图 22—6）和 2000 年的第 4 届上海国际肝癌肝炎会议，他仍然担任共同主席。

图 22—6　1996 年上海国际肝癌肝炎会议闭幕式（左一为共同主席 Tiollais，左二为共同主席 Okuda，左三为主席汤钊猷，右一为共同主席 Hollinger）

每年 1—2 次共进午餐，雷打不动

自那时起，我和 Tiollais 的友谊已从单纯的工作关系，扩大到生活。1997 年他到我们研究所作了详尽的交流（图 22—7）。由于他和上海生化所有合作项目，所以每年都要来沪 1—2 次。每次他总要打电话来，我再忙也要安排和他见面并共进午餐。

2009 年 Tiollais 夫妇来沪，我和老伴请他们到餐馆吃饭。那次有一段有趣的插曲，因为老伴是我大学同窗，我是外科，她是内科；但她又曾参与"西医脱产两年学习中医"，所以是中西医结合医生。刚好不久前，她曾用中医疗法治好了一位患神经系统

图22—7　Tiollais 参观我们的研究所

疾病的法国妇女。这位法国女病人生活已不能自理，在巴黎靠化疗和激素度日，病情每况愈下。而她丈夫是从事建筑的中国工程师，得到我老伴同意为他夫人治病的承诺后，专门将他夫人从巴黎接到上海。经过一年多的中医治疗，基本恢复正常后，这位病人又提出要生小孩，我老伴又为她治疗半年，居然成功怀孕生女。既然都是法国人，不如一起来吃饭。那位病人夫妇带着女儿一起来，Tiollais 夫妇听后赞叹说："中医果然如此神奇。"没有想到，席间那位法国妇女又向我老伴提出，希望再吃中药，她还想再生一个孩子。

　　2015 年我和 Tiollais 共进午餐前，到我的新办公室小聚，我忽然发现，我们为友快 30 年了，岁月不饶人，他比我小几岁，但都已垂垂老矣。2017 年 4 月，刚好是星期天，我在家突然收到 Tiollais 的来电说，他刚从杭州办事回来，明天就要回法国，希望和我见面。通常他每次来沪都提前和我联系，我也提前请秘书落实餐馆。我犹豫了一下说"您是否愿意到我家小聚"，他欣然同意。我赶忙去电找兼我秘书的博士研究生，再找到司机，请他们到宾馆把 Tiollais 接到我家。在家便饭后，我们坐在客厅里交谈（图22—8），不一会儿，Tiollais 竟睡着了。万万没有想到，那是我们最后的见面，因为后来我多次电子邮件联系，均无回音。屈指算来，从1986年至2017年的31年友谊，仍然是"君子之交淡如水"。

图 22—8　Tiollais 的家访

谁来代替 Popper 当上海会议共同主席呢？

1986年上海国际肝癌肝炎会议的成功召开，使我们充满信心再组办第2届。但遗憾的是，首届上海国际会议的3位外籍共同主席中，两位已经辞世。其中美国的 Popper 是最重要的，我们费神讨论，最后决定还是请美国的专家担任。刚好不久前国际肝病大会召开，主席是美国分子病毒学家 Blaine F. Hollinger，我们便请他出任 1991 年上海国际肝癌肝炎会议的共同主席（图 22—9），后来 1996 年的第 3 届和 2000 年的第 4 届上海国际肝癌肝炎会议，继续请他担任共同主席。

图 22—9　第 2 届上海国际肝癌肝炎会议共同主席

从 1986 年起到新冠疫情期间，我和 Hollinger 的友谊已达 30 余年。2006 年在上海召开的沪港国际肝病会议暨第 6 届上海国际肝癌肝炎会议，我和老伴又与 Hollinger 夫妇和闻玉

图 22—10　难得的合影（左一左二为 Hollinger 及其夫人，左三为闻玉梅院士，右二右一为汤钊猷及其夫人）

梅院士愉快合影（图 22—10）。2008 年的沪港肝病会议我们又在

香港见面。

感人的贺信

2009 年我们复旦大学（中山医院）肝癌研究所迎来 40 周年华诞，Hollinger

图 22—11　Hollinger 给肝癌所 40 周年的贺信

寄来热情洋溢的贺信："您是我的好朋友，我们的友谊始于 1986 年上海国际肝癌肝炎会议，且越来越深厚和充满意义。您在肝癌中的贡献是先驱性的，开启了研究学者之间很多方面的交流，显著改善了肝癌的诊断和治疗。正是您在科学上的努力，使我们开始对肝细胞癌的分子机制有清楚的了解，并使干预手段变得更精巧。如果万一我患肝癌，我将马上乘飞机去上海寻求您的建议并请您治疗。您的友谊和忠诚一直是我的祝福和财富；正如有人说：'良友难觅，更难割舍，永生铭记'。"（图 22—11）

2012 年在上海召开第 14 届国际病毒性肝炎和肝病大会，我和 Hollinger 又一次见面。2020 年 2 月，我收到 Hollinger 发来的疫情问候电邮："朱迪和我想告诉你和你的家人，我们一直惦记着你，希望你一切都好。我们知道，这场冠状病毒的暴发令中国人民感到沮丧。我们希望这一切很快就会结束，你们将能够恢复正常。请知道，我们会为你祈祷，保佑你平安。"

人生感悟

"不卑不亢，以诚相待"，这就是与国际名家交友的真谛。过去年代我们常年积弱，容易自卑，要做到"不卑"，关键在于充实自己，拥有人家没有的东西。然而有了自己的特色，也不要过分夸张。如果动辄便说"领先世界"，必然引起对方反感，这就是"不亢"。即使你真的是"领先"，也要让对方自己得出结论。本篇的几位国际学术名家，我都没有过多的"请客送礼"，最多就是送对方我的"影集"，吃饭也是家常便饭。还是那句话："以诚待人，君子之交淡如水。"

放眼世界，与国际学术名家为友，是改革开放的重要方面。

㊃ 专普并举的
管见

23. 对医学科普的再思考
——专普并举，软硬兼顾

有人说，医生写科普是不务正业，浪费时间。我 89 岁那年，意外获得"2019 年上海科普教育创新奖——科普杰出人物奖"，项目是"高深临床医学课题科普化"，这让我重新思考作为医生的职责。通常的认识，医生的职责是"救死扶伤，为人民服务"。笔者管见，医生"为人民服务"，既要用医学专业知识救死扶伤，又要做医学普及，使广大人民群众也投入疾病防治和强身却病，为健康中国发挥更大作用。对医学科普而言，我以为要"专普并举，软硬兼顾"。专普并举，要向人民群众普及医学知识，就需要在专业上不断有新的东西；软硬兼顾，就是既要传播医学知识（硬件），也要传播科学思维和科学精神（软件）。2015 年我曾应邀为《人民日报》写了《科普托起中国梦》的文章，我以为实现中国梦，人民大众的人文素养和科学素养是重要基石。弘扬社会主义核心价值观，是人文素养的概括。我搞肝癌，如果能通过一篇文章，引起非专业人员的兴趣，给肝癌患者以希望，那就会有千千万万的人投入战斗，至少也可以声援或支持我们的战斗。科学素养是实现中国梦必不可少的基石，而科普则是提高人民科学素养的重要途径。本篇打算说一下对医学科普的粗浅认识。

专普并举——科普要建立在严谨的科学发现基础上

在传播科学知识方面，1958 年在《大众医学》创刊 10 周年之际，我发表了"急性阑尾炎不用开刀了"，这也是我的第一篇科普文章，那时我 28 岁。我这个外科医生居然真的曾用针灸治好了 7 岁儿子和妻子的急性阑尾炎；还合并少量抗菌素，治好 91 岁母亲的阑尾炎穿孔弥漫性腹膜炎，而且从未复发过。我说这是科普文章，因为我们曾系统研究过针灸治疗急性阑尾炎，并在《中华医学杂志（英文版）》发表了《针灸治疗急性阑尾炎 116 例》；当年机理研究虽未完全证实其科学基础，但 2021 年《自然》的一篇文章，发现电针鼠"足三里"可激活迷走神经——肾上腺抗炎通路，提示确有科学基础。我以为对急性阑尾炎，多一种疗法总比少一种好，尤其对不适合手术的病人，在边远地区或旅途中，也是一种选择。

20 世纪 50—60 年代，我从事血管外科，写了《丝绸血管》，那是我参与多年"真丝人造血管"研究后写的。真丝人造血管是经过大量动物实验后应用于临床，并曾在世界外科大会上交流的我国独创性成果。

20 世纪 60—70 年代我搞肝癌研究，我们团队取得了肝癌早诊早治的突破，大幅度提高了疗效，获得国家科技进步奖一等奖和美国金牌。现代肝病学奠基人 Hans Popper 认为是"人类对肝癌认识和治疗上的重大进展"。1991 年在上海国际肝癌肝炎会议上，生存 10 年以上肝癌病人的大合唱，引起世界权威学者的轰动。我写了《小肝癌的诊断与治疗》等多篇科普文章。80 年代为了使不能切除的大肝癌能够缩小后切除，我们进行了十余年有助肝癌缩小的"肝癌导向治疗"研究，在此基础上，我写了《向肝癌发射导弹》的科普文章。

21 世纪第一个十年，我们关于肝癌转移研究获得了第二个国家科技进步奖一等奖，我在《院士笔下的现代医药》一书中，写了《21 世纪的肝癌还那么可怕吗?》。2021 年，《科学世界》作为获陈嘉庚科学奖的专文，我写了《与"癌中之王"的不懈斗争》。

1978 年在《大众医学》创刊 30 周年时发表的《肝癌漫话》，由于其中包括了肝癌早诊早治的突破，在 1981 年获"新长征优秀科普作品二等奖"；1982 年又由

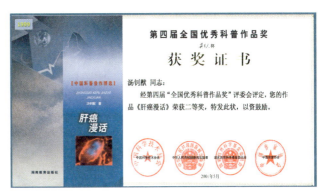

图 23—1　获奖的科普图书封面及证书

上海科学教育电影制片厂摄成《肝癌治疗的曙光》；1983 年收录在中国科普创作协会编的《花儿为什么这样红》中。在传播医学知识方面，还写过一些科普书，如获第四届全国优秀科普作品二等奖、并入选"中国科普佳作精选"的《肝癌漫话》（图 23—1），以及《诱人的治癌之道》《征战癌王》《话说肝癌》等。

所谓"专普并举"，我以为传播科学知识，要建立在严谨的科学发现的基础上，或者说，科普要建立在严谨的科学研究的基础上，对临床而言，要有诊疗效果的提高。这样，科普也从一个侧面促进了科学的发展，科学发展又给科普增添了新内容。科普的任务首先是传播科学知识。科学知识有两个层次，现在普及科学常识的比较多，结合国情，系统传播科学研究最新进展和新动向的比较少，而后者恰恰是提高科学素养必不可少的。

软硬兼顾——还要传播科学思维和科学精神

关于科学素养，我以为有三方面内涵：一是科学知识，属于"硬实力"；二是科学方法；三是科学精神。其中后二者可理解为"软实力"。硬实力和软实力相辅相成，硬实力是基础，软实力是灵魂。

关于科学思维，我在科研过程中体会到，辩证思维是科研取得进展所不可或缺的，为此我曾写过《试论早期肝癌研究之道》《由小到大和由大到小》等文章。辩证思维是科学方法的核心，其中"逆向思维"也就是质疑，往往是取胜之道。为此，我又写了《提高软实力，迎接新挑战》一文，2007年还出版了《医学"软件"——医教研与学科建设随想》。

关于科学精神，其中严谨和创新是重中之重。伟大的科学发现都是严谨求实的产物，而不是急功近利的结果。至于是否严谨、是否创新，还需要通过实践去检验，所以重视实践，特别是精细的实践，也是科普需要强调的。

总之，科普不仅要给人以科学知识，还要培养人掌握科学方法和科学精神，最好能给人以启发，激起人强烈的创新欲望。科普不仅要让大家了解科学进展、应用科学成果，还要推动科学发展，而推动科学发展就离不开科学精神和科学思维。创新是重要的科学精神，没有创新的愿望，那只能跟着人家走。我以为，世界上一切先进的科技都应该学习，但不结合国情做到洋为中用、不加以"质疑"，就会变成"全盘西化"，永远跟着别人走。辩证思维是重要的科学思维，所谓辩证思维就是要全面地看问题，要一分为二地看问题，要动态地看问题。一分为二，就是既要看到正面，也要看到负面，要提倡理性质疑现有的理论和成果，才能提出补救的办法，才能再进一步。中国之所以能"站起来"，毛泽东思想（软件）起了重要作用；中国之所以能"富起来"，邓小平理论（软件）起了关键作用；之所以要"强起来"，习近平新时代中国特色社会主义思想（软件）就成为必须。

到了耄耋之年，我进一步感到科普既要传播科学知识，更要传播科学精神和科学思维。如同电脑，硬件和软件相辅相成，缺一不可。于是写了《消灭与改造并举——院士抗癌新视点》《中国式抗癌——孙子兵法中的智慧》和《控癌战，而非抗癌战——

〈论持久战〉与癌症防控方略》，统称为"控癌三部曲"。这三本书提出了"控癌战是针对预防为主、早诊早治和综合治疗三大板块的消灭与改造并举的持久战"。大家要问，这三本书是不是"科学"，我以为基本上是科学的，因为所应用的材料是我们实践的结果，还有就是顶尖杂志的一些文章。所不同的就是大家比较多地看事物的正面，而我则提醒大家注意事物的负

图 23—2　耄耋之年的"控癌三部曲"及获奖证书

面；也就是除"洋为中用"外，还加上一些"中国思维"，例如《孙子兵法》和《论持久战》。这三本书，或获奖，或被评为全国优秀科普作品（图23—2）。

到了鲐背之年，我浅读了一些中华哲理的书，又不自量力地写了《西学中，创中国新医学——西医院士的中西医结合观》和《中华哲学思维——再论创中国新医学》。这两本书是展望我国医学前景的个人见解。一句话，我以为中西医互鉴是中国特色医学的必由之路。因为作为中国的医生，面对着中医和西医，要形成"中国特色医学"（而不是西方特色医学），只有走中西医互鉴之路。

两条腿走路

科普既然如此重要，那么应该如何去推进呢？我提倡两条腿走路，首先是科学家自己动手写科普文章，去作科普演讲（图23—3），同时也需要一支科普专业队伍。提倡科学家自己写科普文章，是因为科学家掌握第一手资料，而且只有科学家才能写出科研的思路。例如，我能写出《肝癌漫话》，是因为当时我们已有诊治1000多名肝癌病人的经验和教训，有全国3000多名肝癌病人的资料，有十几年早诊早治的实践和思

图23—3　汤钊猷在上海图书馆作科普演讲

路，还了解当时国内外相关动态。这些都是写好科普文章的基础。科学家写科普文章，不仅有助于科学普及，对自己也有帮助。因为科学论文的读者是专业人员，很多问题无须解析；而科普文章的读者是非专业人员，不但语言要通俗，还要"从头讲起"，其目的不单是让读者"知其然"，还要"知其所以然"。写科普文章的过程对科学家也是一个提高。除了提倡科学家自己动手写科普文章，科普工作也的确需要有一支专业队伍。多年前，我曾看过《科学美国人》上关于癌症的科普文章，至今印象深刻，它就是由具有广泛专业知识和人文修养的科普专业人员写的。

人生感悟

我国有五千多年从未中断的文明积淀，这是发展有中国特色医学的重要源泉。我浅读了《道德经》《黄帝内经》《孙子兵法》《矛盾论》和《实践论》，感到很多道理在传统中华哲学中早已存在。概括为"道""阴阳"和"矛盾"的中华哲理，早已提示"阴阳互存互变"。或者如毛泽东所说，"一切矛盾着的东西，互相联系着，不但在一定条件之下共处于一个统一体中，而且在一定条件之下互相转化"。不能"只看见局部，不看见全体，只看见树木，不看见森林"。对医学科普而言，不能只看专业，不看普及；只看硬件，不看软件。

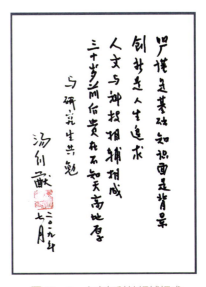

图23—4　人文与科技相辅相成

为此本篇所讲只是"阴阳互存互变"的延伸。从这个角度出发，我们在医学领域将有更全面、更广阔的视野。这也是我 2019 年与研究生共勉的一个题词（图 23—4）。

专普并举，科普传播科学知识要建立在严谨科学发现的基础上。

24.《消灭与改造并举——院士抗癌新观点》等控癌三部曲

——软件不可或缺

耄耋之年，我基本上不再进行肝癌临床与研究的实质性工作，让年轻的同道有更多自主的空间。然而从"两动两通，动静有度"的养生观考虑，动身体主要通过游泳，动脑仍不能或缺。考虑到从医从教的前大半生，都主要关注硬件——医学理论、技术与药械，但随着年龄增长，感到软件不可少，硬件与软件相辅相成。我在第 9 篇中已经说到，1979 年我从美国引进了最新的APPLE II PLUS 微电脑，但当年没有软件，我整整用了半年的业余时间编写程序，才能用电脑来储存病历资料，说明硬件和软件缺一不可。

我搞癌症，那么对付癌症的软件是什么？大家知道，同样是下象棋，最初棋盘上兵力相当，为什么你胜我败，就是因为我的棋艺不如你，所谓棋艺，就是下棋的软件。同样医生有名医和庸医之分，其区别就在于思维上能否更有效地应用已有的医疗手段。

根据我的粗浅认识，从"洋为中用"出发，2011 年出版了《消灭与改造并举——院士抗癌新视点》，强调了对付癌症，不仅要专注"消灭"，还要关注"改造"。从"古为今用"出发，2014年出版了《中国式抗癌——孙子兵法中的智慧》，强调了对付癌症，要重视"非战、慎战、易胜、全胜、奇胜"。从"近为今用"

图 24—1 "控癌三部曲"

出发，2018 年出版了《控癌战，而非抗癌战——〈论持久战〉与癌症防控方略》，强调了控癌战是持久战，持久战就需要重视游击战的战略意义。这三本书统称为"控癌三部曲"，实际上就是控癌战的"软件"（图 24—1）。

消灭与改造并举的由来

从 1863 年 Virchow 发表《癌的细胞起源》以来，基础与临床的癌症研究只盯住"癌"，在临床上，采用手术、放疗、化疗、

图 24—2 还需关注微环境、全身与外环境

局部消融、分子靶向治疗等去消灭癌，应该说取得了长足进展，但距离攻克癌症还有很大距离。直到 21 世纪初才逐步发现，还需要关注微环境、全身与外环境（图 24—2）。

2006 年开始，我们启动了一项实验研究"消灭肿瘤疗法的负面问题及其干预"。经过几年的研究，发现所有消灭肿瘤疗法，包括手术、放疗、化疗、局部消融、多数分子靶向治疗（如抗血

管生成），均可通过炎症、缺氧、抑制免疫等，导致癌细胞的上皮间质化（EMT），癌细胞从原先方方正正不太活跃的样子，变成两头尖尖不安分守己的样子，从而促进了未被消灭残癌的转移潜能；而如果加上一些没有直接消灭肿瘤作用的药物和措施，如分化诱导（如三氧化二砷）、抗炎（如阿司匹林、唑来膦酸）、抗缺氧（如丹参酮IIA）、提高免疫（如干扰素、万特普安），以及综合干预（如中药小复方松友饮、适度运动）等，可以部分逆转由消灭肿瘤疗法所促进残癌的转移潜能，从而提高疗效。举一个我们实验研究的例子：索拉非尼是近年公认的对晚期肝癌唯一有延长生存期作用的分子靶向治疗剂，实验发现，它确有使肿瘤缩小从而延长生存期的作用，但却促进了肿瘤的播散（图24—3）；而如果合用阿司匹林，则可以对消这一负面作用，延长荷瘤动物生存期（图24—4红框），但阿司匹林的单独应用并没有使肿瘤缩小的作用（图24—4蓝框）。

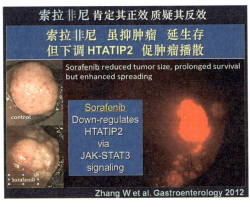

图24—3　索拉非尼抑肿瘤促播散

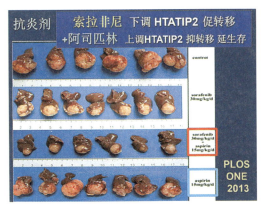

图24—4　合用阿司匹林抑播散延生存

　　这就是提出"消灭与改造并举"可以提高疗效的根据，对付癌症如同对付犯罪，光有死刑（消灭）不够，还需有徒刑（改造）。癌症不仅要关注癌，还要关注微环境、全身与外环境，为此癌症是全身性疾病。如同对付犯罪，需要消灭或改造罪犯，需要整治社区环境，需要强化国家机器，需要结合世界形势。所以说是"洋为中用"，因为所有这些所谓改造的药物和措施，大多都是临床上业已应用的西药，只是过去没有意识到它们对提高癌症疗效有帮助，而现在之所以认为值得关注，是思维（软件）上的改变。

古为今用的启迪

2500 年前的《孙子兵法》，是世界上最早的兵书，它不仅用于军事，还可用于政治、外交、商战、文体、养生、思维等方面。对付癌症，也类似于用兵，为此做此探索。就对付癌症而言，其重点可归纳为十个字："慎战，非战，易胜，全胜，奇胜"。（1）"慎战"：孙子说："兵者，国之大事，死生之地，存亡之道，不可不察也。"因此，决定开战要慎之又慎。对癌症而言，就是采取"战争"（如消灭、侵入）的处事方式用于防治，要慎之又慎。（2）"非战"：孙子说："百战百胜，非善之善者也；不战而屈人之兵，善之善者也。"开战而取胜，即使百战百胜也不是最好的，最好是不通过战争而取胜。怎样才能不战而屈人之兵呢？孙子说："上兵伐谋，其次伐交，其次伐兵，其下攻城。"要重视通过谋略和外交的手段（软件）来取得胜利。对癌症而言，这隐喻要重视预防，重视生活方式，重视强身祛病，重视非对抗性手段。（3）"易胜"：孙子说："善战者，胜于易胜者也。"什么态势下才能易胜呢？孙子说"用兵之法……五则攻之"，即我五倍于敌人的力量就容易取胜，这隐喻早诊早治。大多数癌症，早诊早治仍然是提高疗效的重要方向，因为这时机体与癌的力量对比仍处于优势。（4）"全胜"：孙子强调以众击寡，说知胜有五，其中就有"识众寡之用者胜"；还说"我专为一，敌分为十，是以十攻其一也"。这隐喻集中兵力打歼灭战。我体会，这是毛泽东思想指导军事上取胜的重要奥秘，尽管当年在总体上是"敌强我弱"，但如果能形成局部的"我强敌弱"，就可能取胜，最后是积小胜为大胜。"全胜"对癌症而言，隐喻综合治疗。在20世纪80年代，面对不能切除的大肝癌，我们发现几种疗法单独应用都无法使肿瘤缩小，如果联合应用得当，可以达到1+1+1>3，从而使部分无治愈希望的大肝癌病人，因肿瘤缩小获得切除而治愈。然而人们还是常常寄希望于单一的"救命药"，而忽视小打小闹的"游击战"。（5）"奇胜"：孙子说"夫战者，以正合，以奇胜"，这对癌症当有重要指导意义，对己要强化自身，对病要出奇制胜。这隐喻既要重视诊疗规范（正），更要重视出奇制胜，创新取胜（奇）。孙子又说"奇正相生，如环之无端"，创新制胜的办法是无穷无尽的。

简言之，对付癌症采用消灭战略和创伤性诊疗（对抗），要慎之又慎，最好是非战取胜（非对抗的手段）。如果一定要开战，要选择打容易取胜之仗（早诊早治），而且要争取全胜（集中兵力打歼灭战，综合治疗），最好是出奇制胜（创新取胜）。

《孙子兵法》中还有很多战略战术思维值得参考，如现代医学对付癌症多采取"消灭为主""斩尽杀绝"的方针，而《孙子兵法》则说"穷寇勿迫""围师遗阙"。换言之，要"消灭与改造并举"，要有"给出路"的政策。上面这些都是《孙子兵法》在对付癌症方面值得参考的新思路，这就是"古为今用"。

控癌战是消灭与改造并举的持久战

2018 年我之所以出版《控癌战，而非抗癌战——〈论持久战〉与癌症防控方略》，是看到新中国的成立，也许是我国五千年历史上最伟大的事件，而毛泽东的军事思想起了重要作用。《论持久战》是毛泽东军事思想的一篇重要著作，是当年"敌强我弱"的中国取得抗日战争胜利的法宝（软件）。我们每天在门诊遇到的癌症病人，绝大多数都是有症状的癌症，癌处于进展阶段，提示机体与癌处于"敌强我弱"态势。为此，《论持久战》理应也能指导控癌战。

癌症是内外环境失衡导致的机体"内乱"，癌细胞是由正常细胞变来的，不是外来入侵之敌。为此不能单靠消灭，而需要消灭与改造并举，故将《抗癌战》改为《控癌战》。加上癌症从发生到发展需要十几年到几十年，是一个慢性病，好起来也需要时日。为此，控癌战将是一个持久战。根据毛泽东的《论持久战》，我以为对付癌症的持久战有三个重点：一是重视"游击战有战略意义"，不要轻视所谓"小打小闹"，《论持久战》中有这样一段："游击战争没有正规战争那样迅速的成效和显赫的名声，但是'路遥知马力，事久见人心'，在长期和残酷的战争中，游击战争将表现其很大的威力，实在是非同小可的事业。"二是在敌强我弱态势下，重视"敌进我退，敌驻我扰，敌疲我打，敌退我追"的灵活战术，不要只进不退，以硬碰硬。三是要重视"根据地建设"，即强身却癌。

总之，癌症是慢性、全身性、动态变化的疾病，为此控癌战是一个复杂动态的系统工程，强调预防为主、早诊早治和综合治疗的消灭加改造的持久战。

人生感悟

中华哲学可概括为"道""阴阳"或"矛盾"。《黄帝内经》说："其知道者，法于阴阳"，提示"法阴阳"是核心。我体会，"法阴阳"就是要重视"阴阳既对立，又互存互变"，不能只看阴不看阳。毛泽东说，不能"只看见树木，不看见森林"。阴阳可延伸为"消灭与改造""局部与整体"等，无穷无尽。既然消灭与改造既对立又互存，为此要"消灭与改造并举"。从《孙子兵法》所概括出的"慎战、非战、易胜、全胜、奇胜"十个字而言，实际上也是"法阴阳"的延伸，是对"战与非战""众与寡""胜与败""正与奇"等"阴阳"的精辟分析。从《论持久战》的启迪，同样也离不开"法阴阳"，例如战略上的"持久"与战术上的"速决"；战术上的"进"与"退"同样要审时度势；"攻癌"与"强身"也要兼顾；等等。为此，"法阴阳"是控癌软件的核心。

我以为，"中国式控癌"就是"洋为中用＋中国思维"。"洋为中用"就是结合国情，学习西方对付癌症有用的理念和技术。西方重"抗癌利器"，我们要学。但我们也要注意毛泽东所说："武器是战争的重要的因素，但不是决定的因素，决定的因素是人不是物。"

为什么强调"中国思维"，因为中华文明有五千年连贯的历史，这在世界四大文明中是少见

图24—5 2010年，汤钊猷为《抗癌》杂志写的寄语

的。习近平总书记曾说："文化自信是一个国家、一个民族发展中更基本、更深沉、更持久的力量。"中华文明精髓有古代的，也有现代的。古代的如老子、孔子和孙子，都是世界公认的。老子思维有助"创新"，孔子思维有助"和谐"，孙子思维有助"取胜"。《黄帝内经》则是中华文明精髓在医学上的体现。现代的如毛泽东的《论持久战》、邓小平的"改革开放"和"实践检验"等，都可成为控癌战"中国思维"的源泉。

专普并举，科普除传播科学知识，还要传播科学思维和科学精神。

25.《西学中，创中国新医学——西医院士的中西医结合观》
——意外邀请

我在耄耋之年曾出版过《消灭与改造并举——院士抗癌新视点》等三本所谓"控癌三部曲"，那是针对我从事癌症防治近半个世纪而作。接近鲐背之年，是我从医六十余年，来日无多，也应该对我国医学前景作一些思考。于是重新看了《黄帝内经》《孙子兵法》等中华传统哲学的书，2019年我出版了《西学中，创中国新医学——西医院士的中西医结合观》（图25—1）。开了新书座谈会，也分送给我的亲友和同行。本以为这本书"不合时宜"，是"逆潮流"的，因为当下我国医学主流仍然是西方医学，而且西方医学在进入分子水平后，逐步形成了"精准医学"，靶向药物、新的免疫治疗等进展层出不穷。西医要跟上这些进展，学习这些进展已目不暇接，哪里还有必要去学古老的中医和中华哲学呢？再加上近年主要是"中学西"，而不是"西学中"。然而出乎意料，各种评论纷纷反馈回来，让我惊讶。

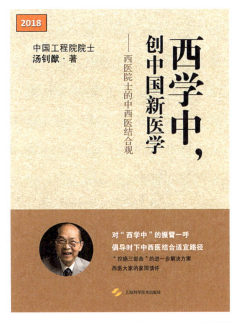

图25—1 出版《西学中，创中国新医学——西医院士的中西医结合观》新作

写《西学中，创中国新医学——西医院士的中西医结合观》的由来

我只是一名肿瘤外科医生，照理没有资格写这个主题的书，之所以斗胆撰写，是因为老伴曾参加"西医离职学习中医班"，跟过上海当年最有名的中医，是中西医结合内科医生，半个多世纪目睹了她所治好的一些疑难杂症。我早年曾看过《黄帝内经》，进行过针灸治疗急性阑尾炎的研究。进入癌症临床后，曾发现西医化疗合并中医"攻"，病人生存期短，而合并"补"则生存期长。又曾对老伴的一个含五味中药的小复方"松友饮"作了较多实验性研究，发现确有一定的抑癌作用。尤其是我亲历家人患了需要手术的疾病，却用中医或中西医结合治好而免除手术。如针灸治好儿子和妻子的急性阑尾炎、高龄母亲阑尾炎穿孔弥漫性腹膜炎；家兄脑梗瘫痪肺炎，用"肺与大肠相表里"中药而免除气管切开；妻子急性坏死性胰腺炎用中西医结合治好而免除手术。特别是老伴晚年病痛惊魂，一个毕生用中西医结合治好不少疑难杂症的医者，自己却未能享受到中西医结合带来的好处。在老伴最后的日子里，她躺在监护室，偶尔睁眼看着我，仿佛在问："难道你就没有办法救我吗？"也许她也同样看到我无奈的眼神。

加上早年看到毛泽东提出的"中国医药学是一个伟大的宝库"，"西医要跟中医学，具备两套本领，以便中西医结合，有统一的中国新医学、新药学"。还看到钱学森的论述："传统医学是个珍宝，因为它是几千年实践经验的总结，分量很重。更重要的是：中医理论包含了许多系统论的思想，而这是西医的严重缺点。"我国有五千年从未中断的文明，这些都使我深感"创中国特

色医学"的紧迫性和可行性，它关系到我国十几亿人民的健康，关系到中国梦的实现，关系到中国能否在医学上对世界作出贡献。

备受鼓舞的反馈

这本书刚出版或寄出没有几天，便收到多位院士的鼓励。陈赛娟院士说："本书的出版，必将促进更多的同道投身中西医结合的基础与临床研究，为全面小康社会的建设、为中华民族伟大复兴的实现贡献力量。"陈凯先院士说："形成融合的新医学，不但在理论上要融合，同时要在思维方式把东方的智慧和西方的科学思维结合好，这些为我们怎么进一步推进中西医结合，创造新医学指出了可行的路径。"吴咸中院士建议："请出版社将'控癌三部曲'及《西学中，创中国新医学——西医院士的中西医结合观》作为一组专著推介一番，使人们能够用新思维迎战疾病。"陈孝平院士说："在创中国新医学的道路上，您是开拓者和引领者，相信通过几代人的努力，'创中国新医学以贡献于世界'必将实现。"戴尅戎院士说："您在中西医结合的道路上，'学—思—创'长途跋涉的精神和作为深受感动！"樊代明院士说："您的很多观点我都十分赞同。我个人认为，要解决现在医学上遇到的问题，需要重塑医学文化。"张伯礼院士还建议学校图书馆购买50本供学生阅览。王克明教授说："你把晚年有限的精力用到刀刃上了，这正是中国和世界医学之所急需的医学指导思想和医学模式。"徐克成教授说："这是当今最了不起的中西医结合著作。"香港王宽诚教育基金会孙弘斐女士说："您的书应引起重视，尤其是对中西医结合治疗，是可列入中国特色医学科学创新的高端科研项目，其成果将会有益于全人类，创中国新医学。"北京东直门医院商洪才副院长说："特别同意您的观点：创建中国新医学需要分两步走：一是'洋为中用 + 中国思维'，二是中西医结合，但中西医结合不能简单等同于中西医并用。"蔡民坤医生用两天看完此书说："他看到了当代医学用单一对抗性治疗的局限性，他也看到中医学整体辩证的思路及其价值，最后从哲学的高度、兵法高度，以及伟人的语录拓展我们视野。想不到一位西医院士，一位外科医生，对中医是这样的理解和包容，甚至还有一点尊重，真是中医学之福。"

2019 年，《西学中，创中国新医学——西医院士的中西医结合观》座谈会上还有不少精彩发言，只好挂一漏万。没有想到四年后，复旦大学医院管理研究所还对此书作出评价说："您提出新医学分两步走，即，学习西方 + 质疑西方 + 中医理念 + 孙子兵法 + 近代经验等。实际上指出了一个比较明确的西医医院进行中西医结合的发展路径"，还邀请我作了"中西医互鉴——中国特色医学必由之路"的报告。

意外的邀请

中央和国家机关"强素质·作表率"读书活动，2019 年上半年将此书纳入"科技类"唯一的推荐书目。接下来我意外收到邀请，2019 年 6 月 22 日到北京出席第 122 期中央和国家机关"强素质·作表率"读书活动，并作了一个半小时"西学中，创中国新医学"的报告，而历来我作报告多在 20—30 分钟，最长不超过 45 分钟。

也许值得说一说的是主持会议的郝振省院长的开场白，让我知道这次活动的意义和重要性。这次活动的意义："无论从国家战略看，还是从国民的健康需求看，抑或是从海外国际市场中医药的份额和板块来看，中西医的结合都是一个十分重要的、值得我们十分关注的问题。然而，'中西医结合'究竟怎么样，有什么大的突破，在医学的理解和实践方面有什么明显的进展，包括对前景的预测，对方向的把握，对我们相当多的同志来讲还是一种似是而非的状态，是一种模糊不清的场景。这就是我们今天组织这一次讲坛的理由。"原来"这个书目和汤先生作为演讲嘉宾，是上了我们今年荐书和演讲名单的，这是经过工委和中宣部领导批准的"；与会的还有"中央和国家机关工委的老领导，还有我们工委宣传部和中宣部出版局的有关负责同志"。还讲到为什么邀我作报告："汤院士本人是典型的西医外科权威，他是复旦大学肝癌研究所的老所长。在几十年的医学实践中，发现了若干不好对付的疑难病症，中医却能够化解。他的老伴李其松教授又是中西医结合的内科大夫。加上若干'中西医结合'获得成功的典型案例，使他对于中西医结合有足够话语权，这也成为我们今天主题讲坛能够成功的一个重要的保证。"让我难忘的，会议为了照顾我90岁高龄和曾做过甲状腺全切除手术，讲话太多声音容易嘶哑，安排在40分钟后休息一会儿；考虑到我听力差，提问题要用纸条等周到的安排。

　　我更没有想到，主持人在小结中竟作了深刻的总结："第一条我觉得汤先生他的愿望很宏大，主要是讲'中西医结合'创立中国新医学，从这个角度，他第一方面强调了建立或者叫创立中国新医学的必要性、它的严峻性和可能性。第二条，我觉得强调'中西医结合'的理论性、科学性和合理性。先生是从我们的传统文化、红色文化和先进文化的角度，为创立中国新医学提供理论依据，显示了'中西医结合'，有其深层次的、充分的理论性、科学性。第三条，我觉得强调它的政策性、策略性和阶段性。创立中国新医学核心是'中西医结合'，要双向而行，既有中学西，也有西学中，重点是西学中，关键是具有深厚功底的中医来凝练中医的核心理念，具有中医功底的西医来研究中医的核心理念。"我体会，主持人的总结，是从国家的视角来看问题的。

中西医互鉴——中国特色医学必由之路

2019 年"强素质·作表率"读书活动，促使我对中西医结合作进一步思考。这一年还有两件事，一是国庆 70 周年，提示"中国崛起"已为世人公认；二是良渚考古入选世界遗产名录，提示中华文明和其他古文明一样久远，且从未中断。中国之所以能够崛起，是"洋为中用（硬件）+ 中国思维（软件）"的结果，其核心是中国思维，而其源泉离不开中华哲学思维。于是我这个肿瘤外科医生，不得不补学一点与中华文明相关的论述，还不知天高地厚写下《中华哲学思维——再论创中国新医学》这个册子。我以为，"中华哲学思维"也许是创"中国新医学"的钥匙。

已耳顺之年的儿子，对西方哲学略有了解，于是和我合写，并发来一段述评："从 2007 年您的《医学软件——医教研与学科建设随想》开始，到《消灭与改造并举——院士抗癌新观点》《中国式抗癌——孙子兵法中的智慧》，再到《控癌战而非抗癌战——〈论持久战〉与癌症防控方略》和《西学中，创中国新医学——西医院士的中西医结合观》，可以看到您对医学的思考，是逐步剥皮探源从西医方法到中医思维再到中华哲学思维的路径。针对目前中西医结合的困境，思考需要提出一个新的医学体系包括相应的话语体系，以包含中华哲学的思维，并由此对现代医学体系进行分析并探讨融合中华哲学的可能性。可能的结论是：西方科学是'法'，而中华哲学是'理'，法在理之下，并服从于理。"

人生感悟

从"阴阳互存"的角度，局部与整体都是相对的。站在不同"局部"的立场，自然有不同对待事物的看法。我当过研究所所长，经常考虑的是研究所的发展与利益；但当我做了校长，我就会思考学校的发展与利益。对待中医和西医，站在西医的立场，自然看到西医的优点，容易忽略中医的优点；站在中国医生的立场，既看到西医的优点，又不忽视中医的优点；站在中国医学的立场，就还要思考中西医能否和如何结合的问题。如果站在国家的立场，就要从更高层次思考中西医如何既要发挥各自的积极性，又要研究中国的中西医如何协调互补，对世界有所贡献的问题。构建人类命运共同体，更是从全人类的立场去思考问题。作为中国的一员，就必须从中国的实际与发展去思考，这是中西医能否互鉴的关键，也是撰写本篇的目的。

专普并举，创中国特色医学要重视中华哲学思维的统领。

26."两条腿走路"

——中国特色医学的前景

从医执教近70年，前面50年重硬件建设，不断充实医学理论与技术的新发展，耄耋之年感到硬件固然重要，但软件也必不可少。于是我开始思考对付癌症的软件，不知天高地厚地出版了《消灭与改造并举——院士抗癌新视点》等三本所谓"控癌三部曲"的科普书。接近鲐背之年，又进一步思考中国医学的前景。中国崛起，没有走西方之路，而是走有中国特色之路，其背景是有中国特色的政治和经济。那么有没有可能形成有中国特色的医学呢？在振兴中华过程中，作为医疗从业者中的一员，是必须回答的问题。我以为，我国医学发展的前景有两条路：第一条路是紧跟西方，力争超越，这是当前我国医学的主流。但紧跟只能做老二，中国医学不能长期成为西方医学的延伸，要超越需有新思维。我以为，新思维可借鉴中华哲学思维，因为中国崛起有明显中华哲学思维背景。第二条路是中西医互鉴，我以为这是创建有中国特色医学的必

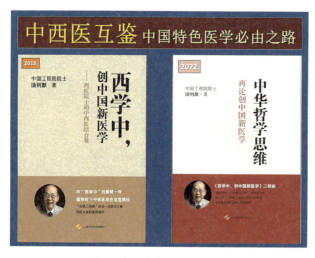

图26—1　论我国医学前景的两本书

由之路。于是我又一次不知天高地厚地写了两本书（图26—1）。

理由——中医西医互存

中国存在着有几千年实践积累和完整体系的中医和几百年迅猛发展的西医，这是形成有中国特色医学绝无仅有的沃土。而处理好中医和西医的关系是形成中国特色医学的前提。我以为，当前之所以提出"中西医并重"，是因为中医和西医是建立在不同哲学观的基础上，中医与整体的、动态的哲学观相联系，西医则与局部的、静态的哲学观相联系，二者都可以在各自的基础上发展。两种不同哲学观事物碰撞，只能有两种不同结果，一是战争，互相否定和消灭；二是互鉴。习近平总书记在2019年亚洲文明对话大会上说："文明因多样而交流，因交流而互鉴，因互鉴而发展"。中西医各有长短，只能走互鉴之路，因为中医和西医有巨大的互补空间。中西医结合就是中医和西医取长补短，达到互补的最佳状态。这是一个动态的过程，永无止境。传统中华哲学主张"阴阳中和"，我国中西医也需和谐相处、协调互补、互相尊重，有中国特色医学才可能出现。再者，对我们祖宗几千年留下的经验和理论不闻不问，横加指责，也说不过去。

背景——西医略知中医

我只是西医肿瘤外科医生，之所以愿意参与讨论中西医结合的问题，是因为老伴是"西学中"，我目睹她用中西医结合方法治好不少难治病。多位家人患了需手术治疗的疾病，都用中西医结合治好而免除手术。20世纪50年代末，我还曾担任上海市

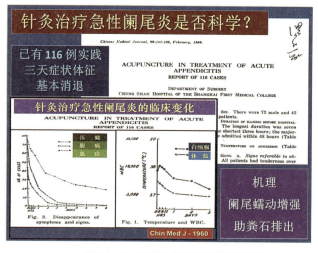

图26—2 针灸治疗急性阑尾炎的研究

针灸经络研究组（组长陆瘦燕）秘书。曾研究针灸治疗急性阑尾炎，论文并在《中华医学杂志（英文版）》发表，但当年对其机理知之甚少（图26—2）。没有想到2021年《自然》杂志刊登了美国与复旦等合作研究，发现电针鼠"足三里"穴可激活迷走神经——肾上腺抗炎通路，而刺激鼠腹部"天枢"穴则无此效应，提示针灸确有其科学基础。早年我还曾与老中医合作，在治疗中晚期肝癌上，发现中医辨证论治优于非辨证论治。我们在多年肝癌临床实践中，观察到化疗＋中医"攻"，病人死亡快，改用中医"补"，生存长。近年我们实验研究证实含五味中药的"松友饮"，有多方面控癌机理，包括促使癌细胞改邪归正、抗炎、抗缺氧、提高免疫力等。我还曾三次浅读《黄帝内经》。诚然，这些经历也只能对中西医结合问题提供粗浅认识。

核心——中华哲学思维

我以为，中西医结合的核心是概括为"道""阴阳"或"矛盾"的中华哲学。笔者管见，中华哲学可概括为"三变——不变，恒变，互变"，即存在着一个不被干预的自然法则，万物总是不停息地在变，变总是对立双方的互变。"道"即"阴阳"，阴阳既对立，又互存、互变。为此，要全面和动态地看问题，要一分为二地看问题（图26—3）。几千年"阴阳互存"的思维是否正确？1863年德国医学家魏尔肖（Virchow）发表

图26—3　中华哲学可概括为"三变"

《癌的细胞起源》以来，癌症基础与临床研究只盯住"癌"，直到21世纪才发现还要关注微环境、全身和外环境，这三者与癌互动，促使癌变好或变坏，提示局部与整体要兼顾。从阴阳互存的角度，中西医结合即中西医互鉴，这是中国特色医学的必由之路。我搞癌症，西医在局部消灭肿瘤方面强于中医，而中医则在整体调控方面有其特色。不少临床实践提示，在西医局部消灭肿瘤的基础上，加上术后中医的整体调控，常有助于提高疗效。然而要做到这点，需要有接近的哲学思维的前提，特别是中华哲学思维。

互补——中西医恰互补

现代医学发展迅猛，但仍存在着重局部轻整体、重精准轻模糊等问题，我以为，如果互鉴将扩展出大片新领域（图26—4）。从"阴阳互存"的角度，不能只看"阴"不看"阳"。过去对付癌症重局部消灭，轻整体改造。2017年我曾到昆明看望一位42

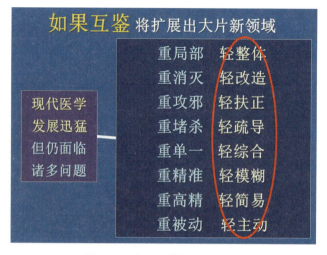

如果互鉴 将扩展出大片新领域

现代医学
发展迅猛
但仍面临
诸多问题

重局部　轻整体
重消灭　轻改造
重攻邪　轻扶正
重堵杀　轻疏导
重单一　轻综合
重精准　轻模糊
重高精　轻简易
重被动　轻主动

图26—4　如果互鉴将扩展出大片新领域

年前曾为之手术的肝癌病人，他竟是百岁寿星。分析下来，之所以能活过百岁，除两次大手术"消灭"肿瘤外，还有近十年的"改造"治疗，包括4种免疫治疗以提高机体免疫力，攻补兼施的中药，以及乐观的精神。为此，如果单纯"消灭"，这位患有大肝癌并有肺转移的病人，难以想象能度百岁，之所以成为百岁寿星，当是"消灭与改造并举"的结果。

从中华哲理的角度讲，一旦"阴阳偏胜"，将启动互变，直到"阴阳中和"。就是《道德经》所说："天之道，损有余而补不足"。从"阴阳中和"的角度讲，中医在治疗上强调复衡与适度，可弥补西医斩尽杀绝和越多越好的不足。《黄帝内经》说："大毒治病，十去其六……无使过之，伤其正也。"为此，西医的外科超根治术、强化化疗等只是昙花一现。我的一位博士生发现，患肝癌裸鼠，不游泳者活60天，适度游泳者活70天，过度游泳者活50天。因为适度游泳升高多巴胺，过度游泳降低多巴胺，而多巴胺既可直接抑癌，也可提高免疫力。

模式——多种模式并存

关于中西医结合模式，我们预期将出现"百花齐放，百家争鸣"多种模式并存的态势，《医学衷中参西录》便是其一。

如果没有学过中医，也可用中华哲学思维指引西医疗法，如在消灭肿瘤基础上，加上西医的改造（改造残癌、微环境、全身），如上述的百岁寿星用4种免疫疗法来提高免疫力。因为中医的核心理念正是中华哲学在中国传统医学的体现，所以也可属于中西医结合的一种模式。文献曾有报道，β受体阻断剂普萘洛尔有助预防黑色素瘤术后复发，普萘洛尔没有直接消灭肿瘤的作用，只是拮抗交感神经兴奋，是全身性改造中的神经系统干预，所以属"改造"。

中西医疗法的互补又是另一种模式。如前面第6篇所述，母亲急性阑尾炎穿孔弥漫性腹膜炎，采用了中西医疗法。所谓中西医疗法互补，即中医针灸足三里+西医少量抗菌素和少量补液。之所以能只用少量抗菌素，是因为如前所述，针灸足三里已证实有抗炎作用。

家兄83岁时得脑梗全身瘫痪，吸入性肺炎需做气管切开，老伴从"肺与大肠相表里"角度开了简单的中药，由胃管灌入，随着大便一天3—4次，痰减少，而免去气管切开；对肺炎只用普通抗菌素，合并中医辨证论治，以调补为主；直到3年后才离世。这种中西医结合模式，就是西医抗菌素+鼻饲营养，和中医辨证论治（未再用清热解毒等抗炎）相结合。相比之下，我老伴同样吸入性肺炎，单纯西医治疗，做了气管切开，用尽最好的抗菌素，直到出现黄疸等严重肝功能障碍和"超级细菌"，半年便离世。

中西医互鉴的模式，也可西医辨病+单纯中医辨证论治，或中西医优势疗法任选，等等。

关键——中西医相向而行

中西医能否协调互补有两个前提：一是用广义科学观看待中医，承认中医是科学。我以为，狭义科学观和局部、静止的哲学思维相联系，认为只有搞清机理的"白箱"才是科学，所以中医不是科学。而广义科学观和整体、动态的哲学思维相联系，认为"黑箱"与"白箱"相辅相成，二者均非"绝对"。目前尚知之不多的"黑洞"获诺奖，提示是从广义科学观出发的，那为何已有一定疗效，还形成理论（《黄帝内经》等）的中医不是科学呢？西医要接受有疗效的中医"黑箱"，并研究其机理，以促成中西医的互鉴。

二是中西医要相向而行：（1）既需中医学点西医，更需西医学点中医（包括《黄帝内经》）和中华哲学（如《道德经》）。（2）需要建立中西医结合的疗效标准，如有生活质量地带瘤生存。（3）中西医并用不等于中西医结合，需要研究西医疗法的中医属性，才可避免中西医疗法的重复或对消。前已述及，我们在多年肝癌临床实践中，观察到化疗＋中医"攻"，病人死亡快，改用中医"补"，生存长；因为当年没有认识到西医化疗应属中医破气破血之品，属于"攻"，如果再加上中医的"攻"，就违背了"攻补兼施"的原则。在抗击新冠过程中，有中医认为，呼吸机是否相当于人参、附子，同样抗菌素是否属于"清热解毒"之剂。（4）需要更多弄清有效中医疗法的机理，提高中医的话语权（如上述针灸足三里）。（5）探索重点疾病的中西医最佳互补，是中西医结合的一条捷径，等等。

前景——两条腿协调走路

前已述及，中华哲学可概括为"三变"。"人要两条腿走路"蕴含着中华哲理的精要。（1）"不变"——人用两条腿走路，是大自然的安排，不为人的意志所干预，为此要顺应自然。如用一条腿走路，易跌倒，也费力。提示不按自然法则办事，就会出问题。（2）"恒变"——人的一生，两条腿基本上是不断在动。长期不动，健康难保证；一直不动，将面临死亡。（3）"互变"——可以延伸出"阴阳互存""阴阳互变"和"阴阳中和"。"阴阳互存"：左腿和右腿，既对立又互存，没有"左"何来"右"；既然左右互存，就不能只用左腿，不用右腿。"阴阳互变"：走路时，左右腿总是前后互变，即向对方的方向变；不能两腿都向前或都向后，那不是走路，而是"跳"。"阴阳中和"：走路就是不断从"失衡"到"复衡"的交替过程。一条腿离地瞬间，身体就失衡，当另一条腿落地时，就是"复衡"。人要不断保持"阴阳中和"才不会跌倒。如一条腿迈大步，另一条腿迈小步，就会跌倒；如另一条腿也迈大步，将走得更快。"阴阳中和"要不断通过实践才能达到较佳效果。

创有中国特色医学，是实现中华民族伟大复兴的一项历史使命。中华哲学思维是创中国特色医学之匙，中西医"斗则两伤"，互相排挤，无助疗效的提高；"合却两难"，中西医难以合二为一，因哲学基础各异；"和可共赢"，只有互鉴，协调互补，才能有助提高疗效。我以为，中国特色医学将长期表现为"两条腿走路"形式，逐步达到协调互补的最佳状态。由于中西医都不断在发展，动态的协调互补将永无止境。完成这项历史使命，需要几代人的奋斗，需要上百年甚至几百年的努力。

人生感悟

2008 年我到河南羑里城，看到"周文王羑里城"旁的碑，第一句便是"易有太极，是生两仪"（图 26—5）。2009 年我到江西龙虎山又看到太极图，太极图的阴阳有无穷无尽的变化，体现了中华传统哲学的精要（图 26—6）。"阴阳互存、互变"，变至"阴阳中和"，这既是自然法则，又是处理自然和社会失衡的大法，对医学而言也不例外。构建有中国特色的医学，就必须处理好我国中西医互存的关系，而"阴阳中和"就是其核心。

图 26—5 "易有太极，是生两仪"

图 26—6 太极图的阴阳

相信在中华哲理指引下，汇中西医精华为人民服务，相信有中国特色的医学一定会出现。

专普并举，中国特色医学要从"阴阳互存"角度重视中西医互鉴。

27.异想天开的六本影集
——兴趣之乐不可或缺

　　我只是一名外科医生，既非专业摄影家，也非摄影发烧友，更无专业摄影机，但2008—2023年间，却出版了六本影集（图27—1），而且大多是自购送人。为什么既出钱又出力来出版，如同在多本影集前言中所说：一是在耄耋之年保持不断动脑：我养生之道是"两动两通，动静有度"，两动就是动身体和动脑，前者主要是适度游泳，后者是出版科普读物与影集。二是作为与朋友交换礼品之用：我这个年龄，不时收到学生和友人赠送的礼品，作为回赠，送本科普作品或影集似是不错的选择。三是兴趣之乐。我以为，人的一生，既要奉献，也要享受，兴趣之乐便是其一。我的兴趣有三，一是摄影，因为学术交流有幸到过五大洲，顺便摄下所见所闻；二是游泳，有助从事繁重事业的健康支撑；三是看电视剧，以便繁忙之余有所放松。其实我出版影集，如果能成为亲朋好友和同行们饭前茶后的消遣，我的目的便已达到。

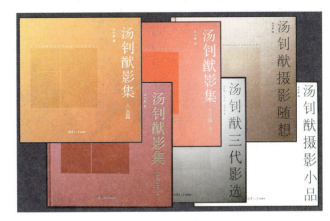

图27—1　六本影集

《汤钊猷摄影小品》——投石问路

2008 年我出版了《汤钊猷摄影小品》。那年我刚好主持召开了"第 7 届上海国际肝癌肝炎会议",因为与香港合办,又称"港沪国际肝病会议"。那次会议有 2500 人出席,其中有来自 50 多个国家和地区的 600 多名境外学者。我想,如果搞一本影集送给熟悉的国内外学者,也许更为高雅。于是不知天高地厚地编辑了这本影集,临到出版,影集叫什么名字,确实让我颇费思考,因为我不是摄影家,最后选择了《汤钊猷摄影小品》的名字。没有想到,《小品》居然还引起了国际著名学者的兴趣,因为影集里有现代肝病学奠基人 Hans Popper,有肝移植之父 Starzl,有英国肝移植鼻祖 Calne,有国际著名分子生物学家 Harris 等。Starzl 专门来信说"影集很美",还亲笔写上"Thank you!!"。

图 27—2　Harris(右一)翻阅有他照片的影集

对这本《小品》，大家也说了不少鼓励的话。一位比我年长的校友说："读前言看照片，内容精彩，别具风格，较一般专业作品更有特色。"另一位校友说："名为'小品'，显示了作者的谦虚，我以为影集中许多是'佳品'，不少是'珍品'，有的可称'极品'。"一位院士说："看完后感到非常惊讶，你们这些大科学家，也都是大艺术家，从我外行的眼中看，'安徽黄山云雾'（图27—3）等照片，专业人员拍的也不过如此。"一位心血管院士说："您谦曰'小品'实属精品也。"又一位院士说："幅幅画面都表达了您独特的视野和您对大自然的热爱与深刻的理解。"一位留美学人说："您的艺术修养及生活情趣深深感染了我，好些作品让我爱不释手，如'新疆尉犁县沙漠的胡杨树'，很有19世纪法国巴比松画派田园风景画的韵味；'逆风而行'是于简单中见功底的佳作（图27—4）。"一位教授说："您拍的一景一物气势非凡，生动活泼，又不乏幽默玄趣，让人真不敢

图27—3　安徽黄山云雾

图27—4　逆风而行

想象这些作品出自您一个业余摄影者之手。"于是我又鼓起勇气，考虑再出影集。

《汤钊猷摄影随想》——转移视线

夕阳光芒
这是美国西部行拍到的印象最深刻的照片，它激励我们进入暮年还可发挥余热。人生既是奉献，又是享受，从奉献中得到享受。夕阳红确值得珍惜，哪怕它是短暂的。

图 27—5 "夕阳光芒"

2011 年出版了《汤钊猷摄影随想》。第一本影集用了《小品》之名，第二本用什么名称更费思考。后来儿子说，您既然 2007 年写出《医学"软件"——医教研与学科建设随想》，不如将您对照片的想法写出来，搞一本《摄影随想》。"随想"就是触景生情或借题发挥，谈点内心的感受，通过增加文字掩盖摄影技术的不足。如"夕阳光芒"这幅简单的照片，下面写了"这是美国西部行拍到的印象最深刻的照片，它激励我们进入暮年还可发挥余热。人生既是奉献，又是享受，从奉献中得到享受。夕阳红确值得珍惜，哪怕它是短暂的"（图 27—5）。

没有想到，对《摄影随想》的反馈，比《小品》更受鼓舞。一位院士说："此心血佳作，充满思想活力、艺术美感、人文地理知识、家庭天伦之乐；阅之为其感动，观之为其叫绝。"另一位院士说："济世之仁，大师之术，艺术情怀，三者同在！富有哲理，发人深思。"一位教授说："《摄影随想》不仅提供精美的艺术欣赏，还隐喻为人规范和处世哲理，给读者以联想和启示。"一位友人说："这本探索摄影与人文思维结合的册子，您用镜头记录了您的人生足迹和世界之美，用文字演绎了您对生活的见解。"一位大学副校长说："您向读者展示了作为科学、医学大家对事和人的视角和高尚的品味，充满着人文和求真的精神。"一位编辑说："一口气读完《摄影随想》，心中感慨万千：到底是大家，不论是从政还是在科研上，您都卓有建树，即使是自娱自乐的摄影，您也'玩'出了水平，'玩'出了新意。"一位曾是我学生的美国教授说："读了您的书，我以为精华在于'随想'，真是字字珠玑。一草一木在您的随想中都活了起来。""激流勇进"这幅照片，我写了"对小草而言，无疑是处于激流之中。我赞叹它的勇气，不畏艰险，坚强生长。人的一生也会遇到大风大浪，是知难而进还是知难而退，后果迥异"（图

激流勇进

对小草而言，无疑是处于激流之中，我赞叹它的勇气，不畏艰险，坚强生长，人的一生也会遇到大风大浪，是知难而进还是知难而退，后果迥异。

图 27—6 "激流勇进"

小花争艳

这些米粒大的小花，全然不顾附近的庞然大物（大花与树叶），竞相争艳，瑞士钟表，多是小厂生产，但坚持百年，精益求精，持之以恒，终于驰名世界，现在一般风气，以为越大越好，殊不知大而不精，还不如小而精，不要左顾右盼，见异思迁，潜心搞好自己的事，是硬道理。

图 27—7 "小花争艳"

27—6）。"小花争艳"照片有这么几句："这些米粒大的小花，全然不顾附近的庞然大物（大花与树叶），竞相争艳……现在一股风气，以为越大越好，殊不知大而不精，还不如小而精，不要左盼右顾，见异思迁，潜心搞好自己的事，是硬道理。"（图27—7）

《汤钊猷三代影选》——天伦之乐

2013年我出版了《汤钊猷三代影选》。到了耄耋之年，感到天伦之乐不可或缺，打算筹划一本祖孙三代合作的《汤钊猷三代影选》，用照片和文字留下三代人的印迹。但我的照片在前两本影集多已用过，只有一些底片没有用过。于是买来底片扫描仪，历时一年，将保存半个世纪的底片翻出来扫描，可惜很多底片已有霉点。这本《三代影选》，三人照片的风格迥异，儿子和孙子的照片和文字也别具一格。儿子在"上海的记忆"照片中是这样写的："离家20年，现在的上海旧貌换新颜，高楼拔地，夜色中的浦东光彩夺目……但让我魂牵梦绕的依然是儿时的记忆……那里有爷爷奶奶、外公外婆，有儿时的玩伴和小学的同桌……但上学的路已不再，大饼油条也没了记忆中的滋味。"（图27—8）孙子在"传统与创新"照片是这样写

上海的记忆

离家20年，现在的上海旧貌换新颜，高楼拔地，夜色中的浦东光彩夺目。虽然日新月异的变化令人目不暇接，但让我魂牵梦绕的依然是儿时的记忆。多伦路，平江路，榕德路——我曾经的家。那里有爷爷奶奶、外公外婆，有儿时的玩伴和小学的同桌。我在那里从呀呀学语直到大学毕业……但上学的路已不再，大饼油条也没了记忆中的滋味。

图27—8　儿子的照片"上海的记忆"

的："2010 年的上海世博会是我见到的最热闹的场合。众多国家在这里展示各自的文化，成就了世博会的理念。"（图27—9）

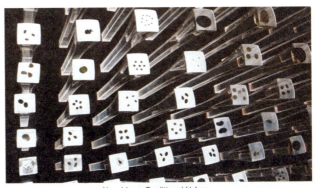

New Ideas Traditional Values

It was quite a feat to accomplish the 2010 World Fair. Hundreds of nations set up shop in Shanghai to show off different cultures and lifestyles. One of the most crowded places I've ever been to.

传统与创新

2010 年的上海世博会是我见到的最热闹的场合，众多国家在这里展示各自的文化，成就了世博会的理念。

图 27—9　孙子的照片"传统与创新"

这本影集的反馈同样受到鼓舞：一位院士说："这里不仅是摄影技术美的享受，而且传播了相关国家的人文、历史、文化，照片旁画龙点睛的幽默笔调更让人获益匪浅。"一位老院士说："大多数人的相册，多半反映工作、会客、山川草木，人文内容欠少。《三代影选》表达了'两个春天'，家庭幸福，三代团圆。非常自然，非常和谐。"一位教授说："看过每幅照片和文字，真切感受到诠释生活和看待世界的独特角度和视野。"一位香港王宽诚教育基金会友人说："我把每一张照片仔细阅读一遍又一遍，让我'读'到了您们祖孙三代人均握有的才气和品德，让我感受到您在对生活的追求、事业的追求、兴趣的追求……都是一丝不苟、锲而不舍。"一位同道说："祖孙三代拿起相机摄影成集的，此恐是唯一。"

《汤钊猷影集·人文篇·国内》——增强自信

2019 年我出版了《汤钊猷影集·人文篇·国内》。那年刚好是我们复旦大学（中山医院）肝癌研究所成立 50 周年，也是我虚岁90岁，学生们组办了研究所成立50周年和我从医执教65周年活动，还邀请了不少著名国外学者出席第17届全国肝癌学术会议。于是再出一本《汤钊猷影集.人文篇.国内》，以赠送给国内外学者和亲朋好友。

马上就遇到"人文"是什么的问题？有人认为，"人文就是人类文化中的先进部分和核心部分"。据说"人文"一词最早出现在《易经》贲卦中的象辞："刚柔交错，天文也；文明以止，人文也。"《辞海》载："人文指人类社会的各种文化现象。"我以为，人文也许是人类历史的积累与凝练，不过对"先进"或"核心"，不同国度与民族、不同立场与观点的人群恐有不同标准，为此具体的"人文"，难以界定。老子说"道可道，非常道"，就是能够用语言说清楚的"道"，就不是真正的"道"。"道"的含义深广难测，且因人、因时而异。同样，对于"人文"，也只能意会，难以言传。体现"人文"的载体通常是文字，那么这本影集的照片又是如何选用的呢？这只能是我个人的定夺。最后选择了属于世界文化/自然遗产的，属于中华文明精髓的照片。对外，也

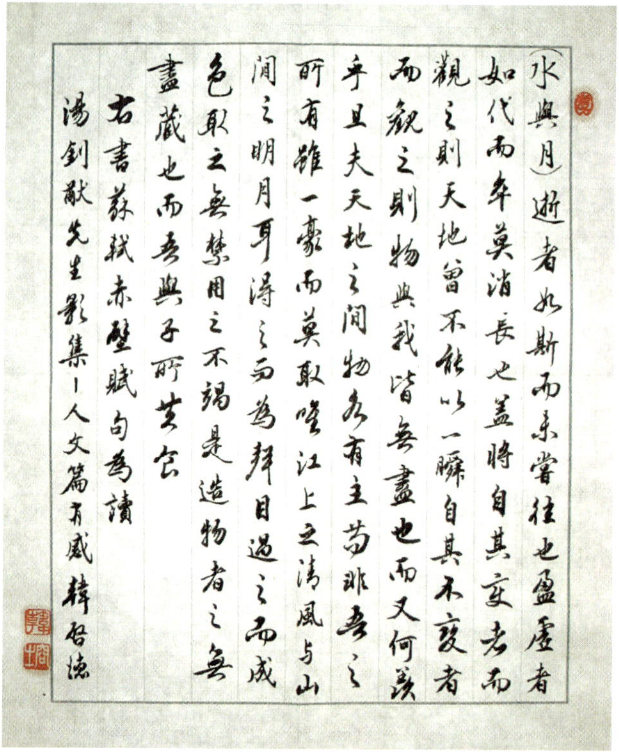

图27—10 韩启德教授的墨宝

许有助于显示中华文明的久远，对内也许有助于增强文化自信。这本影集有幸得到全国人大副委员长韩启德教授的墨宝（图27—10）。

至2017年，中国共有52项世界遗产，我有幸涉足了其中的38项。当我寄赠给友人后，反馈同样备受鼓舞。一位比我还年长的老院士说："照片清楚，文字简洁，是一项高水平历史及文化作品，是史与图的完美结合。"还有一位院士说："您不仅是大科学家，而且是人文大师，文武双全啊。"这也让我有勇气编全人文篇，因为既然有"国内"，还需有"国外"。

《汤钊猷影集·人文篇·国外》——中西互鉴

2020年，还是从"享受一下兴趣之乐，动动脑筋避免老年痴呆，供亲朋好友交换礼品"的角度，我又出版了《汤钊猷影集·人文篇·国外》。这本《人文篇》的国外部分，也同样首先

图27—11 印尼的世界遗产——婆罗浮屠

选属于世界遗产者，但按这个标准的照片不多，因为只是出席学术会议前后半天一天抽空走马观花，只能再加入能反映世界各国特色的东西。关于目录，原先想按世界四大文明的框架，但和儿子商量后，决定还是按地理分布来叙述。这本"世界遗产"不多的影集，其中有 1991 年进入世界文化遗产的印尼的婆罗浮屠，它是世界最大的佛塔，公元 824 年建成，后被火山灰淹没，1975 年和 1982 年印尼和联合国教科文组织联手重建（图27—11）。

这本影集的反馈也颇受鼓舞。一位多年共事的同仁说："您到过二十几个国家作学术演讲，在会议间隙，您总是抓紧时间把多姿多彩的世界遗产、风土人情和美景都摄录下来，是非常宝贵的资料。"一位院士说："这是宝贵的艺术珍品，我连同您先前寄给我的影集都珍藏着，有时拿出来欣赏欣赏就是一种艺术的享受。"一位香港友人说："观读影集，赞佩教授在国际抗肝癌战场上的丰功伟绩，您与有关国家教授们的合影，您代表了中国的一席，为国增光，是中国人的荣耀。"一位多年挚友说："感谢您每次都馈赠大作，这些我都珍藏着。经常翻下也是感念有幸与您交往的美好瞬间，您的人格魅力一直令我难以忘怀。"全国人大副委员长韩启德教授说："影集看后非常感慨，时代变迁，人生苦短，我为影集抄写赤壁赋的内容看来是切合的。"一位编辑说："图片很漂亮，尤其是一些照片的感悟文字，真是点睛一笔！"

习近平总书记在 2019 年亚洲文明对话大会上曾说："文明因多样而交流，因交流而互鉴，因互鉴而发展。"通过编辑这本影集，确感世界是多彩的，不同文明的国度都有值得借鉴的东西，我们要发展，既要有文化自信，也要借鉴外国的精髓。

《汤钊猷影集 . 人生篇》——周易人生

2023 年我又出版了《汤钊猷影集 . 人生篇》，也许这是我一生中出版影集的最后一本。因为 93 岁之龄，已难有更多的外出游览之机。出版这本"人生篇"，确实让我颇费思考。用什么框架来表达"人生"，是一个大问题，没有框架，就无法选择照片。于是我和儿子商量，先后拟定了 5 个目录：从"人生就是奉献和享受"出发；从"生老病死的人生"出发；从"生与死""老和少""病和健"等对立统一出发；等等。人生尽管就是"出生入死"，人一出生便已启动了"死"的进程，但影集是为了享受人生，太多讲到"死"过于凝重。于是不得不另找出路，人生是一个不断变动的过程，人生的不同阶段自有不同的侧重。最后我用了《周易》的"乾卦"，即幼年的"潜龙勿用"、少年的"见龙在田"、青年的"终日乾乾"、壮年的"或跃在渊"、巅峰的"飞龙在天"

图 27—12 "兴趣之乐"

和老年的"亢龙有悔"。因为《说卦传》说"乾，健也"，应该可以代表正常的人生。其实这也不过是一种尝试，消遣而已。

在耄耋之年遵循"亢龙有悔"，我不断回顾人生的乐趣，所以安排了"回顾美好"这一段，这里有奉献之乐、读书之乐、同窗之乐、师生之乐、交友之乐、兴趣之乐和旅游之乐。奉献之乐是最重要的享受，而交友之乐、兴趣之乐（图27—12）等也同样有助益寿延年。

人生感悟

我粗浅认为，中华哲理可概括为"不变，恒变，互变"六个字。老子用"独立而不改"形容"道"，提示存在着一个不被干预的自然法则，例如"生老病死"，不仅人有，其他生物也有，这是"不变"的。人的寿命有先天定数，长则百年，就要活得有意义。老子用"周行而不殆"形容"恒变"，世间万物都在不断地"变"。人的一生，小至细胞，大至人体，都不断地在运动，运动停止，生命也就终止。人的一生，不同时段需有不同应对。讲到"动"，多理解为身体的运动，其实"动脑"也必不可少。老子又说"反者道之动"，说明"变"总是对立双方的"互变"，如"动"与"静"的互变，人的一生，也同样需要动静有度，只动不静，或只静不动，人也活不了，这就是所谓"阴阳中和"。

在编辑这六本影集的过程中，深感"恒变"也是六本影集得以问世的核心。每一本影集都需要有不同的思路和风格，不然只是"重复"。《孙子兵法》说"以正合，以奇胜"，在"以正合"的基础上还需要"以奇胜"，即创新制胜。"以正合"对影集而言，至少照片要清晰、有一定的质量，而"以奇胜"则是不同影集需不断有思路和风格的更新。同样，对于国外先进科技，在"紧跟"和"填补空白"的基础上，更需要有创新和超越。

专普并举，摄影加上人文，也许是值得探索的新形式。

伍 中西互鉴的启迪

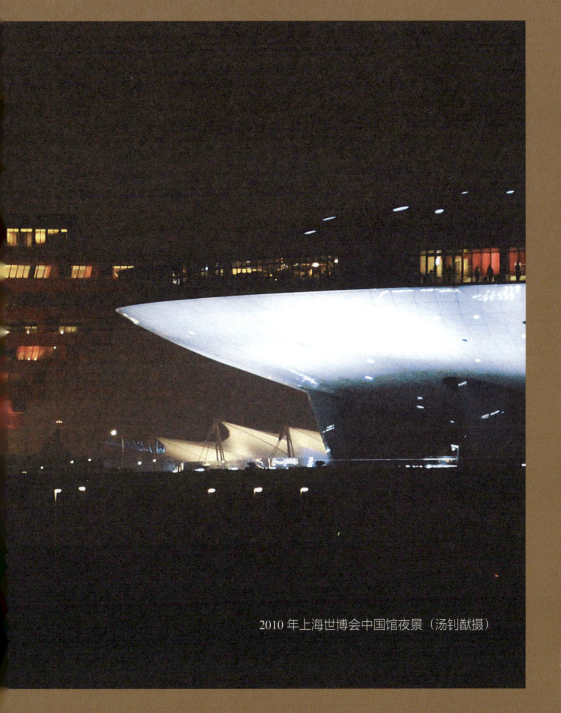

2010 年上海世博会中国馆夜景（汤钊猷摄）

28. 伊瓜苏瀑布的偶遇
——机遇瞬间即逝

　　1978 年我第一次出国，随团从北京经巴黎到阿根廷的布宜诺斯艾利斯，出席第 12 届国际癌症大会。那时从北京到巴黎要飞 17 小时，从巴黎到布宜诺斯艾利斯也要飞 17 小时。而且需要经历两个颠倒——日夜颠倒和季节颠倒。会议结束后，听说阿根廷卫生部门曾考虑安排我们去看伊瓜苏大瀑布，团长说最好不要麻烦人家，所以没有去。我后来知道，伊瓜苏大瀑布是世界上三大瀑布之一。一个是北美洲的尼亚加拉瀑布，一个是非洲的维多利亚瀑布，还有一个便是南美洲的伊瓜苏瀑布。当我知道这个信息后，感到十分遗憾，毕竟人的一生能到南美洲的机会不多。

从未谋面，旅游偶遇

　　1998 年我又有机会到南美洲。因为第 17 届国际癌症大会在巴西里约热内卢召开。其中的肝癌会议，我又被邀作为三位演讲人之一。难得到南美洲，会后总得找个地方去看看，这又使我回忆起 20 年前的遗憾。但伊瓜苏大瀑布在巴西的南部，要乘飞机才能去，而机票要好几百美元。我便和同去的老伴商量，老伴一听要花这么多钱，就说不去吧。我算了一下，钱勉强够，便说"南美洲以后恐怕再也没有机会来"。最后还是统一了意见，通过旅行社买了机票，会后便动身。

那天旅行社派车来接我们，原来去看伊瓜苏大瀑布的只有四人，除我们两人外，还有一对美国夫妇（图28—1）。自然要相互介绍和客套一番，我先自我介绍说："我是来自上海的汤钊猷教授，从事癌症研究"。对方一听，马上就说："原来您就是汤医生（美国习惯称 Dr.Tang）。"我很诧异，因为我并不认识他。他接着说："我曾请您在我主编的专著中写'小肝癌的外科切除'啊，这本书您收到了吗？"原来两年前我确曾收到一位 Wanebo 教授的来函，邀请我为他主编的《胃肠道肿瘤的外科》一书编写一章。但这位主编我从未谋面，只知道他是国际有名的消化道肿瘤外科专家。直到2005年我当选为美国外科协会名誉会员时，在美国棕榈滩会议上又见了一面。

图28—1 偶遇 Wanebo 教授（左一）

轰鸣之声，震耳欲聋

从里约热内卢乘飞机飞行约两个小时便到了目的地，第二天一早，我们便怀着兴奋的心情去看大瀑布。原来跨越阿根廷和巴西的伊瓜苏瀑布，是世界上最宽的瀑布。据称伊瓜苏瀑布宽度达2700米；彩虹出现在瀑布上空，美不胜收，我抓住相机，拍了不少彩虹，这里只选其中的一张（图28—2）。

伊瓜苏瀑布不是一个瀑布，而是由大小275个瀑布组成，平均落差约72米（图28—3）。我们沿着瀑布区，走走停停，竟走了几个小时。一路上，从不同角度，拍了不少照片，瀑布的壮观，震撼人心（图28—4）。

据说伊瓜苏瀑布曾被评为世界新七大自然景观之一，由于水量极大，据说其流量达到了1700立方米/秒，是北美洲尼亚加拉瀑布的两倍，我们远远便听到轰鸣之声，震耳欲聋，似万

图 28—2　彩虹与瀑布交相辉映

图 28—3　层叠的瀑布群

图28—4　瀑布汹涌澎湃而下

马奔腾。可惜到了瀑布区，浓密的雾雨，只能穿上雨衣雨帽，相机也只能拿在雨衣内，很多美景只能望洋兴叹，偶尔打开雨衣急忙按下快门，自然难有佳作。这次伊瓜苏瀑布游，竟拍了9个135的胶卷。我们庆幸抓住了这个难得的机遇，真是终生难忘。临走的那一天，老伴特意穿上红装，留下美好的回忆（图28—5）。

图28—5　伊瓜苏瀑布的临别留念

世界十大瀑布，中国有两个半

回到国内，我便查看世界上还有哪些有名的瀑布。有一个资料说，世界有十大瀑布，我赶忙查看，原来十大瀑布中，我国有两个半。一个是贵州有名的黄果树瀑布；还有一个是黄河的壶口瀑布；另外还有半个，因为越南板约瀑布和中国广西的德天瀑布相连，所以算半个。我希望在有生之年，能够再看到这两个半瀑布。说也奇怪，一个人有了追求，就会设法去实现。

2007 年我出席在广西南宁召开的第 11 届全国肝癌学术会议，那年我已是 77 岁老人，会后便专程去看了德天瀑布。尽管该瀑布的高度和宽度都远不及伊瓜苏瀑布，但仍给我留下十分美好的印象（图 28—6）。我们还顺便看了中越边界的友谊关。

图 28—6 德天瀑布美景

2008 年 是 我 和老伴的"金婚纪念"，成都的亲人要为我们庆祝，趁此机会我们结伴到贵州旅游，终于看到全国有名的黄果树大瀑布。这个位于中国贵州省安顺市镇宁布依族苗族自治县的瀑布，高度为 77.8米，其中主瀑顶宽 83.3 米。我、老伴和专程从美国回来的儿子留下了美好的照片（图 28—7），可惜刚好遇到枯水期，未能看到瀑布的壮观，不过枯水期也有其特殊之美。贵州行我们还看到世界自然遗产——中国南方喀斯特中的贵州荔波大七孔。

到了耄耋之年，越来越感到"文化自信"的重要，很想多看看中华文明的发源地。我的一位博士后对我说，要看中华文明最古老的东西，需要看山西。2009 年的"晋南行"，我终于看到世界上最大的黄色瀑布——壶口瀑布。据称，壶口瀑布是中国第二大瀑布，它西临陕西省延安市宜川县壶口镇，东濒山西省临汾市吉县壶口镇，为两省共有旅游景区。黄河是中华文明的重要起源，黄河奔流至此，两岸石壁峭立，河口收束狭如壶口，故名壶口瀑布。瀑布上游黄河水面宽300米，在不到500米长距离内，被压缩到20—30米的宽度。壶口瀑布气势震撼，给人们留下另一种感受（图28—8）。

图28—7　枯水期的黄果树瀑布

图28—8　气势磅礴的壶口瀑布

中国瀑布拾遗

　　这一篇既然是讲瀑布，我还得再补充几个值得一提的瀑布。首先要追溯到1984年我们的庐山游，我们去了4天，可惜两天下雨，但还是看到了被誉为"庐山第一奇观"的三叠泉瀑布，其总落差达155米（图28—9）。1989年我有幸看到长白山的天池，当然也不会错过去看长白山瀑布。长白山瀑布是长白山天池北侧

图 28—9　高达云霄的庐山三叠泉瀑布　　　　　图 28—10　长白山瀑布留影

的天豁峰和龙门峰间的一个缺口，这个缺口就是天池的出水口，天池的水从这个出水口流出，在白头山天池的北侧，距长白山瀑布下约 1 公里处。长白山瀑布高度为 68 米，我自然不会忘记留影（图 28—10）。

1990 年我们有幸到九寨沟游览，那时没有飞机，汽车开了 4 天，一路上看到不少泥石流遗迹，最后一天终于看到九寨沟的树正瀑布。这是一个特殊的瀑布，高只有 11 米，瀑顶宽 62 米。我和老伴自然不会忘记留影（图 28—11）。其实看过的瀑

图 28—11　九寨沟树正瀑布

布不少，还有福建武夷山的龙归源瀑布也不错（图28—12）。

图28—12 武夷山龙归源瀑布

人生感悟

人的一生，机遇与挑战并存，就看我们如何应对。积极的人生，就是抓住机遇，勇对挑战。机遇无处不在，但也转瞬即逝，就看我们的瞬间应对，常常取决于一念之差。我以为对于世界上的一些"最"，就如本篇所指的"最大"的瀑布，值得我们去抓住。看过伊瓜苏瀑布，不仅有助增长阅历，开阔视野，知道"天外有天"；也有助于开阔心胸，从而有助于抓大事，而不纠缠于小事。长城是中国之"最"，东起山海关老龙头，西至嘉峪关，我曾20次登上长城，这也有助于增强作为中华儿女的自豪感。

中西互鉴，国内国外互鉴，抓住机遇，有助增进阅历。

29. 巴塞罗那的启迪
——创新，创新，还是创新

2007 年，是我（77 岁）最后一次出国。作为创始会员，应邀出席在西班牙巴塞罗那举行的"国际肝癌协会"（ILCA）成立大会。尽管我曾多次到欧洲，去过法国、德国、挪威、荷兰、比利时、瑞士、奥地利、意大利、梵蒂冈、希腊等，但西班牙却是第一次。那次还特意叫我老伴同往，让她散散心，因为她在一年前患了恶性程度很高的乳癌。我们不仅看了巴塞罗那，还到周边走马看花。

去前我粗略看了资料：公元前 218 年，罗马人入侵西班牙，西班牙成为罗马帝国一个省长达 500 年，所以西班牙有很多罗马古迹。文艺复兴时期，西班牙是欧洲最强大的国家，是重要的文化发源地，15 至 16 世纪是影响全球的日不落帝国，全世界用西班牙语的国家仅次于英语。1898 年的美西战争以西班牙失败而告终，古巴获得独立，西班牙向美国割让了波多黎各、关岛，并出售了菲律宾，丧失了所有海外殖民地，国际大国地位不复存在。

西班牙的世界遗产总数居世界前列。可惜我只能看到其中的极少数。例如"高迪的建筑作品"，西班牙 15 座世界遗产城之一的塔拉戈纳（Tarragona）古罗马遗迹等。

西班牙是一个集浪漫与激情于一身的国度，其斗牛、舞蹈、足球、"叠人塔"等都很有特色。起源于安达卢西亚的弗拉门戈舞，是西班牙舞蹈甚至西班牙文化的代表。"叠人塔"是西班牙加泰罗尼亚区最具传统特色的民俗节庆活动。西班牙是传统的足球大国，足球渗透到群众生活的每一个角落。

巴塞罗那是西班牙第二大城市，被称为"欧洲之花"，是一座历史文化名城，那里文化艺术的创新给我留下深刻印象。

高迪的奇异建筑

临出发前，我便已知道西班牙有一位世界闻名的建筑大师安东尼·高迪（1852—1926）。那天驱车前往会场，途中导游说，请看左边，那就是高迪的名宅"米拉之家"，我赶忙拿起相机拍了一张（图29—1）。据说是1912年为一位富商米拉先生所建，确实从外形和细节都与众不同，屋顶呈波浪形，这是建筑上的

图29—1　高迪的"米拉之家"

图29—2　高迪的"巴约之家"

创新。

归途已是晚上，导游又说，那就是高迪的另一名宅"巴约之家"，我又赶忙拿起相机拍下这张夜景（图29—2）。据说是1907年为一位工业家巴约先生所建。等照片印出，我仔细查看，惊奇地发现，诸多设计如同童话世界，晚上灯光下更有一种神秘感；再和"米拉之家"比较，却没有发现重复之处，可见又有创新。可惜我们没有时间到里面看个究竟。

另一个高迪的著名作品"古埃尔公园"，我们当然要专程去看一下。这个公园建于1900—1914年。入口处的石阶上有一著名的马赛克蜥蜴喷泉，颜色鲜艳，造型奇特，上面便是百柱厅（图29—3）；更引人入胜的是，到处都像童话世界，我赶忙给老伴留影（图29—4）。我到过不少国度，也看过一些公园，但没有一处给我留下如此深刻的印象。古埃尔公园确是高迪的又一

图29—3　古埃尔公园的入口处

图29—4　古埃尔公园到处都像童话世界

图 29—5　令人震撼的教堂雕塑

图 29—6　耶稣受难雕塑神像

图 29—7　圣家教堂留影

创新。

　　高迪的代表作原来是一个多世纪仍未完工的"圣家教堂"。这座教堂始建于1882年，是罗马天主教大型教堂，我们去的时候已百余年尚未完工，是世界上唯一尚未完工便被评为世界遗产的教堂。我们到里面看，如同树干分支的巨柱高达云霄。在外面看，到处都可获得富有内涵的照片，您看不是吗，复杂的雕塑令人震撼（图29—5），例如我们看到由著名雕塑家雕制的耶稣受难雕塑神像（图29—6）。当然我们也不会忘记"到此一游"的留影（图29—7）。世界著名的教堂我曾看过米兰教堂、梵蒂冈圣彼得大教堂、巴黎圣母院等，但与圣家教堂相比，我认为后者在艺术创新方面更胜一筹。

回到罗马时代

塔拉戈纳（Tarragona）是西班牙东北部城市，有西班牙历史最久、规模最大的古罗马遗迹群。西班牙有 15 座世界遗产城，这便是其一。游走其间，我们仿佛回到了 2 世纪。我喜欢看古文化，所以拍的照片也最多。那里有塔拉戈纳大教堂（图 29—8），有罗马型墙垣，还有目前仅存的六座古罗马斗兽场之一（图29—9）。这里给我的印象是：西班牙有悠久的历史文化，这正是西班牙出现诸多有创新意念人才的背景。

图 29—8　塔拉戈纳大教堂　　　　　图 29—9　古罗马斗兽场

达利博物馆

在巴塞罗那以北离法国 20 公里的地方，有一个小城叫菲格拉斯（Figueres），20 世纪的世界级绘画大师萨尔瓦多·达利就

图 29—10　达利的《挂钟》

图 29—11　展室像一个美貌的少女

出生在这里。我们一走进博物馆，便有一种十分奇特的感觉，里面收藏着达利在各个创作阶段的作品，如著名的《挂钟》（图 29—10），给人们留下出乎意料的印象，那个钟竟可以弯曲挂在桌边上。我们步入一个展室，那里很空旷，只安放着一张沙发，一个橱柜，墙上还有两幅画。导游说，您们要上楼梯去看，原来是像一个美貌的少女（图 29—11）。达利的想象力前所未见，应该说是艺术上的一种创新。

其实，我们还看了著名画家毕加索的展馆。印象最深的是毕加索的代表作，外行人看来似儿童画作，其实他有很深厚的宫廷画基础，其代表作正是在扎实基本功基础上的升华。可惜已临近闭馆，无法留下照片。

"叠人塔"与弗拉门戈舞蹈

"叠人塔"（Castells），是西班牙加泰罗尼亚区最具传统特色的民俗节庆活动，据说一直秉承着"力量、沉着、勇敢、理智"

的座右铭。塔拉戈纳之行，我们看到人塔雕塑，我叫老伴在雕塑前留影，可见雕塑与真人同大（图29—12）。我以为，"叠人塔"反映一种精神：勇敢精神，团结精神，集体主义精神，甘为人梯的精神，为青少年开路的精神。

回到巴塞罗那，我们看了一场弗拉门戈舞。弗拉门戈舞已成为西班牙的特色舞蹈，甚至是西班牙文化的代表，于2010年被收入世界遗产文化名录中。表演在一个不大的剧场内进行，舞台很小，演员只有1—2人，乐队也只有3—4人，但有声有色，台上台下互动，气氛感人（图29—13）。我又一次看到西班牙的"特色"，这种特色不在"大"，不在"多"，而在于"与众不同"。老子说"为之于未有"，换言之就是创新。

图 29—12 "叠人塔"

图 29—13 弗拉门戈舞

看球赛去

我平时不看足球赛，但也知道西班牙是足球强国。然而不到西班牙，很难领会西班牙人对足球的喜爱。临回国的前一天，我突然发现巴塞罗那的马路上到处人山人海，车辆拥堵，我以为发生了什么大事。导游说，今天有重大球赛。据说凡有重要球赛，很多活动都会暂停或改期。我赶忙拍了几张照片，因为拥堵，我们回到旅馆已是黄昏，到处都看到交警在指挥车辆通行。看来成为足球强国，只有球员踢得好是不够的，还需要有人民的投入和拥护。正如前面所说的弗拉门戈舞，需要台上和台下的互动才有气氛。中华哲理认为"阴阳互存、互变"，任何事物都有两个方面，球队与群众互动，才使足球得以发展。

人生感悟

巴塞罗那之旅，给我留下印象最深的是"创新，创新，还是创新"。一个只有 4700 万人口的国度，有众多的世界遗产，有驰名世界的建筑家、画家，有显著特色的文化（斗牛，弗拉门戈舞），又是足球强国，不是很值得去研究一番吗？

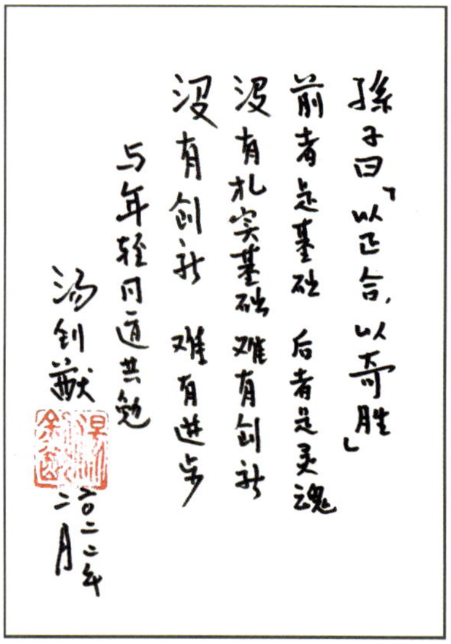

孙子曰"以正合，以奇胜"，西班牙人民正是抓住了"以奇胜"，所以才形成了诸多"特色"；然而"以奇胜"只能在"以正合"的基础上才能实现（图 29—14）。西班牙的深厚历史，是孕育诸多"特色"的重要背景。我国有 5000 多年从未中断的中华文明，相信能在"为之于未有"（创新）方面，为振兴中华作出贡献。

中西互鉴，创新，创新，再创新，背景是深厚的人文沉淀。

图 29—14　孙子名言

30. 一个古文明的国度

——优势仍存，有待复兴

由于当选为国际抗癌联盟（UICC）理事，我有机会三次到印度。1992 年出席在孟买召开的第 16 届国际癌症大会的科学委员会；1994 年出席在新德里召开的第 16 届国际癌症大会，任肝癌会议主席并作演讲，会后应邀到勒克瑙（Lucknow）和瓦拉纳西（Varanasi）讲学；2000 年出席在新德里召开的第 6 届亚太和美国胃肠病学协会会议并作演讲。尽管只到过 4 座城市，但也在周边看过一些名胜古迹。

古印度，与古埃及、古巴比伦、中国并称为"四大文明古国"。中国和印度在历史上都有极灿烂的文明，两国同样是地大物博、人口众多的发展中国家，如今都在改革发展的道路上。印度河是印度文明的发源地，印度也是佛教的发源地。古印度长期处于分裂状态，直到阿育王的孔雀王朝（公元前 324—公元前 185 年）才首次统一了印度。接下来是笈多王朝（约公元 320—约公元 540 年）。但不久又陷入分裂。后来自蒙古贵族后代建立的莫卧儿王朝（公元 1526—1857 年）是印度史上第三个大统一朝代。到了殖民时代，先被法国分割，后来英国战胜法国，于 1857 年将整个印度变为殖民地。第二次世界大战后，南亚地区要求独立，印度被英国分成信奉印度教为主的印度（1947 年独立）和信奉伊斯兰教的巴基斯坦，造成了该地区长期的纷争。

本篇不打算讲学术问题，而重点谈谈对这个文明古国的印象。我粗略查了一下，至 2022 年，世界遗产最多的是意大利（54个），我国排第二（53 个），西班牙第三（47 个），法国第四（44个），德国第五（44 个），印度第六（37 个）。

孟买见闻

孟买是印度马哈拉施特拉邦的首府，是印度西岸大城市和最大海港，有印度"西部门户"之称。我当选为国际抗癌联盟理事后，1992 年便到孟买出席国际癌症大会的科学委员会。据说孟买有三项世界遗产，如象岛石窟是我很想去的。但那时经济条件很差，无法顺带旅游看个究竟。只能在附近随机看了哈吉·阿里清真寺，另外看到蔚为壮观的千人洗衣场（图 30—1）。

20 世纪 90 年代的中国还没有全面"富起来"，不过就全国而言，生活水平已明显改善。然而在当年的印度，贫困仍到处可

图 30—1　千人洗衣场的壮观景象

图 30—2　孟买拥挤的街道

见。车子所过，总有大批穷孩子追赶，导游说，千万不能给钱，不然您就很难脱身。街道的拥挤，难以想象（图30—2）。但也不乏繁华之处，贫富悬殊到处可见。宗教的影响给我留下深刻印象，据说大多数信奉印度教，其次是伊斯兰教，基督教也不少，其他还有锡克教，而佛教和耆那教较少。我最不习惯的则是印度人讲英语，节奏很快，却常常听不清。

新德里周边的古迹

我1994年和2000年两次到新德里，都没有放过对这个文明古国的探究。在德里南部几公里有一处世界遗产——顾特卜塔（Qutab Minar），始建于1193年，13世纪完工，由红色大理石和白色大理石砌成，塔高72.5米，底层直径为14.32米，到顶部缩小为2.75米，我赶紧给老伴留影（图30—3）。该塔是世界上最美的石塔之一，具有特色的雕刻。1993年被评为世界遗产。

建于1570年的胡马雍陵，是莫卧儿王朝第二代皇帝胡马雍的陵墓，也是伊斯兰教与印度教建筑风格的结合，是印度第一座花园陵墓，因而有着特殊

图30—3　顾特卜塔前的留影

图 30—4　胡马雍陵前留影

的文化意义。也于 1993 年被评为世界遗产，我和老伴也用三脚架留下到此一游的证据（图 30—4）。

2007 年被评为世界遗产的德里红堡（Red Fort），位于德里东部老城区，是莫卧儿帝国时期的皇宫，莫卧儿王朝第五代皇帝沙·贾汗于 1639—1648 年主持修建的。据说相当于中国的故宫。自沙·贾汗皇帝时代开始，莫卧儿首都自阿格拉迁址到此。红堡属于典型的莫卧儿风格的伊斯兰建筑。因整个建筑主体呈红褐色而得名红堡（图 30—5）。红堡内还有无数值得留影处，真是目不暇接（图 30—6）。

贾玛清真寺位于旧德里市集中心，是印度最大的清真寺，可以同时容纳 2 万多人共同祷告。老伴很高兴和印度的小孩合影（图 30—7）。顺便说一下，印度的饭菜远不如中国饭菜好，我很不习惯有一股特殊香料的味道，但印度人习惯用手将饭菜调匀再吃，真是各地有各地的风土人情（图 30—8）。

图 30—5　名副其实的红堡

图 30—6　德里红堡内明珠清真寺

图 30—7　老伴在贾玛清真寺留影

图 30—8　印度的饭菜

泰姬陵与阿格拉堡

　　泰姬陵是印度知名度最高的古迹之一，1983 年被评为世界文化遗产，是"世界新七大奇迹"之一。全称为"泰姬·玛哈拉（Taj Mahal）"，是莫卧儿皇帝沙·贾汗为纪念其妃子，于 1631 年至 1653 年在阿格拉用白色大理石所建的巨大陵墓清真寺。我两次到新德里，都抓紧去看过（图 30—9），连四根布道塔也精美

图 30—9　泰姬陵留影

绝伦。陪游的印度同行自豪地问我"您们有没有这样美的东西"，我思考片刻说"我们有比您们大且久远的东西"。

　　阿格拉堡（Agra fort），也叫阿格拉红堡，和德里红堡不同，与泰姬陵隔河相望。我回来整理照片，常常分不清到底是德里红堡还是阿格拉红堡。原来莫卧儿王朝的首都就是从阿格拉迁址到了德里老城的，还是以红砂岩为主建筑材料，所以称为德里红堡，但规模比不上阿格拉红堡。这里只选了阿格拉红堡的入口处（图

图 30—10　阿格拉红堡的入口

图 30—11　阿格拉红堡的公众大厅

30—10）和阿格拉红堡的公众大厅（图 30—11）。

瓦拉纳西之旅

1994 年，由于我是第 16 届国际癌症大会肝癌会议主席，我们又有肝癌早诊早治的经验，印度的同行纷纷邀请会后去讲学，于是有机会到瓦拉纳西。瓦拉纳西是印度教圣地，是印度恒河最著名的历史古城，位于印度北方邦东南部。据称公元前 6 世纪至公元前 4 世纪已成为印度的学术中心。该市有各式庙宇 1500 座以上。

顺带说一下，那年刚好印度肺鼠疫流行，作为国际癌症大会的肝癌会议主席，我事先邀请了 6 位演讲者，其中有国际肝病协会第 6 任会长 Okuda，尽管他会前回信说，因为肺鼠疫流行，可能不出席，但后来他还是来了。安排我去讲学的印度教授，特意

图 30—12　恒河边的景象

图 30—13　印度"太阳节"的壮观

图 30—14　印度佛教圣地鹿野苑

约请一位印度将军陪同我出行。我们一行到了火车站的贵宾室，刚坐下来，便看到几只老鼠在室内窜动，增添了肺鼠疫流行的气氛。

到宾馆刚住下，他们便告诉我，第二天要天不亮就出行，因为是"太阳节"。在太阳刚刚升起之际，已见恒河上一叶泛舟。接下来我们便坐上小小的出租车，在狭窄的街道"横冲直撞"，倒也奇怪，却很少碰车，我们看到了恒河边的景象（图 30—12）。果然到了恒河边，已是人山人海，人人手上拿着小油灯，蔚为壮观，恒河里已见沐浴的人群（图 30—13）。

公元前 5 世纪，释迦牟尼曾到瓦拉纳西附近的鹿野苑布道传教，鹿野苑是印度著名的佛教圣地（图 30—14）。公元 7 世纪我国唐代高僧玄奘曾到这里朝圣。瓦拉纳西庙宇无数，其中有印度唯一供奉印度大地母亲的庙宇——印度母庙。瓦拉纳西拥挤的街道也留下深刻印象。

人生感悟

印度之旅，在 40 个世界遗产中，虽然只看到 5 个，但印象深刻，与我国世界遗产风格迥异。这些古迹都体现了深厚人文的沉淀，也看到了世界文化交融的结果，但仍保存了印度自己的特色，可惜印度古文明曾中断。据说印度人口将超过我国，成为世界人口第一大国。但印度宗教问题、民族矛盾、等级问题、种姓制度、贫富悬殊等，仍然是客观存在的诸多矛盾。

我看到，2010 年《参考消息》登载了一篇题为《东方在四大文明竞争中崛起》的印报文章，文章最后说："西方正日渐衰落，但在本世纪大部分时候，西方的技术和文化力量在全球仍将举足轻重。中国和印度将重新恢复其历史光辉。要与其他文明成功竞争，伊斯兰文明将必须从内部进行改革。"我以为，印度有着深厚的文化背景，优势仍存，有待复兴，我内心祝愿印度繁荣昌盛。而我国存在着五千多年从未中断的文明，更需要强调文化自信，为振兴中华、造福世界作出贡献。

中西互鉴，不要忘记，我国有五千年从未中断的文明。

31. 埃及金字塔之谜
——盛衰互变，以待其时

　　世界四大文明古国是我一直想看的，世界遗产应可从一个侧面提示文明的蛛丝马迹。这也是为什么在我国 57 个世界遗产中，我争取看到其中的 42 个。前面一篇是关于印度古文明，在 40 个世界遗产中看到 5 个，只能说是蜻蜓点水略知皮毛。接下来埃及古文明因金字塔而极具吸引力。2001 年我应邀出席在埃及开罗召开的第 2 届国际肝病学和胃肠病学大会并作演讲，终于有机会圆梦。截至 2018 年，埃及共有 6 个世界文化遗产和 1 个自然遗产，可惜我只看到 1979 年入遗的孟菲斯及其墓地金字塔以及开罗伊斯兰老城（含萨拉丁城堡）2 个。

　　古埃及是四大文明古国中历史最长的。据说距今 9000 多年前，在尼罗河地区已有农业和畜牧业活动。7000 多年前古埃及已开始使用铜。公元前 4000 年左右，国家政权已在古埃及产生。公元前 3400 年至公元前 3100 年左右，王权确立，象形文字出现。公元前 3150 年左右国王美尼斯统一了埃及，即埃及史上的"第一王朝"，建都孟菲斯。至公元前 2181 年，共有 6 个王朝建都于孟菲斯。最早的左赛尔阶梯状金字塔是第三王朝时期建的。吉萨金字塔和狮身人面像主要建于公元前 2613 年至公元前 2498 年的第四王朝。后来经历了多年混战，公元前 2055 年第十一王朝重新统一埃及，建都底比斯。后来一度被外来的希克索人统治。阿赫摩斯驱逐外侵建立的第十八王朝（公元前 16 世纪到公元前 13

世纪）是古埃及最强盛的王朝，"法老"成为古埃及君主的尊称。第十九王朝时期，尤其是拉美西斯二世时期是古埃及强盛的顶点，建了卡尔纳克神庙、卢克索神庙和阿布辛贝勒神庙。公元前525年，古埃及被波斯帝国征服，史称"第二十七王朝"。后来波斯帝国第二次征服古埃及。其后古埃及被纳入罗马帝国版图。公元7世纪，埃及被新兴的阿拉伯帝国纳入版图。

我不是历史学家，从资料看，古埃及文明丰富多彩，如形成于公元前3500年的象形文字；金字塔、亚历山大灯塔、阿蒙神庙等建筑，体现了高超的建筑技术和数学知识，在几何学、历法等方面也有很大的成就；在文学、医学、科学等方面都有所建树。但外族人的不断入侵，尤其是阿拉伯帝国的建立，烧毁了大量古埃及史书典籍等，使古埃及文化的传承中断。这样，从公元前5450年开始，到公元639年结束，古埃及文明一直传承了6000多年的时间。本篇不是历史篇，不再详述。古埃及历史的中断，由此可见。

古埃及最早的都城孟菲斯（Memphis）

学术会议后，我和老伴便跟旅游团，首先看了古埃及最早的都城孟菲斯，它与埃及东北部尼罗河西岸的开罗邻近，已有5000多年历史。周边有一个露天遗址公

图31—1　拉美西斯二世雕像

园，是一个最古老又最小的博物馆，内有第十九王朝著名的拉美西斯二世的巨大雕像（图31—1），我们给了一点小费，当地人自然乐意和我们合影。

埃及第三大的狮身人面雕像，距今3600年，是古埃及第十八王朝所建，也在孟菲斯（图31—2）。那里还有高大的法老立像，我们也不会放过留影（图31—3）。这个孟菲斯小型博物馆，展品不多，但都是历史久远的珍贵文物，老伴对每件文物都想留影，例如一个称为柱础的文物（图31—4）。

图31—2　孟菲斯狮身人面雕像

图31—4　孟菲斯文物——柱础

图31—3　拉美西斯二世像

埃及吉萨三大金字塔

世界古代七大奇迹唯一尚存的胡夫金字塔，距孟菲斯只有 8 公里，是埃及第四王朝所建，距今已有 4600 多年。埃及吉萨三大金字塔分别指的是胡夫金字塔、哈夫拉金字塔和门卡乌拉金字塔。埃及三大金字塔最大的胡夫金字塔建于公元前 2690 年，现高 136.5 米，底座每边长 230 米，塔身由 230 万块巨石砌成，每块石重约 2.5 吨。我们从另一个金字塔的近景可见石块之大（图 31—5）。埃及金字塔之谜是人类史上最大的谜，它的神奇远超人类的想象，我对它的壮观印象深刻。据说埃及发现了 96 座金字塔，是古埃及国王修建的陵墓。

图 31—5　金字塔石块大小可见一斑

金字塔与狮身人面像构成一幅奇异的图景，我们晚上趁彩灯照射之际，留下与金字塔和狮身人面像的合影（图 31—6）。

金字塔的神秘让人们产生到里面看个

图 31—6　金字塔和狮身人面像的夜景

图31—7　门卡乌拉金字塔前留影

图31—8　门卡乌拉金字塔内的墓室

究竟的欲望，导游领着我们进入三个金字塔中最小的门卡乌拉金字塔，其底边边长108.5米，比胡夫金字塔要小得多（图31—7）。进入金字塔的甬道很小，只能弯着腰进去。到了墓室，我和老伴打算拍照，导游说不能拍。我们悄悄给了他一点小费，他说你们走在人群最后。待前面人流走完，我快速立起三脚架用相机拍下这张照片，以示确曾进入金字塔的内部（图31—8）。

塞加拉和最古老的左赛尔金字塔

　　塞加拉是埃及一个古代大型墓地，位于开罗以南约30公里处。古埃及定都孟菲斯时，塞加拉是孟菲斯的"死者之城"。这里有埃及第三王朝法老左赛尔的陵墓，据说经修复的塞加拉左赛尔墓区的建筑，是模拟法老生前的宫殿。塞加拉作为王家墓地的重要性后来被吉萨及底比斯的帝王谷取代。塞加拉现仍屹立着最古老的金字塔——阶梯金字塔，又称左赛尔金字塔，它比胡夫金字塔早100年，建于公元前2667年至公元前2648年。金字塔有6层，由下向上，每一层都更小。左赛尔金字塔高

图31—9　左赛尔金字塔留影

62米，底边为109米×125米。当然我们也不会忘记留影（图31—9）。

梅雷鲁卡墓（Tomb of Mereruka）

梅雷鲁卡是埃及第六王朝相当于中国古代宰相的权贵，他在塞加拉的陵墓是当年非皇家陵墓中最复杂的，据说有33个墓室。这个公元前2340年的古墓，之所以让我极感兴趣，

图31—10　四千多年前古墓

是因为已有4000多年历史，里面有古埃及的诸多文物。墓室入口很小，老伴要和当地人合影（图31—10）。文字的出现，据说是文明的标志，所以我赶忙拍了一张（图31—11）。墓内可以看

图31—11　埃及的象形文字

到 4300 多年前古埃及的各种活动的情景，例如当年士兵的形象，当年老百姓狩猎的景象，老伴都要我为她拍照。

开罗古城及萨拉丁城堡

建于 10 世纪的开罗古城，是世界上最古老的伊斯兰城市之一。开罗位于埃及尼罗河三角洲顶点以南 14 公里。城内有众多清真寺（图31—12），至今规模宏大的伊本·图隆清真寺依然保持着原来的风貌。中世纪的开罗建筑汇集了数量相当可观的伊斯兰古迹，如萨拉丁城堡等著名伊斯兰古迹，展示了伊斯兰从兴起直到 19 世纪的历史进程。

埃及的萨拉丁城堡，也称开罗城堡，位于开罗城东郊的穆盖塔姆山上，是 11 世纪萨拉丁为抗击十字军东侵而建造的。顺便说一下，2006 年入列《世界遗产名录》的萨拉丁堡，是叙利亚的世界遗产。除了叙利亚，埃及、约旦都有同名的城堡。埃及的萨拉丁城堡巍峨雄伟，它的建筑与穆罕默德·阿里清真寺紧密相依在一起，浑然一体。高高的城墙簇拥着清真寺巨大的圆顶，两个尖塔似两把利剑直插云霄，寺顶在阳光的照耀下发出耀眼的光芒。

阿里清真寺，位于开罗古城萨拉丁城堡内，是一座模仿伊斯坦布尔奥斯曼帝国清真寺式样建造的，建于 1830—1848 年间，是穆罕默德·阿里的墓葬地。这个清真寺体现了伊斯兰建筑艺术与欧洲建筑艺术的结合，寺内的景色也给我们留下深刻印象，我们当然也会在寺前留影（图 31—13）。

图 31—12　开罗古城的清真寺

图 31—13　在阿里清真寺前留影

埃及博物馆

埃及博物馆位于开罗市中心的解放广场，1902 年建成开馆，是世界上最著名、规模最大的古埃及文物博物馆。该馆收藏了 5000 年前古埃及法老时代至公元 6 世纪的历史文物 25 万件，其中大多数展品年代超过 3000 年。博物馆分为二层，展品按年代顺序分别陈列在几十间展室

图 31—14　埃及纸草画

图 31—15　埃及博物馆留影

中。该馆中的许多文物，如巨大的法老和王后雕像、纯金制作的宫廷御用珍品，大量的木乃伊、各种纯金面具和棺椁，还有埃及特色纸草画（图31—14）。走马观花，不求甚解，权引几张，显示特色，赖以填空。当然我们也有参观博物馆的留影，那是年幼的拉美西斯二世法老在鹰神的庇佑下的雕像（图31—15）。

人生感悟

尽管只是学术会议后的短暂时间，走马观花地看到埃及7个世界遗产中的2个，但已留下极其深刻的印象，不虚此行。古埃及文明是人类历史中最久远的，这些古文明所显示的智慧、魄力和勇气，是前所未有的。四千多年前的金字塔之谜，至今仍引起人类无限的遐想。可惜埃及古文明传承了六千多年便中断，这不仅是埃及的损失，也是全人类的损失。

我国两千多年前的长城，同样体现了智慧、魄力和勇气，虽各有千秋，但没有金字塔的久远。为此，不同的文明值得互鉴。今天我们需要珍惜的是，中华文明是四大古文明中唯一从未中断的文明，中华哲学是中华文明的精髓，哲学经典从《易经》《道德经》《黄帝内经》到《矛盾论》等的传承和发展，尤其是《易经》，蕴藏着深刻的自然法则和辩证思想，是中华民族五千年智慧的结晶。从未中断的中华文明，正是今天中华民族伟大复兴的重要背景。

盛衰交替是自然法则，相信埃及的复兴，虽有待时日，但也必将出现。

中西互鉴，久远，久远，更久远，这就是埃及的特色。

32. 看上海世博会有感
——文化互鉴，开阔眼界

　　2010 年上海世界博览会，是第 41 届世界博览会，是由中国举办的首届世界博览会，2010 年 5 月至 10 月在上海举行。有240 多个国家和国际组织参展，参展规模最大；世博会园区面积也最大，参观人数达 7000 多万人。

　　2010 年我已是 80 岁老人，尽管工作仍不轻松，但争取去看世博会的欲望却十分强烈，因为在家门口就能看到各国的特色，百年难遇。2010 年 4 月，我的博士研究生陪我去看了少数的几个馆，因为人山人海，又值下雨，只能挑人少的馆去看。5 月，在上海召开全国肿瘤会议之际，与外宾等夜游黄浦江看世博会夜景。9 月，我的另外一位博士研究生陪我和老伴去看，老伴虽有病在身，只能坐着轮椅，但去看世博会的愿望仍不减，所以只看了很少的几个馆。我虽然三次去观看，但参观拥挤，时间有限，只能挑选人少的展馆看，每次也只能看少数的几个馆，馆内也难以拍照，只能说是看到世博会的冰山一角，但仍留下深刻印象。

值得自豪的中国馆

　　中国馆是我一直想去细看的，然而过于拥挤使我却步，心想反正在上海，总有机会看，所以多次只拍了外景。灿烂的中国红成为上海世博会的明珠，在我看来，中国馆的造型显示了在扎

图 32—1 方圆相配的协调和谐

图 32—2 可爱的澳门馆

实的基础上稳步发展，向上一层比一层迈出更大的步伐，象征着势不可挡的中国崛起。它的夜景透视出活跃的内涵，与旁边的演艺中心，方圆与红白相配，象征着和谐与协调，影响着全世界（图 32—1）。我从一个侧面，拍摄到中国馆和旁边像"玉兔宫灯"

图 32—3 中国馆前的留影

的澳门馆，意味着"一国两制"也为中华民族的伟大复兴而努力（图 32—2）。尽管最终我未能如愿细看中国馆，但我的研究生还是给我留下这张值得珍惜的留影（图 32—3）。

富有特色的英国馆

在我所看到的少数展馆中，我以为最有特色的是英国馆。它主要突出一样东西——"种子"。展区核心是"种子殿堂"，外形就像一粒有纤毛的种子，但在造型上却十分协调（图 32—4）。

图32—4 有纤毛种子的英国馆

图32—5 纤毛密集的"种子殿堂"

图32—6 大人小孩都认真察看

夜幕下更别有一番情趣。种子是人类生存的必需，以此为核心，意义深长。我注意到"种子殿堂"入口处的细节，"种子"的纤毛都是精心设制的，据说有6万根透明的亚克力杆，顶端有一个小光源（图32—5）。白天光线通过透明的亚克力杆照亮"种子殿堂"的内部；晚上这些光源能点亮整个"种子殿堂"。我注意到，无论大人和小孩，都那么认真地去察看"种子殿堂"里安放着的无数种子（图32—6）。

法国馆的国宝

法国馆的设计据说是一座悬浮在水上的法式庭院（图32—7），我第一次看世博会，因为太拥挤所以没有去看，后来陪我老伴去看时，听说法国馆有奥赛博物馆的七件国宝，所以再拥挤也排队去看。据说这七件国宝包括法国画家米勒的作品《晚钟》、马奈的《阳台》、梵高的《阿尔的舞厅》、赛尚的《咖啡壶边的妇女》、博纳尔的《化妆间》、高更的《餐点》以及罗丹的雕塑作品《青铜时代》。据悉，这批展馆珍藏从未同时在法国境外展出，每件名作的保险金额都在一亿欧元之上。由于这七件艺术品每件都非常珍贵，法国方面会派出七架飞机分别将这些国宝运送到上海，以确保安全。我有幸拍到了其中的四件国宝，即博纳尔的《化妆间》（图32—8）、马奈的《阳台》、赛尚的《咖啡壶边的妇女》和1876年罗丹的《青铜时代》（图32—9）。

图 32—7　法国馆的造型

图 32—8　博纳尔的《化妆间》

图 32—9　罗丹的《青铜时代》

西班牙馆的奇异

我在《巴塞罗那的启迪》一文中曾谈到西班牙有诸多"奇异"。果然我带老伴去看西班牙馆，也同样感受到西班牙的奇异。后

图 32—10　藤条编织成的西班牙馆

图 32—11　西班牙馆内血腥可怖的一幕

来我在网上看到这样的描述："西班牙国家馆占地 7600 多平方米，为上海世博会面积最大的自建馆之一，参展规模之大也创下西班牙参加世博会的新纪录。整座建筑采用天然藤条编织成的一块块藤板作外立面，整体外形呈波浪式，看上去形似篮子。8524 个藤条板不同质地颜色各异，面积将达到 12000 平方米，每块藤板颜色不一，它们会略带抽象地拼搭出'日''月''友'等汉字，表达设计师对中国文化的理解。"您看不是吗？我的研究生推着我老伴的轮椅正走向外形怪异的西班牙馆（图 32—10）。这种怪异的构思，可以从达利的《挂钟》（钟如同布一样柔软地挂在树枝上）得到启示。到了里面，从历史到现在都有体现，丰富多彩。然而惊人的画面竟展现在眼前，上面悬挂着无数骨头，在红色灯光照射下，血腥可怖（图 32—11）。

土耳其的古文明

　　我第一次看上海世博会，首先进入的场馆就是土耳其馆。尽管排队的人流很长，鉴于脑子里一直想知道，土耳其是不是文明古国，所以还是去看了（图32—12）。那里有新石器时代的伊斯坦布尔，那是公元前6500年。我虽然不是搞历史的，但也知道都城的建立是文明的标志，所以我又拍下公元前3500—前3000年的米利都城规划（图32—13），旁边的说明："希波达摩斯设计的城市，包括宽广笔直的街道，还有一个中心区，是集会的城市广场，既是市中心，也是社交中心。米利都城是第一个采取规划标准的城市。世界上很多古老和现代城市都沿用此规划标准。"看了土耳其馆，脑海里形成一个退休后要去看的古文明：玛雅文明、吴哥文明和土耳其文明。可惜直到鲐背之年，仍未能如愿。在土耳其展馆内，我饶有兴趣看到土耳其也有

图32—12　拥挤的土耳其馆

图32—13　土耳其米利都城规划图

十二生肖，居然和我们的十二生肖相同。

乌克兰馆的"太极图"与非洲馆的特色

我在排队参观土耳其馆的时候，偶然看到对面的乌克兰馆居然有"太极图"的标志（图32—14）。我非常好奇，是不是我国的"太极图"，因为2008年我到河南羑里城，看到我国伏羲氏手捧太极图，在周文王碑旁有一句话"易有太极，是生两仪"。

图32—14　乌克兰馆的"太极图"

后来我在网上看到："上海世博会乌克兰馆外的图案，很多人认为是太极图，其实这是5000年前特里波耶文化的符号。"

当我进入非洲联合馆时，一句话十分引人注目："非洲的微笑，由远古到现代，人类的文明，从非洲到世界"（图32—15）。非洲联合馆是上海世博会11个联合馆中规模最大的，占地相当于三个半足球场，有43个非洲国家参展。展品

图32—15　人类文明来自非洲?

琳琅满目，我们只好走马观花，胡乱拍了几张，以示确曾到此。

参观上海世博会的收获和遗憾

走马观花，对上
海世博会难有深刻
体会，然而总算"文
化互鉴，开阔眼界"。
从夜游黄浦江，我们
还看到近年上海的巨
变，黄浦江上下，琳
琅满目，我也为此拍
了不少照片。在参观

图 32—16　与美国友人合影

上海世博会中，也有机会增进了与国际学者的友谊，与美国最大
的癌症中心 MD Anderson 癌症中心主任 Mendelsohn 教授的合影
（图 32—16）。我与他为友三十余年，他成功开发出阻断表皮生
长因子受体（EGFR）的西妥昔单抗，这项成就和早年在我研究
所的一位年轻人分不开，这位年轻人赴美后成为他的得力助手，
后来晋升为教授，可惜 Mendelsohn 教授现已离世。

然而遗憾总会有，我看到蔚为壮观的俄罗斯馆，看到印度馆
和沙特阿拉伯馆，却未及入内细看。

人生感悟

世界是丰富多彩的，天外有天，如果不出去走走，真的便会
"坐井观天"。不同的文化，可以互鉴，也存在互争。古今中外的

战争，起源于互不相容。由此看来，中华哲学更值得珍惜。中华哲理可简化为"不变、恒变和互变"。存在着一个不被干预的自然法则，这是"不变"的；世间万物都在不停顿地在变，这是"恒变"；"变"总是对立双方的"互变"。阴阳既互存，又互变。一旦阴阳失衡（如战争），自然法则通过"纠偏（互变）"达到复衡，如老子所说"天之道，损有余而补不足"，这就是"阴阳中和"。"阴阳中和"是自然法则，也是处理自然和社会失衡的大法。世博会有助文化互鉴，对个人而言也有助开阔眼界，不因差异而大惊小怪，不因小事而耿耿于怀。

看了上海世博会，让我感到当前一个问题就是"越大越好""越多越好"。看了英国馆，深感以特色取胜的重要。所谓特色，就是与众不同。老子说"为之于未有"，其实质就是以创新取胜，而不是以量取胜。

中西互鉴，奇异，奇异，更奇异，这就是上海世博会。

33. 长城之恋
——贵为中华儿女

1994 年我到印度新德里，作为会议主席，主持了第 16 届国际癌症大会中的肝癌会议。会后东道主陪我去参观了名震世界的泰姬陵，它的确很有特色。陪同的人骄傲地问我，您们国家有没有这样美的东西，我回答说，我们有一样比您们大的东西——万里长城。因为长城曾被评为世界七大奇迹，即古代世界七大建筑奇迹。长城为七大奇迹之首，泰姬陵在七大奇迹之末。

我曾不下 20 次登上长城，曾上过山海关老龙头、九门口长城、黄崖关长城、司马台长城、慕田峪长城、八达岭长城、嘉峪关长城和悬壁长城。其中，八达岭长城至少上过 10 次，黄崖关长城和山海关老龙头也上过 2 次。

祖先的雄心睿智，成就了中华文明五千年，而且从未中断。作为中华儿女，倍感自豪。每登上一次长城，都增加了振兴中华的勇气、信心和决心。

在京一年遗憾未上长城

1954 年我刚大学毕业，便得到组织上的培养，1955 年送我到北京苏联红十字医院进修外科。在北京度过了一年，市内的景点基本都已看过，离京后忽然感到遗憾没有上长城。于是后来每次到京，几乎都争取上八达岭长城，包括盛夏与隆冬（图 33—

1），每上一次都感到心潮澎湃。

如果说上长城，一般就指上八达岭长城，因为它是万里长城的代表，1987年被列入世界文化遗产名录。据称，在战国时期八达岭便已有长城，至今仍可见残墙，当前看到的是明长城，建于1505年，是护卫居庸关的门户。毛泽东在《清平乐·六盘山》中有"不到长城非好汉"的名句，连国际要人，如

图33—1　隆冬登上八达岭长城

尼克松、撒切尔、戈尔巴乔夫、伊丽莎白等外国首脑都曾登上八达岭长城。

看长城要"从头看起"

1987年我意外接到中共中央办公厅的邀请函，邀请我和家人于7月18—31日到北戴河休息。原来邓小平等党和国家领导人要接见"贡献卓越的部分中年科技专家"，我有幸在其中。其间，还组织到山海关等处游览。于是看到明长城的东部入海处，如同巨龙入海，故称老龙头（图33—2）。可惜老伴到美国讲学，失去那次难得的机会。

我翻阅资料，关于山海关长城，据称公元1568年明朝名

将戚继光，曾用了 5 年时间，修筑了从山海关到居庸关之间的长城敌台 1200 余座。2005 年我和老伴终于有机会一起到山海关。山海关上有"天下第一关"的牌子，那里有乾隆御笔"澄海楼"，我们还在"天开海岳"碑前合影，还补上山海关的留影（图 33—3）。在老龙头我们注意到入海石城的建筑石、方石都凿有燕尾槽，两石相连处并为一个银锭槽，用铁水浇注，反映了我国古代高超的水下建筑技术。

图 33—2 山海关老龙头（1987 年摄）

图 33—3 山海关留影（2005 年摄）

"中国长城之最"

后来知道，在北京，还可看司马台长城。1999 年又在赴京之便，约好五弟和外甥，驱车一个多小时，畅游了另有风味的司马台长城。据称司马台长城是我国唯一保留明代原貌的古建筑遗址，被联合国教科文组织确定为"原始长城"。在那里，我们看到一块石碑，上面写道："中国长城是世界之最，而司马台长城又堪称中国长城之最"。确实，司马台长城更好地保存了原先的韵味。

图33—4　慕田峪长城贺年片

但我仍未满足，再打听，原来还有慕田峪长城。据称是古代守卫北京的军事要塞，建于公元1368年，据称是中国最长的长城，全长5400米。它之所以吸引人，因为还有"万里长城，慕田峪独秀"之誉。2005年我和老伴在慕田峪长城拍下了这张照片，并用它作为对国外友人贺年片用的照片（图33—4）。至此，有幸看到中国长城两个"之最"。

"万里长城的缩影"

黄崖关长城位于天津蓟县城北，始建于公元556年。黄崖关长城我去过两次，第一次是2001年，由天津的同行陪我去，可惜天色已晚，未能畅游，只在黄崖关口有世界遗产标志的地方留影（图33—5）。

2008年我到天津讲学，两位曾是我博士研究生的医生陪我

图33—5　黄崖关留影（2001年摄）

畅游。之所以说是畅游，是因为徒步走了2小时，确实是我看过的长城中最有特色的，不同长城段结构迥异（图33—6）。原来黄崖关长城被誉为"万里长城的缩影"，据称这一段长城建筑

图33—6　有特色的黄崖关长城（2008年摄）

特点是：台墙有砖有石，敌楼有方有圆，砌垒砖有空心有实心。黄崖关长城以年代久、变化多、布局巧、设施全成为长城建筑史上的杰作。那次畅游我付出了代价，因为在一周内作了4次学术演讲，加上秋冬时节在长城步行2小时，回沪后便得了急性咽喉炎，差一点要做气管切开，但我仍未懊悔能亲历"万里长城的缩影"。

明长城西端的嘉峪关长城

2004年我和老伴第一次参加了旅游团游。那年香港的一位校友要我参加他们组织的一个旅游团，目标是"丝绸之路"。我不敢参加一般旅游团，因为已是74岁古稀之年，而香港这

图33—7　嘉峪关留影

图33—8　建在平地上的长城

个团都是70岁左右的医生，都有相仿的需求，所以我和老伴便应邀参加。终于看到始建于公元1372年的明长城西部起点的嘉峪关长城。据说嘉峪关的关城是长城众多关城中保存最好的，整个关城雄伟壮观，是古丝绸之路必经之地。我和老伴自然不会忘记留影（图33—7）。过去我看到的长城都是建在山上，在那里，我第一次看到建在平地上，你看这段长城横穿戈壁滩直指祁连山（图33—8）。

别有特色的悬壁长城

图33—9　登上悬壁长城的喜悦

嘉峪关关城北8公里处，有一段别有特色的悬壁长城。据称明嘉靖十八年（公元1539年），为了加强嘉峪关的防御而建造。因其险峻难攀，类似北京司马台长城，故又称"西部司马台"。2004年的

"丝绸之路"游，古稀之年的我和老伴，成为旅游团全团 20 人中，极少数能登顶悬壁长城者（图 33—9）。之所以难登，是因为这段长城呈 45 度陡峭。我们从 60 岁起坚持游泳也许是能登上的重要原因。之所以专门列出一段，是因为这段长城别有特色，其特色就是陡峭难攀。我以为医学也不例外，我国医学只有形成有中国特色的医学，才能得到世人的关注。

九门口水上长城

2018 年在一次会议之余，一位曾是我的博士研究生的教授事先邀我去看"水下长城"。我好奇地上网查找，确有"水下长城"，因为建水库，原先的长城段变成在水下。但出乎我意料，看到的竟是水上长城，那是九门口长城，又称"一片石关"。资料称，这段长城位于辽宁省绥中县，距山海关 15 公里，始建于北齐（公元 550—577 年），扩建于明初 1381 年，是古代北京通往东北的关隘。九门口水上长城全长 1704 米，是中国万里长城中唯一的一段水上长城，其跨河墙共有九门，长达 100 多米。在百余米的九江河上，铺就 7000 平方米的过水条石，纵行铺砌，边缘与桥墩周围，均用铁水浇注成银锭扣。我注意到两块石间坎上"元宝

图 33—10　7000 平方米"一片石"

钉"，使石块连成一片，不被冲走。这就是历史上著名的"一片石"（图33—10）。那里有邓小平"爱我中华，修我长城"的题词。2002年中国唯一的水上长城通过联合国教科文组织的验收，作为长城的一部分正式成为世界文化遗产。

至此，我终于"有始有终"地看了明长城，因为东自老龙头入海处，西至嘉峪关长城，都走马观花地看了。

人生感悟

人是需要有点精神的，精神的培育要从小开始。记得幼时父亲要我背诵岳飞的《满江红》、诸葛亮的《出师表》、孟子的名句"天将降大任于斯人也"等，都在幼年的脑海里埋下爱国主义、艰苦奋斗等情怀。抗日战争时期在澳门，每天上小学，看到骨瘦如柴饿死的人，连葡萄牙的小孩也敢欺负中国的大人，提示"落后挨打"，埋下自力更生、奋发图强振兴中华的情怀。我以为，多看一些我国历史上伟大的东西，看到祖先的睿智，同样可以增强自信、振奋精神。

本篇图片都是长城看得见的"硬件"，而隐藏在背后的"软件"——"长城精神"更为宝贵。什么是"长城精神"，不同角度有不同的见解。笔者管见，抵御外敌入侵的坚强意志，勇于克服困难的民族精神，集全国之力办大事的精神，开拓进取的创新精神，持之以恒的毅力和魄力，等等，是作为中华儿女值得自豪、值得继承、值得发扬的宝贵财富。

中西互鉴，攀登，攀登，再攀登，不到长城非好汉。

34. 丝绸之路
——盛衰之变

　　2004 年，我参加了有我校友的香港老年医生旅游团，9 天游览了向往已久的"丝绸之路"。我们从新疆吐鲁番高昌故城开始，看了坎儿井，千佛洞，火焰山，苏公塔，天山天池，敦煌鸣沙山月牙泉，敦煌莫高窟，嘉峪关，张掖大佛寺木塔，酒泉，甘肃雷台汉墓，青海塔尔寺，青海湖，兰州白塔山，西宁清真寺，甘肃炳灵寺石窟和刘家峡大坝。"丝绸之路"，既看到先人的雄才大略，也看到当今中国和平崛起的新貌。它反映了传统中华哲学的真谛——盛衰之变。

　　我粗看资料，陆上丝绸之路东起长安（今西安），经陕西、甘肃、宁夏、青海、新疆，经中亚到达地中海东岸，是连接欧亚大陆的古代商贸通道，以运销丝绸闻名于世。据称始于公元前 139 年西汉张骞出使西域，经历了汉、隋、唐、宋、元等朝代的变故与发展，15 世纪后逐渐衰落。

　　2013 年，习近平总书记出访中亚和东南亚，提出共建"丝绸之路经济带"和"21 世纪海上丝绸之路"，即"一带一路"，丝绸之路又重获生机。习近平总书记曾说，"一带一路"是亚洲腾飞的两只翅膀。它们一个在陆上，一个在海上。十年过去，2023 年 5 月 21 日《参考消息》首版的大标题是《中国中亚谱写"丝路合作"新篇章》。如今的"丝路"，与昔日的"丝路"比，在规模上、内涵上，早已不能同日而语。今天的"一带一路"，带给沿途国家的是发展和繁荣，而不仅仅是商品的交换。

丝绸之路——新疆段

本篇打算通过一次国内有限的丝路旅游讲点见闻和感悟。

在丝路我们最早看到高昌故城，昔日高昌王国的都城，坐落在火焰山脚下，是新疆最大的古城遗址，始建于公元前1世纪。据称公元450年成为吐鲁番盆地政治、经济和文化中心，9世纪后成为高昌回鹘王国的首都，是西域最大的国际商会、宗教中心。我抓紧相机，拍下老伴拍录像的镜头，她背后据说是大佛寺的讲经堂，我们走进这座建筑，惊奇地看到内部结构竟保存如此

图 34—1 高昌故城讲经堂内景

图 34—3 蔚为壮观的风电

图 34—2 坎儿井的暗渠

完好，真不敢相信这是千年前的遗迹（图34—1）。

让我惊叹不已的是始于西汉的"坎儿井"，它是荒漠地区一种特殊灌溉系统。先寻找高山雪水潜流处，在一定距离打下深浅不等的竖井，再根据地势高低在井底修建暗渠（以减少炎热干燥气候水的蒸发），连通各井，引水下流，然后将地下水引至地面灌溉。坎儿井与万里长城、京杭大运河并称为中国古代三大工程。据称吐鲁番的坎儿井总数达1100多条，全长约5000公里。我赶紧拍下坎儿井的暗渠，感叹我国人民的智慧和毅力（图34—2）。而当今地面上，却看到蔚为壮观的现代风电（图34—3）。

看过《西游记》的人都不会忘记"火焰山"，我们"丝路游"有幸在火焰山留影（图34—4）。那里的古迹还有柏孜克里克千佛洞，位于新疆吐鲁番市东的遗迹，始凿于南北朝后期，历经唐、五代、宋、元朝，是西域地区的佛教中心之一，

图34—4　火焰山留影

图34—5　柏孜克里克千佛洞

据说唐僧取经曾经过这里（图 34—5）。

丝绸之路——甘肃段

我们驱车进入甘肃，看到名震天下的莫高窟，位于河西走廊西端的敦煌。资料称，始建于公元 366 年，历经十六国、南北朝、北魏、西魏、北周、隋、唐、五代、宋、西夏、元等的兴建，有洞窟 735 个，壁画 4.5 万平方米，泥质彩塑 2415 尊，是世界上现存规模最大的佛教艺术圣地。1987 年，莫高窟被列为世界文化遗产，它与云冈石窟、龙门石窟和麦积山石窟并称为中国四大石窟。

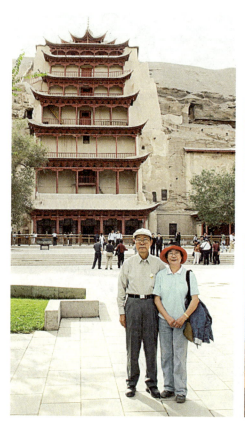

图 34—6　莫高窟九层楼留影

图 34—7　车上拍的嘉峪关

图 34—8　建在平地上的长城

我和老伴在有代表性的 96 窟，又称九层楼留影（图 34—6），里面主要有 34.5 米高的"北大像"坐佛，可惜窟内不能摄影。到了敦煌，自然要看著名的鸣沙山月牙泉，我们还骑上骆驼走了一阵。

接下来我们到了明代长城西端第一重关，古称天下第一雄关的嘉峪关，也是古代"丝绸之路"的交通要塞。我在行驶中的车上拍了嘉峪关全景（图 34—7），在那里看到建在平地上的"长城"，高出部分是烽火台（图 34—8）。

甘肃是华夏文明形成的重要源头，是古丝绸之路的黄金段，自然历史古迹无数。我们去过的有西汉霍去病将御酒与将士共饮的"酒泉"（图 34—9）。给我们印象深刻的是在武威雷台汉墓出土的铜奔马，据称近年我国出土文物在国外展出时，都以铜奔马为标志制作海报。我拍下这张有铜奔马标识的夜景（图 34—10）。我们还看了建于西夏的张掖大佛寺等，不胜枚举。

让我难以忘怀的还有建于公元 420

图 34—9　霍去病与将士共饮御酒的"酒泉"

图 34—10　雷台汉墓铜奔马

年，已进入世界遗产名录的炳灵寺石窟，那里有西秦、北魏、唐代和明代等 184 龛佛像。我之所以兴高采烈，是因为可以摄影。我拍了不少，例如 70 窟的十一面八臂观音，特别是第 171 龛唐代大佛是炳灵寺的标志，始建于公元 731 年。据称炳灵寺弥勒大佛位列世界第九大佛，中国第五大佛。我叫老伴走到远处，拍下大佛的雄姿（图 34—11）。2007 年我还另外补看了中国四大石窟之一的甘肃麦积山石窟（图 34—12）。回到兰州，元代的白塔虽然不大，但也留下深刻印象。

图 34—11　炳灵寺弥勒大佛　　　　图 34—12　麦积山石窟（2007 年摄）

丝绸之路——青海段

　　丝绸之路青海段，我们看了塔尔寺、青海湖和西宁清真寺。

　　创建于明朝（公元 1377 年）的塔尔寺，由众多的殿宇、经堂、佛塔、僧舍组成，是西北地区藏传佛教的活动中心，在全国及东南亚享有盛名。我们 2004 年"丝绸之路"游已到了尾声，我和老伴在有塔尔寺标志处留影（图 34—13）。据称那里有"三绝"——酥油花、堆绣和壁画。我们看了有江泽民同志题词的酥油花馆，里面有用酥油制作的佛像、山水、亭台楼阁、花卉等雕塑。其实

图 34—13　塔尔寺留影

图 34—14　塔尔寺的金顶

更引人注目的是大金瓦殿，据称是用了 1300 两黄金造的金顶，远处看十分震撼（图 34—14）。

著名的青海湖，是青藏高原的巨大湖泊，湖面海拔 3196 米，1992 年被列入国际重要湿地名录。那

图 34—15　西宁东关清真大寺留影

里远处看到中国鱼雷发射实验基地，还有六百余年历史雄伟的西宁东关清真大寺（图 34—15），我都给老伴留下"到此一游"的纪念。

人生感悟

之所以将本篇的篇名定为《丝绸之路——盛衰之变》，是因为记得 1960 年学习毛泽东《矛盾论》时曾做过笔记。毛泽东说，"一切矛盾着的东西，互相联系着，不但在一定条件之下共处于

一个统一体中，而且在一定条件之下互相转化"。"盛"与"衰"既对立，又互变。我翻阅资料，据称西汉、隋唐和元代是古丝路的兴盛时期，而东汉、魏晋南北朝、五代及两宋和明清两代为古丝路相对衰落时期。问题在于是什么因素导致古丝路的盛衰。毛泽东说："事物发展的根本原因，不是在事物的外部而是在事物的内部，在于事物内部的矛盾性。"确实，古丝路兴盛时期的西汉、隋唐、元代，是兴盛、统一的朝代，而古丝路相对衰落时期的东汉、魏晋南北朝、五代及两宋和明清两代时期，是战乱和分裂时期。今天丝路之所以能重获生机，其根本原因离不开中国的和平崛起。"盛衰互变"是"不变"的自然法则，毛泽东说："在复杂的事物的发展过程中，有许多的矛盾存在，其中必有一种是主要的矛盾，由于它的存在和发展规定或影响着其他矛盾的存在和发展。"为此，不管世界如何纷乱，"我自岿然不动"，持之以恒振兴中华的定力，是保证"一带一路"发展的根本。

中西互鉴，中国崛起，丝路"旧貌换新颜"，惠及世界。

35. 去看第 41 个我国世界遗产
——不断有所追求

毫耋之年，我从"两动两通，动静有度"的养生观角度，为了保持轻松的动脑，我出版了 6 本影集，即 2008 年的《汤钊猷摄影小品》，2011 年的《汤钊猷摄影随想》，2013 年的《汤钊猷三代影选》，2019 年的《汤钊猷影集·人文篇·国内》，2020 年的《汤钊猷影集·人文篇·国外》和 2023 年的《汤钊猷影集·人生篇》。我国有 50 多项世界遗产，在《人文篇·国内》中，我有幸蜻蜓点水看过其中 39 项。2021 年"泉州：宋元中国的海洋商贸中心"入选世界遗产，这样我便看过 40 项，总想在有生之年再多看几项。疫情期间，我的学生问我，还想到哪里看看，我说如有可能想看 2004 年入遗的"高句丽王城、王陵及贵族墓葬"。我以为这只是说说而已，没有想到不久便成为现实。

诱人的高句丽王陵

去看我国的世界遗产，既可增进阅历，也可增进自豪感。毫耋之年到处走走，也有助增进健康。我之所以想去看高句丽王陵，是因为曾经看到"中国的高句丽王陵被誉为东方的金字塔"。我看过埃及的金字塔，确实很震撼。据说"高句丽王城、王陵及贵族墓葬"主要分布在吉林省集安市境内以及辽宁省桓仁县境内。历史上存在了 705 年（公元前 37 年到公元 668 年）的高句丽王朝在这里留下了大量历史遗迹。"高句丽王城、王陵及贵族墓葬"包括 3 座王城（五女山城、国内城、丸都山城），14 座王陵及 26 座贵族墓葬，这些都属于高句丽文化。高句丽王朝一直统治中国北部地区和朝鲜半岛的北部，那里的文化因此而得名。其中"国内城"位于今天的集安市内，在高句丽迁都平壤后，与其他王城相互依附共为都城。

其实，"中国金字塔"还指位于曲阜城东 4 公里的旧县村东北的高阜上的少昊陵，是我国古代五帝之一少昊的墓葬。

2021 年疫情空隙的机遇

新冠疫情进入第二年，疫情时起时伏。我的学生还是为我的愿望制定了详细计划，即在 2021 年 6 月期间，组办一个在长春召开的"肿瘤免疫会议"，在会后到集安去看高句丽世界遗产。从长春到集安要坐 4 个小时车，问我能否耐受。由于"世界遗产"的诱惑，我说应能耐受，计划便正式执行。

我们乘飞机到长春，会前有两小时空隙，我还打算会见两位友人。一是从未谋面的王克明教授，二是我的校友、学长，吉林医科大学外科的谭毓铨教授。惜后者未能如愿，谭教授于 2023 年 1 月离世，成为终生憾事。"肿瘤免疫会议"自然要我做开场白，可惜我听力极差，会上的精彩已无法享受。

会后我们便乘车去集安。毕竟我已是 91 岁高龄，学生们为我想得很周到，因为几小时的坐车，怕我出现深静脉栓塞，专门买了"空气波按摩仪"，要我将双腿套上，然后间隙加压。我看十分烦琐，便婉拒了。没有想到，从安全考虑，减慢行驶，车子要 6 个小时才能到达，期间只能停车 1—2 次到洗手间。下车时又遇到倾盆大雨，使这次集安行的印象更为深刻。

为什么我说这是 2021 年疫情的空隙，因为这年的 1 月，因兄弟肿瘤医院发现可疑病例，医院劝我居家。8 月，全国疫情反复，此后几个外地（成都、广州、济南、郑州）学术会议我均以视频代替赴会。

好太王碑——高句丽文明的遗迹

实际上在集安的参观时间只有半天。下了汽车，买了雨伞，导游便冒雨领我们看"好太王碑"。这个立于公元 414 年的古碑，是高句丽第二十代长寿王为其父所建的纪功碑，确认了自中世纪以来为人

图 35—1　好太王碑的下半部文字

遗忘的高句丽文明。这个碑高 6.39 米，据说刻了 1775 个汉字，我拍了碑的下半部，文字依稀可见（图 35—1）。在不远的地方，有一个不高的土山，我们拾级而上，看了并不雄伟的好太王墓。

东方金字塔——长寿王陵

真算得上是走马观花，接下来导游便领我们到这次最主要的目标——长寿王陵。这是高句丽第二十代王长寿王之陵，建于公

图 35—2　在长寿王陵前的合影

图 35—3　在将军坟的留影

元 5 世纪初。陵墓为方坛阶梯石室墓，底部近于正方，基坛平均边长 32.22 米，高 13.1 米。墓室在四五级阶的中央，墓顶有一块巨石封盖，据说有 50 余吨重。和埃及金字塔不同，墓基环周有 11 块 10 余吨重的巨石依护，是高句丽石结构陵墓的巅峰。

自然大家都拍了不少照片。值得一提的是，这次陪我看高句丽遗迹的，除本院的学生外，还有来自重庆、山东、江苏等我早年的博士研究生，当然不会忽略这张珍贵的照片（图 35—2）。我还在"将军坟一号陪坟"前留影（图 35—3）。

无限遐想的鸭绿江

将近黄昏，我们到了鸭绿江边，对岸就是朝鲜，我们坐上小艇，遥看对岸和我们这边似有天渊之别，让我进一步体会到1978年改革开放的重要。小艇上欢笑之声自然也值得留影（图35—4）。上岸后，我又在"鸭绿江"碑牌旁拍了照，以示确曾到此一游（图35—5）。

图 35—4　我们在鸭绿江上

图 35—5　到此一游的明证

图 35—6　鸭绿江桥的集安口岸

天色渐渐暗起来，导游催着快走，于是我们到了鸭绿江桥的集安口岸（图35—6）。脑子里飞快地回忆起70年前的抗美援朝。那时新中国刚成立，面对武装到牙齿的美国，我们敢于斗争，最终取得了抗美援朝的胜利，那里还保存着有当年弹痕的桥头堡遗址（图35—7）。

人生感悟

我以为，人的一生需要不断有所追求，有追求才会思考，才会实践，才可能成功。这次我想看高句丽文明，终于如愿。青壮年时代，重在奉献的追求；耄耋之年，还可发挥余热的追求，但兴趣的追求也不可少。兴趣的追求，包括旅游的追求、摄影的追求等，既有助开阔眼界，还有助延年益寿。我在

图 35—7　抗美援朝桥头堡遗址

2018年曾参观良渚博物院，深感中华文明与其他世界文明一样久远，且从未中断。看我国世界遗产的追求，对增进作为中华民族一员的自豪感，有不可估量的意义。

中西互鉴，争看我国世界遗产，增进文化自信。

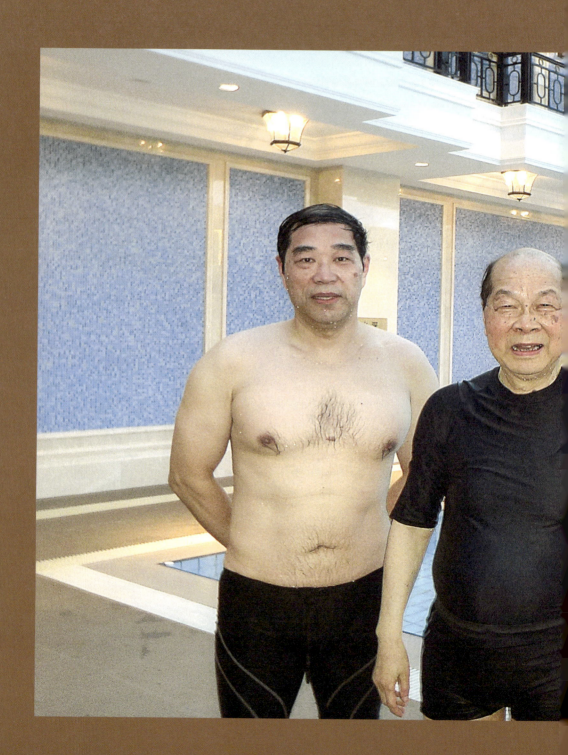

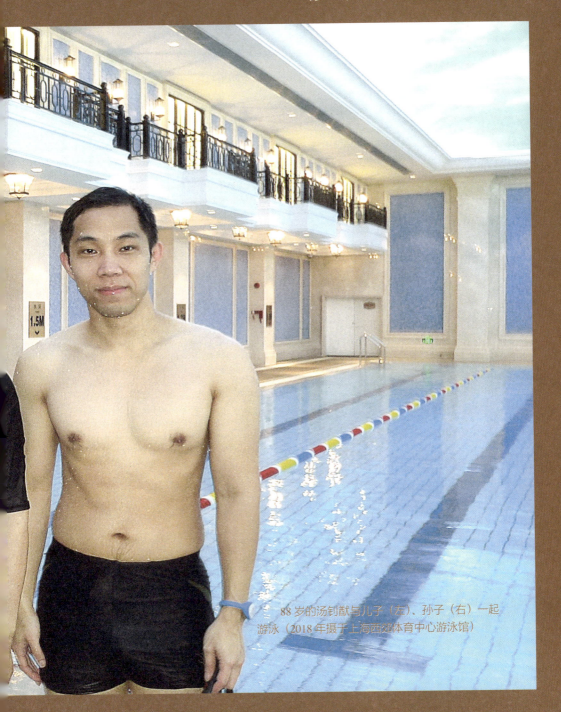

88 岁的汤钊猷与儿子（左）、孙子（右）一起
游泳（2018 年摄于上海西郊体育中心游泳馆）

36. "前列腺癌全身骨转移"
——第一手资料不可或缺

这篇文章为什么放到后面写，因为时间越长，越说明其可靠性，事情要追溯到 20 年前。一向参加游泳，能坚持繁重工作的我，突然获悉患了"前列腺癌全身骨转移"的绝症。一时间，学生、老师、朋友都纷纷来探访，社会上也疯传我可能不久于人世。但 20 年后的今天，我却仍活得好好的，让我从头说起吧。

觉悟太晚

我这个人历来消瘦得出奇，身高 1.69 米，却只能穿 37 码的衬衫。市面上买不到这样瘦长的衣服，只能定做。1987 年有幸作为全国 14 名有突出贡献的中年科技家之一，获邓小平等党和国家领导人接见时，体重只有 47 千克。那时定制了两套西服，后来人长胖了穿不下，要送人也没有人可送，因为没有这么瘦长的人。为什么这样瘦，也许和不运动有关。记得年轻时，医生说我有心脏病，所以不能运动。读医后知道是房性早搏，没有太大的问题。但工作繁重，也没有时间去运动。夏天偶尔去游泳，始终只能在浅水里，那不算游泳。

1988 年我当上上海医科大学校长，不久学校要分配给我新居，那原先是我的一位老师的旧居，朝西十分炎热。但当我得知旁边就是上海跳水池，从考虑游泳出发，我们还是决定搬过去。

从此我和老伴便每天清早去游泳，可惜"觉悟太晚"，60 岁的人，骨骼已定型，胸廓已张不开。

参加冬泳

那时为了把身体搞好，能坚持工作，还参加了冬泳，天不亮便下水（图 36—1）。人家说，气温零度以下，怎么还能游泳。开始我们有些害怕，但到了现场，大家都勇于跳入水中，我们也跟着跳。开始游得多，老咳嗽。后来知道，最冷的天，只能游 50 米。如此一天不落。现在看来，冬泳还真的起了一些作用。在我当校长期间，学校的副校长大多都曾因病住过医院，只有我没有住院。其实冬泳效果最明显的是我老伴，她得了急性坏死性胰腺炎，未做手术引流，中西医结合治疗而愈，但腹腔内仍遗留几个巨大的炎性包块。出院时医生说，三个月后再做假囊肿手术。老伴出院不久便跟我去冬泳。没有想到，三个月后腹腔包块竟完全消失而免除手术。我们和冬泳者闲聊，印象中得癌症的极少。

不久上海跳水池拆除，说要建交响乐场馆。那时只有上海交通大学的露天泳池开放冬泳。我和老伴

图 36—1　上海跳水池的冬泳

清早5时天未亮便起床，乘3站无轨电车，再走一站路，到交大游泳池，6时下水，7时便回到家吃早饭，8时准时到学校办公室。如此我们坚持了10年的冬泳，后来交大冬泳也

图36—2　末次冬泳比赛后的合影

关闭，大家只能到上海游泳馆游温水。作为临别纪念，21世纪初在上海电机厂举办了末次冬泳比赛，我们老年组只需游50米。这样，从60岁到70岁，我们参加了10年的冬泳。这里还有一段插曲，我们参加冬泳不久，接到复旦大学一位老师的来电，问我们是否愿意参加复旦大学冬泳协会，我们当然不会反对，问对方协会有多少人，他说连您们只有4人。末次冬泳比赛后，协会会长和我们合影（图36—2）。

　　读者可能纳闷，讲了半天游泳，似乎和本文主题毫不相干。请大家注意，前面这段叙述，提到"我当校长时从未因病住院"，提到"冬泳者患癌症的极少"。这已经隐喻"前列腺癌全身骨转移"的可信性。

晴天霹雳

　　2001年12月26日是我71岁生日，没有想到这个生日竟是在病房里度过的（图36—3）。这又要从头说起。

　　2001年的12月已是北风凛冽，我和老伴照样天未亮便起床

图 36—3　在病房过 71 岁生日

去冬泳，因为赶时间，回程小跑了一会儿，似乎感到腰有点扭，我不当一回事。那年天气冷，不久我便咳嗽，越咳越重。一天咳后感到腰有点痛。第二天起床感到十分困难，坐在椅子上不动不痛，一动就痛。如是两天我感到不对，便到医院就诊。检查后，骨科医生说是腰椎骨折，您这个年龄只能住院卧床休息。

　　没有明显外伤便引起腰椎骨折，医生们想到是否是"病理性骨折"。因为我是院士，领导十分重视。如果是病理性骨折，较多见的是甲状腺癌和前列腺癌的骨转移。我曾有甲状腺多发结节，做了两次手术，甲状腺已全切除。于是聚焦到前列腺，就这样开展了全面检查。首先是全身骨扫描，发现全身多处骨骼有不对称的异常（图 36—4 箭头处）。再检查前列腺，发现有多血管的结节，这样前列腺癌的可能性大增。如果前列腺癌全身骨转移诊断成立，治疗只有做"去势术"。但需要有病理诊断，这需要做前列腺穿刺活检。那时了解到超声引导下前列腺活检，最好的是上海市第六人民医院已古稀之年的周永昌教授。患有腰椎骨折，再搬动到外院，也是痛苦不堪的。富有经验的周永昌教授仔细做了超声

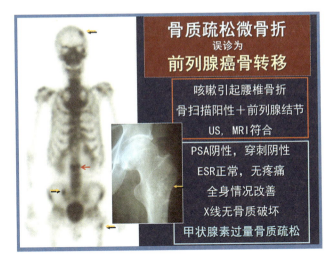

骨质疏松微骨折
误诊为
前列腺癌骨转移

咳嗽引起腰椎骨折
骨扫描阳性＋前列腺结节
US，MRI符合

PSA阴性，穿刺阴性
ESR正常，无疼痛
全身情况改善
X线无骨质破坏
甲状腺素过量骨质疏松

图 36—4　骨质疏松误诊为癌症骨转移

检查，认为不像癌症，多点穿刺活检也没有发现癌细胞。但泌尿科医生认为，一次穿刺活检常会遗漏，需要多次。但那次外院的穿刺活检，导致尿血三周以上，我暂不同意再做穿刺活检。

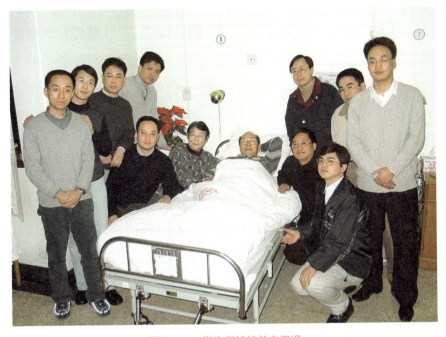

图 36—5　学生们纷纷前来探视

院领导组织了多次全市大会诊，多数专家认为还是"前列腺癌全身骨转移"的可能性最大。消息传出，各方人士纷纷前来探视。首先是学生们，也有从外地来的，他们深情地围着我，表情凝重（图36—5）。还有亲朋好友，都纷纷到病房来问候。一时间，车水马龙，络绎不断。更意想不到的是我的老师，上海医科大学原校长石美鑫教授，也拿着水仙花来看我。社会疯传各种各样，总之是"不久于人世"。过多的探视，让我也感到相当疲惫。医院为了保证我的休息，不得已在病房门口贴上"谢绝探视"。

一分为二

　　"前列腺癌全身骨转移"这个信息显然不是一个好消息，但任何事物都是一分为二的，它居然还有积极的一面。当我最早得知这个信息后，心里想的就是如何在离开人世前完成最后能搞之事。刚好我们研究所进入第三个研究战役，"肝癌复发转移研究"的战役已进行将近10年，有了不少积累，我们正着手编写一本《肝癌转移复发的基础与临床》，总结过去，归纳进展，以利再战。我作为主编，责无旁贷，不能让它半途而废。说也奇怪，经过一段时间后，腰痛也好些。我便叫老伴将家里的手提电脑带来，早上查房后，将吃饭用的移动桌抬高，我靠在床边打起电脑。由于无人干扰，进度很快，终于将全书编好。这本近100万字、近500页的专著，2003年终于在上海科技教育出版社出版。

去伪存真

　　我老伴始终不相信"前列腺癌全身骨转移"的诊断。我也纳闷，为什么全身骨转移只有腰椎骨折处疼痛，而所有其他"骨转移"处不痛；为什么晚期癌症人不是瘦了，而是胖了；照理全身骨转移，脉搏应该快，但卧床数月，脉搏却变慢了；也没有癌症全身转移所常见的低热。于是想是否可以做个简单的检查，看血沉是否异常，没有想到血沉只有 8，完全正常。就这样，我不再同意做进一步的前列腺穿刺检查与治疗。

100 天后，自觉腰痛已大为减轻，我便回家休养。只是卧床 3 月，肌肉萎缩，行走无力。在家休息一段时间后，我又重新回到上海游泳馆试着游泳，一下水才知道，只能在浅水里走走，根本游不动。

据说当年大会诊，只有极少数医生认为，可能是骨质疏松在微骨折基础上引起的骨折。后来证实这个"少数"是正确的，因为我患甲状腺多发结节进行甲状腺全切除后，以为多服一些甲状腺素片，胃口会好一些，工作效率会高一些；加上我在家和在办公室，每天都要喝上 6—7 杯速溶咖啡以提神，导致钙流失严重骨质疏松。记得有一年冬季因挤公共汽车，曾导致 3 根肋骨的骨裂；有一次游泳转弯时，不慎被别人脚踢，也出现 3 根肋骨的骨折。一场虚惊，就此慢慢过去。

人生感悟

这个误诊，不能全怪医生，因为我是院士，来会诊的医生常不好意思给我做全身检查。全身多处不对称骨骼病变的部位，从来也没有医生来检查过，没有压痛；脉搏快慢也只是护士的记录，没有作为诊断的参考。但如果请老中医来看，通过望闻问切，可能会认为我没有大病。不是吗，您看图 36—3，我的气色不是很不错吗？

为此，正确的诊断来自对临床资料全面和细致的分析。首先要重视常规资料的完备，有时漏查一种也会出问题。要重视各项检查的质量，对重要的项目，必要时要亲自去做。例如超声显像对从事肝癌临床的医生而言，如同内科医生的听诊器一样重要，自20世纪80年代初以来，我已形成习惯，对每一位新病人和准备手术的病人，均亲自参与看超声，以获得第一手感性认识。更重要的是重视对临床资料的分析，而不仅是检查而已，查是为了用。而且分析要细，要将各项资料联系起来进行细致的分析。总之，正确的治疗来源于正确的诊断，而正确的诊断则来源于对检查资料的全面和细致的分析。医生的工作关系病人的生命，必须十分认真对待。

误诊可能源于没有重视第一手资料，没有进行动态观察，没有进行严格的综合分析，去伪存真。当前临床上不对病人做详细的问诊和体检，单凭CT报告、超声报告做出诊断而误诊的，屡见不鲜。

归根到底，应该追溯到现代医学的哲学观。现代医学(西医)与局部的、静止的哲学观相联系，只从骨骼的局部、前列腺的局部看到"异常"，缺乏从动态的角度看其变化，缺乏与全身状况的联合分析。而中医则与整体的、动态的哲学观相联系，为此，中西医取长补短当有助提高诊疗效果。

健康与病，强身却病是硬道理。

37. 一场大病后有感
——中西医都要"一分为二"

2022 年教师节那天，我急诊住院，遇到人生的一场大病，直到 3 个月后，仍未完全恢复。我一生因病住院不多，住院超过两周的屈指算来只有两次。一次是 2002 年因腰椎骨折住院 100 天，虽曾误诊为"前列腺癌全身骨转移"，但最后是有惊无险。这次住院 20 天，虽然只是胃间质瘤出血，但对我这个 92 岁的老人，便是一场大病。

黑便疑团

2021 年秋，全国新冠疫情反复，我取消了出席一切外地学术会议之邀，代之以视频发言。其间，召开了我写的《中华哲学思维——再论创中国新医学》新书出版座谈会。

这年的 11 月底，我突然看到黑便，但周边的水只是深绿色，我前一天吃了不少菠菜，便不以为意。但下午便感到有点头晕、乏力，量血压收缩压降至 110 毫米汞柱，我平素收缩压多在 140—150 之间。以为是心血管问题，吃了一粒麝香保心丸，赶忙煮点野山参，服后 3 小时，高压回升至 130，头也不晕，3 天后黑便消失，一切如常，只是游泳感到乏力。

2022 年 2 月，又看到黑便，同样有点血压下降，我不放心，赶忙取黑便去化验，报告隐血 +，没有红细胞，也没有其他异常。前两天吃过牛肉，我想也可能隐血＋。同样吃点野山参，3天后黑便消失。我也不以为意。

2022年9月，又见黑便，我不敢大意，便到门诊查大便和验血常规。结果大便隐血阴性，我便放心回家。然而回家路上，医院突然来电说，"汤医生验血，血红蛋白只有6，建议立即住院"。我因大便隐血阴性，便不同意住院，因为第二天刚好是教师节，已约好我的学生到办公室见面。

急诊住院

教师节那天清早，发现黑便更多，脸色苍白，我意识到需要住院查一下。先到办公室和学生们见面，交谈后和大家合影（图37—1），然后去住院。

图 37—1　教师节与学生们合影

住进医院，因为出血，所以禁食，静脉补液便马上跟上。口服药基本停服，原先每天服用泰嘉、丹参片等活血药也都停用。因为检查需要，心脏科、肺科、外科等接踵而来。一时间，抽血验血、心电图、超声心动图，超声还要看深静脉是否有血栓，发现双侧小腿肌间静脉陈旧性血栓。肺科还要抽动脉血作血气分析。由于血红蛋白只有 60g/L（一年前体检为 144g/L），很快便输血 300 毫升。关于输血还有一段小插曲，护士问我是什么血型，我记得历来都是 B 型，但对方说验血结果是 A 型，我说千万别弄错。最后反复验确为 A 型，输 A 型血确实没有副反应，提示"实践是检验真理的唯一标准"。

西医之长

医院十分重视，住院的当天下午，在心脏科等监护下，在静脉麻醉下做了无痛胃镜检查，发现胃体上部近胃底胃体交界处，见 4×3 厘米巨大黏膜下隆起，表面糜烂，有少量新鲜渗血，出血原因基本明确——胃体黏膜下肿瘤伴出血，胃间质瘤（GIST）可能性大。在短短一天之内便基本弄清出血原因，这无疑是西医之长，中医难以做到。

回到病房，我发现已被"五花大绑"。除了 24 小时不间断静脉补液和用药外，多了一根胃管。加上血压、心脏指标、血氧监测等，人已动弹不得。我原先因前列腺肥大，排尿次数较多，由于补液，排尿更多，又不习惯床上用尿壶，每次起床到厕所排尿，需要卸掉所有能够暂时卸掉的管子和监测，十分麻烦。加上补液中加上补钾，静脉区很不舒服，整个晚上都难以入睡。这也许可说是西医之短吧，我不敢说是否"过度诊疗"，但总是一件事。第二天胃镜医生来查房，问为何插胃管，外科医生说，通过胃管可以用局部凝血药止血，还可监测是否有出血，所以不同意拔管。然而吸出的胃液早已无血，第三天我实在难以耐受，便自行拔去。

术前长夜

听说胃镜医生曾私下说，在第一次胃镜时就应该将瘤子切除。而我是九旬高龄，不能出一点差错，这也难怪。胃肿瘤，无论胃镜手术、腹腔镜微创手术，还是开腹手术，都需要血红蛋白和白蛋白达标。加上还要做 CT 等进一步检查，以及大会诊，才能确定治疗方案，于是便有漫长的术前准备。

住院后的第三天（周一），安排了 CT 检查，当时告诉我，CT 明确是胃底黏膜下肿瘤，可能是腔内生长的间质瘤。大会诊后由院长告我须再做 PET–CT 检查看全身其他各部，我婉拒了。告我两个治疗选择：一是药物治疗，因胃间质瘤已有专门的靶向治疗剂；二是双镜手术，即同时应用胃镜与腹腔镜。由于先前已有不少我的学生来看我，对于胃间质瘤的治疗，多数建议腹腔镜手术，比较彻底，也有建议先用分子靶向治疗，待肿瘤缩小后再手术。我儿子也十分关心，电话沟通也倾向腹腔镜手术。为此我当场表态，作为外科医生，治疗还是干脆一点，希望手术治疗，建议腹腔镜手术。

困难抉择

于是一切都按腹腔镜手术做准备。住院第二天，为了加快准备，又输了血。但我这个老人，事情真不少，由于入院后已停用口服药，包括降压药，第二次输血后副反应强烈，整晚无法入睡，心跳明显，头也晕，血压高达 220 毫米汞柱。这提示对老人而言，只好慢慢来，白蛋白也只能每天输一瓶。约 2 周过去再验血，还是没有达标，于是又输血。

这时医生又来告我："您的 D- 二聚体高达 8mg/L，要马上做超声检查有没有深静脉栓塞。"我思考片刻说，入院时已做过，即使现在再做，也不能恢复抗血小板药的治疗，因为要手术。只有尽快手术，手术后才能尽快恢复抗血小板药。考虑到腹腔镜手术比胃镜手术恢复期更长，听说胃镜医生也表示有把握用胃镜切除，于是我在预定手术前两天立即与院长、副院长沟通，建议改用胃镜手术，以便尽快能恢复抗血小板药的使用，毕竟深静脉栓塞也是一个大问题。术前一天晚上，我的几位学生又到病房来看我，说这么大的肿瘤如何能从胃镜中取出，于是又是一番询问，胃镜医生肯定地说没有问题，这才最终定下来。

顺利手术

入院后近两周，在三次输血后，血红蛋白已达 103g/L，终于进行手术。那天胃镜和腹腔镜手术的两批人马都到了手术室，以备万一胃镜手术需要，可以立即腹腔镜手术跟上。在全麻下进行胃镜下胃黏膜剥离术，

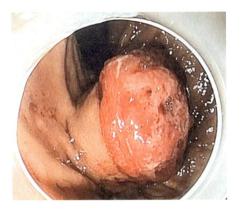

图 37—2　突出胃腔的间质瘤

历时 1 小时 40 分钟，顺利切除肿瘤（图 37—2）。术中出血 200 毫升，又输了少浆血和血浆。

术后为进一步监测生命体征及治疗，转入外科监护室。等我醒来，确实已被"五花大绑"。左手有静脉管和氧饱和度监测，右手有动脉管和血压监测，中有生命指标监测，上有胃管，下有保留导尿管。监护室医生一直问我是否要排尿，我始终没有排尿感觉，原来除胃管外，又多了一根保留导尿管。据说由于不能肯定单纯胃镜下切除，万一需要腹腔镜手术，手术时间较长，需要预置导尿管。我由于前列腺肥大，据说连最细的导尿管也放不进去，最后是经内镜导引下才放置成功。

病理报告：胃肿物，暗红色，大小 6×4×3 厘米，覆盖部分胃黏膜。梭形细胞肿瘤，形态学符合胃间质瘤，梭形细胞型，细胞较丰富，冰冻取材一张切片内未见恶性证据。第二天院长来看我，便告诉了我这个好消息。

次生问题

作为本院的医生，我很少在医院看病，更少住院，就怕对我这样的老人有次生问题。果然不出所料，次生问题还是层出不穷。上面已说及，第二次输血副反应强烈，提示老人难以耐受，只能慢慢来。

"这个降压药剂量是无效的。"我有高血压已 40 余年，到了九旬之年，通常清早血压高达 160—170，但几小时后便降至 140 左右，活动后有时更低，所以每天只服用厄贝沙坦 25 毫克（极小剂量），然而心脏科医生说，这个剂量是无效的。到了病房，清早血压也在 160—170 之间，于是给我服了 75 毫克的厄贝沙坦，血压很快便降到 110，我建议停用。但我没有注意第二天给药中还有 75 毫克的厄贝沙坦，那天刚好要回家，到家测血压竟降至 90，我担心是否胃间质瘤又出血，赶紧煮了人参，服后 3 小时才回升至 120。后来在医院每天早上服药前我都先测血压，如果不高，连厄贝沙坦 25 毫克也不服用。我认为不能怪医生，如果寻根问底，应该想到西医是在局部和静止的哲学观基础上发展起来的。对普通人而言，厄贝沙坦 25 毫克确实是无效的，但对九旬老人而言，是否有不同的规律呢？

痛苦的喘咳白沫痰。由于肺科检查认为有中度限制性通气功能障碍和非典型哮喘，除服用顺尔宁外，还要我吸入信必可粉雾剂。我因为曾做过两次甲状腺手术，术后声带闭合不全，所以声带遇到一点小刺激便咳嗽。医生说那就改用雾化吸入，我只好依从。然而每次雾化吸入后便咳嗽不止，加上整天补液，也许还与苦寒的抗菌素有关。多年前我曾因发热服用左旋氧氟沙星，发热退后出现剧烈咳嗽和白沫痰，三个晚上只好端坐不能入睡。清水鼻涕流不停，每天需使用餐巾纸几十张，咳嗽白沫痰更长时间持续，痛苦不堪，无法入睡。我听父亲说过，哮喘发作须用肉桂。我便叫陪伴者帮我搞点生姜，含在口中，咳嗽可暂时控制，这样每天用了不少生姜。

奇怪的是免疫力大幅下降。我偶尔看到术前 1 天验血，虽然血红蛋白已经达标，回升至 103g/L，但淋巴细胞百分比只有 6.9%，淋巴细胞数只有 0.6×10^9/L（一年前体检淋巴细胞百分比 37%，淋巴细胞数 2.8×10^9/L；这次刚入院时淋巴细胞百分比也有 17.2%），这让我思考，免疫功能为什么降得这么低（图 37—3）。这个阶段的诊治主要有：静脉麻醉、CT 检查、抗菌素的应用、输血和白蛋白的补充，我至今不知什么是主要因素。

序号	项目	结果	参考值	单位
1	红细胞	3.93	4.30 -- 5.80	X10^12/L
2	血红蛋白	103	130 -- 175	g/L
3	红细胞压积	33.8	40 -- 50	%
4	平均红细胞体积	86.0	82.0 -- 100.0	fL
5	平均血红蛋白量	26.2	27.0 -- 34.0	pg
6	平均血红蛋白浓度	305	316 -- 354	g/L
7	血小板	316	125 -- 350	X10^9/L
8	白细胞	8.53	3.50 -- 9.50	X10^9/L
9	中性粒细胞百分比	90.5	40.0 -- 75.0	%
10	淋巴细胞百分比	6.9	20.0 -- 50.0	%
11	单核细胞百分比	2.3	3.0 -- 10.0	%
12	嗜酸性粒细胞百分比	0.1	0.4 -- 8.0	%
13	嗜碱性粒细胞百分比	0.2	0.0 -- 1.0	%
14	中性粒细胞数	7.7	1.8 -- 6.3	X10^9/L
15	淋巴细胞数	0.6	1.1 -- 3.2	X10^9/L
16	单核细胞数	0.20	0.1 -- 0.6	X10^9/L

图 37—3　术前一天的血常规

前列腺肥大下的保留导尿管。还有一个意想不到的问题，虽然放置保留导尿管，但一翻身便有膀胱刺激症状，需要立即到厕所去排尿。但泌尿科医生说，这个保留导尿管需要至少放置 7 天，要等尿液没有血才能拔除。就这样每天晚上都紧张不已，一直等到术后 7 天导尿管才拔除出院。但拔管后又出现全血尿，所以抗血小板药直到术后 9 天才敢小量服用。

恢复迟缓

住院 20 天后终于拔除导尿管出院。原以为出院后 10 天左右便可恢复每天到办公室，然而事与愿违，两条腿软弱无力。住院前在院子里连续走 6—7 圈（2000 步左右）都没有问题，而出院后走一圈（300 步）都十分费劲。做实习医生时就记得，骨折卧床 1 天要 6 天才能恢复。这次住院 20 天，基本是禁食或吃流质食物，算起来大概卧床 10 天，理论上要 60 天（两个月）才能恢复。加上九旬之年，老人肌肉萎缩恢复更难。直到出院后 1 个半月，尽管每天都很认真走路，但仍远不如住院前，总感到走路如走在棉花上，上楼梯更难。

出院后次生问题仍不断。连续多日不停地咳嗽白沫痰和流清水鼻涕，身心疲惫不堪。不得已找到一位中医，却意想不到服了7—8帖中药就完全好了。这位中医很细心，问诊、诊脉、看舌苔后，按辨证论治开药，只有十味左右，都是很普通的药，但只开三帖，共百元不到；三天后根据望闻问切的变化再开三帖，这次加了太子参，这时喘咳白沫痰和流清水鼻涕已基本控制；然后又开了三帖，这个痛苦不堪的"病"便完全好了。但这个次生问题也延长了恢复时间。很想尽早恢复游泳，但体重轻了4千克，腿部肌肉瘦了一圈，腿力极差，不敢贸然恢复游泳，只好耐心等待。

人生感悟

生老病死是自然法则，人有，非生物也有。如果没有"老"和"病"，人就不会死，人要都不死，天下也要大乱。九旬之年，人体机器早已老化，出现这样那样的病在所难免。除每年体检一次不落外，我很少去看病，毕竟自己是医生，多少可以自己调理。我以为保持游泳，提高免疫力比去看病更为重要。此次病痛，也许和游泳多次几个月的暂停不无关联。之所以少去看病，还有一个原因是我是院士，往往免不了"兴师动众，诊疗过度"。

这次出院，我只有感激之情。医院从领导到相关医护人员都关怀备至，照料周到。但20天的住院，亲历各项诊疗，让我这个对中西医都略有所知的医生有所思考。

我以为中西医都要一分为二。快出院时医院党委书记来看我，说现代医学的快速进展，使我能顺利解决胃间质瘤的病痛。这一点都不假，住院一天便明确了诊断，如此贫血也在不长的时间内得以达到手术要求，胃部肿瘤过去须开腹手术，现在无痛胃镜下便可完成，等等。这是西医之长，中医所不及。然而我这个医生喜欢挑毛病，挑毛病不是去否定，而是找出不足之处加以弥补，医学才能又进一步，是补台，不是拆台。现代医学突飞猛进毋庸置疑，胃间质瘤如果不手术，也有针对性的靶向治疗——格列卫。但如果您作为病人去亲历，就会感到西医的过度诊疗和过分依靠药械的问题。西医从显微镜发现以来，经历了器官水平、细胞水平和分子水平的进步，从局部到微观的深入，但往往忽略了人是有情感的社会的人。这次住院，有多个晚上处于"不眠之夜"。淋巴细胞比例降低至 6.9%，淋巴细胞数只有 $0.6 \times 10^9/L$，侧面提示免疫功能的明显下降；我不敢确定是否与诊疗有关，但确是不被西医关注的方面。说到剧烈喘咳和不停地流清水鼻涕，不仅严重影响睡眠，也严重影响术后恢复，连左侧腹股沟疝也因剧咳而有所加重。但两百元左右的中药，却在一周左右时间便得以完全控制，这不能不说是中医之长。

中华哲学认为，"阴阳既对立又互存"，不能只看"阴"不看"阳"，要全面、一分为二看问题。只要中西医各自都能一分为二看问题，而不是"唯我独尊"，中西医就有广阔的互补空间，我国医学也将出现"中国特色"而造福于人民。《孙子兵法》倡导"不战而屈人之兵"，提示医学减少非必要的"侵入"值得我们思考。实际上现代医学也逐步向这个方面发展，无痛胃镜切除代替开腹手术就是一例。

健康与病，中西医都要一分为二，互补长短是未来方向。

38. 非侵入性诊疗
——值得思考的医学方向

生老病死是不被干预的自然法则，人如果没有"病"和不会"老"，人就不会死，人要是都不死，天下也要大乱。为此，在人的一生中，疾病是在所难免的。我还真不知道，是否有终身无病，无疾而终者。生过病就会感到疾病之苦和健康之乐，最揪心的莫过于家人的重病。可慰者，现代医学的迅猛发展，使不少疾病得以治愈。但生病之苦，仍然是尚未解决的问题。现代医学的发展是从关注"局部"启动的，为了达到和解决"局部"的问题，"侵入性诊疗"成为重要手段。作为外科医生，对急性阑尾炎治疗，手术是金标准；我是肿瘤外科医生，就想到如何用手术去切除癌瘤；这些都是符合局部观的思维逻辑。侵入性诊疗既给病人带来好处，也给病人带来痛苦。《孙子兵法》说"不战而屈人之兵，善之善者也"。能否用非侵入性手段而达到治病的目标，就成为值得思考的问题。

下面只是亲历的一些个案，虽不足为凭，但毕竟是确实无误的事实。常言道"必然常寓于偶然中"，所以值得探讨。

急性坏死性胰腺炎

1988 年我被任命为上海医科大学校长，加上 1990 年代表我国当选为国际抗癌联盟理事，任务繁重，出差出国不断。通常国外开会回来，我都不让其他领导来接。1992 年 6 月，我应邀出席一个在香港召开的国际会议作演讲，12 日从香港回沪，那已经是晚上 8 时左右。突然看到机场上几位校领导来接机，我感到诧异。他们没有把我送回家，而是送到中山医院的监护室。

原来我的老伴因急性坏死性胰腺炎正在抢救，那已经是发病的第 5 天。起因可能是连夜为修改研究生论文，吃了一整袋核桃仁而上腹剧痛，伴恶心呕吐而急诊住院。入院检查血淀粉酶为 685 单位。我到了重症监护室，见老伴疼痛不堪，我搞癌症，惊讶地发现腹部可扪及几个苹果大小的肿块。我难以相信怎么几天便出现这么大的癌块。当即做核磁共振显像，证实为炎性肿块，加上血淀粉酶明显增高，急性坏死性胰腺炎诊断无疑。当年没有可抑制胰腺分泌的药物，对这样重症胰腺炎，治疗主要是手术引流，但没有签字，无法进行，只能进行输液等对症治疗。

老伴早年曾参加上海中医药大学西医学习中医第二届研究班，是中西医结合内科医生，后来担任上海医科大学针刺原理研究室副主任，曾应邀赴美讲学半年，其后长期从事针刺镇痛研究，尤其是"癌症痛"的研究。于是她不断将自己研究的止痛含片给自己用。另外就是中医治疗，她和院内的中医医生共同研究，用牛黄醒消丸和辨证论治中药。一个多月后居然基本缓解而出院，免除了手术引流。出院时外科医生嘱咐，约三个月后再来做手术，以解决坏死性胰腺炎后假囊肿问题。

老伴出院不久居然能出国参加国际会议，还得到飞机上给她准备的少油饮食。回国后已是秋冬之际，她便勇敢地和我参加冬泳。没有想到，三个月后腹部肿块居然消失而扪不到。在此期间，我曾请上海瑞金医院胰腺专家徐家裕教授到家里看过老伴，他看后也感到惊奇，说"看来治疗急性坏死性胰腺炎要改变观念"。记得当时，著名演员梁波罗曾在《新民晚报》发短文说，与他同期住院治疗急性坏死性胰腺炎的，手术引流后已有几位去世。我没有找到当年的那篇报道，但上网查了百科"梁波罗"，其中有这样的描述："那是1992年，正当梁波罗在荧屏上频频亮相时，却患了死亡率极高的急性坏死性胰腺炎。第一次手术后，连续10多天高烧不退，只能靠输液维持生命，医院多次发出病危通知。但梁波罗以顽强的意志，积极配合医生再次手术治疗，最终转危为安。"说明确有此事。

老伴的急性坏死性胰腺炎治愈后，直到21世纪初，才因发现胆囊结石而出现胰腺炎轻度复发。此时已有抑制胰腺分泌的药物善宁（奥曲肽），住院几天，用善宁治疗缓解而出院。但用药后感到十分难受，因为出现明显腹痛和腹胀，大便也几天不通。2003年10月做了腹腔镜胆囊切除，胰腺炎就再也没有复发过。2015年的体检，超声检查看到胰腺外形已光滑，饮食也从不忌油。直到2017年因老年痴呆吸入性肺炎去世，胰腺炎也从未复发。

我以为，老伴患急性坏死性胰腺炎的诊断应无疑问，除有剧烈腹痛、血淀粉酶明显增高外，还有腹腔内多处苹果大的炎性肿块。孙子曰"不战而屈人之兵，善之善者也"，这里又增添一例，即不通过侵入性诊疗（开腹引流）而获得治愈。其实天津的吴咸中院士，早在1972年已主编出版《中西医结合治疗急腹症》。他在重症胰腺炎治疗上取得进展，使死亡率明显下降，用的就是中西医结合的非侵入性诊疗。我以为，要形成有中国特色的医学，其中重要一环是有良好西医基础的西医系统学习中医。吴咸中院士就曾在 1959 年参加过天津西医离职学习中医班，并因学习成绩卓越，曾获卫生部颁发的唯一金质奖章和证书。我老伴也因为是"西学中"，才可能用中西医结合治疗。

还有一点也很值得关注，冬泳竟可使腹部炎性肿块消失，免除了另一次手术，提示机体有强大的恢复能力，就看我们能否去调动。这从另一个侧面，提示调动病人主观能动性的重要性。为什么冬泳可促使腹部炎性肿块消失？众所周知，适度冬泳有助提高免疫功能；我们的动物实验证明，患肝癌的裸鼠，如果不游泳，活 60 天；适度游泳者活 70 天；而过度游泳者却只活 50 天。其机理是适度游泳可提高多巴胺，过度游泳则降低多巴胺。多巴胺有助提高免疫功能，著名杂志《细胞（Cell）》2015 年有篇文章说，多巴胺还可通过抑制一个炎症小体（NLRP3），控制炎症反应，提示冬泳促使腹腔内炎性肿块消失有其科学基础。

我并不否定侵入性诊疗措施的作用，而是强调尽可能用非侵入性的诊疗措施。因为任何诊疗措施都是一分为二的，既有其优点，也有其缺点。侵入性诊疗常可"救命"，但它破坏了机体的完整性，延长病人卧床的时间，增加新感染风险，带来病人心理负担等。然而必要的侵入性诊疗还是要做，例如我的大学同窗患早期小肝癌，虽已耄耋之年，但身体尚可，我还是力劝其做手术切除，因手术远期疗效比目前其他非侵入性诊疗更好。果然，5 年后仍无瘤生存。对于很小的小肝癌，目前用经皮穿刺进行的射频消融治疗，其疗效已接近手术治疗。最近，曾经是我的研究生的放疗科主任曾昭冲教授告我，立体定向放疗优于射频消融。提示肝癌治疗，从巨创（开腹手术）发展为微创（射频消融），再发展为无创（立体定向放疗），是历史发展的趋势。

气管切开

　　1927 年出生的家兄，比我年长三岁，复旦大学第一届半导体专业毕业。曾在多个研究所工作，理应前途无量，但因身体多病，提早退休，终生独身。退休后酷爱读书，14 平方米的家，就像一个小图书馆，书架直上天花板。2009 年秋，因爬高到书架取书，跌倒引起腰椎骨折，卧床不起。加上夏天炎热失水，几天后出现脑梗，全身瘫痪，合并肺炎，急诊住院。在医院的神经内科监护室，因肺炎严重，而瘫痪又无力咳痰，医生要家属签字做气管切开。我与老伴商议，老伴说，最好不要做气管切开，可否试一下中药，因为老伴是"西学中"的中西医结合内科医生。据她说，按中医理论"肺与大肠相表里"，如果大便次数增多，肺部的痰可以因大便排出而减少。这在西医是难以理解的，因为肺在膈上，大肠在膈下，互不相通。于是老伴开了中药方子，我立即到附近中药房配药，记得只用了十几元钱，煎好通过胃管灌入。第二天大便三四次，痰立见减少，终于免除了气管切开。大哥后来迁至较小的地段医院，由于胃管灌食，不免有时太快导致反流到肺，所以 1—2 个月便会出现一次吸入性肺炎。但经抗菌素治疗都得到控制，而且管他病床的医生是中医，不时给他中药调理。如是三年，头脑清醒，直到 2013 年初去世，未再做气管切开。

　　我的老伴之所以敢于承担不做气管切开的风险，是因为她已有过经验。那是 20 世纪 70 年代后期，老伴母亲，即我的岳母，住在重庆，突发严重肺炎急诊住院，来电告知老伴。老伴心急如焚，立即买了飞机票飞回重庆，到医院看到她母亲，医生也说要做气管切开。老伴考虑再三，决定让母亲出院回家治疗。医生说这样重的肺炎怎能回家，连朱老总也一样需要住院治疗，我老伴仍然坚持自动出院。老伴还有 7 位弟妹，如果出院，耄耋之年老人的风险就落在老伴一个人的身上。据说回家后她就采取中西医结合治疗，还是根据"肺与大肠相表里"，开了中药。没有想到，老人三天便下床，七天便治愈，能够打麻将，终于没有做气管切开。

千百年来，中医治疗大多以个案形式记录，这一段所描述同样是个案，是家兄严重肺炎没有做气管切开生存三年的个案，是我的岳母严重肺炎没有做气管切开生存至 1995 年的个案。然而令我心痛的是，2016 年秋冬之际，88 岁的老伴自己得了吸入性肺炎，做了气管切开，6 个月便成为一个离不开呼吸机和升压药、躺在床上的"类植物人"而离世。因为没有既懂中医又懂西医的中西医结合医生，能够参照"肺与大肠相表里"开合适的中药。我也曾建议请中医会诊，然而西医按西医治疗，用了大量抗菌素（应属苦寒之品）；而中医又按中医治疗肺炎的办法，也用了大量清热解毒（也是苦寒之品）之剂。结果一天腹泻十余次，病情反而加重。诚然，"肺与大肠相表里"的科学机理仍不清楚，但它却治好了一些病人。如果承认"实践是检验真理的唯一标准"，那么临床有效就必有其科学基础，只是一时还没有完全弄清楚而已。尽管"肺与大肠相表里"的理论，不可能使每一位严重肺炎病人都能免除气管切开，但如能使部分病人免除气管切开，也将是肺炎治疗的一个进展。气管切开虽然解除了一时的痰堵塞的问题，但却留下长期的气管异物，加上吸痰的不断刺激，还可能增加新的感染源。更不用说这种侵入性的办法，给病人精神带来的问题。当前西方医学，侵入性的诊疗办法越来越多，而破坏了机体的完整性，是需要认真衡量的问题。

颈动脉狭窄

事情发生在 20 世纪 90 年代。我家住处和亲家住处只隔一条弄堂，一天亲家母到我家说亲家公买菜回来，出现异常。明明是他自己买回来的菜，却问亲家母："这些菜是谁买的?"我老伴急忙过去，观察下来怀疑是小的脑梗，于是急忙陪他到医院，血管外科怀疑是颈动脉狭窄，做超声波检查，发现颈动脉已狭窄80%。当年还没有支架，建议手术。老伴是"西学中"，和亲家母说："手术有风险，不如先试一下中药治疗"，这正符合亲家母的想法。于是赶忙开了活血化瘀的方子，叫亲家的儿子去买，买来立即煎好服用。几天后，亲家公已不再有异常表现，如是连吃了年余，后来用较简单的方子一直常年坚持。直到 2015 年，亲家公因肺癌去世，脑梗也从来没有发过。

我以为，这也只是个案，但却是真实无疑的。近年颈动脉狭窄多须放支架，但也不时有报道用中药治疗而多年不再出现症状的。我以为，多一种非侵入性诊疗，对高危老人无疑也是一种选择。

更多亲历的例子

前面第 6 篇文章"急性阑尾炎的'奇遇'——不战而屈人之兵"，已有 3 例亲历的急性阑尾炎用针刺治疗取代手术的案例。尤其是 91 岁母亲的阑尾穿孔弥漫性腹膜炎，用针灸为主，少量抗菌素和少量输液为辅而治愈，取代了手术。如果按现代医学治疗，除手术外，这样的老人，至少还有胃管、导尿管、心脏监护等 6—7 根管子，卧床动弹不得。而母亲只有一根静脉输液，2

小时便拔去，心情十分放松。我注意到，著名杂志《自然（Nature）》2021年一篇文章说，电针鼠"足三里"可以激活一个抗炎通路，提示针灸确有其科学基础。

我老伴过去因骑车跌倒膝关节痛，20年前骨科主任建议换关节，未做。游泳后疼痛消失，至2017年离世前行动自如。游泳因不负重而能活动关节，提示机体有巨大修复能力，这是现代医学常被忽视的方面。

我四弟，腰椎椎管狭窄，30年前留德医学博士建议手术，咨询了另一位高年骨科专家，认为可暂时不做，为此未手术。减少骑车，改为走路，30年后症状未见发展。从局部而言，手术似乎是必要的，但实践提示，很多侵入性诊疗并非必要。

我20世纪80年代发现胆囊结石。我同事同年也发现胆囊结石，10年后癌变而去世。研究所内有胆囊结石的同人均赶忙手术切除胆囊，唯独我没有做手术。因我与去世的同事有三点不同：他抽烟我不抽烟，他不运动我常游泳，他喜吃烧烤我每顿都有青菜，为此癌变可能性不大。加上我曾目睹我院一位副院长因胆囊术后引流不畅而因腹膜炎去世。我至今近40年超声复查，胆囊结石增大不多。提示疾病的转归，受到体内体外多种因素的影响，从而要全面分析以作出治疗的决断。

我2016年臀部出现直径2.5厘米囊性肿物影响坐姿，已安排门诊手术，怕感染，怕疤痕疙瘩（疝手术后疤痕疙瘩有手指粗），也影响坐姿，而未做手术，服用"生姜＋大蒜＋柠檬＋醋＋蜂蜜"汁，大半年后消失。2023年该处囊肿又复增大，拟手术，但同法处治，半年后又缩小至摸不到而无须手术。提示民间一些实践有效的土方，常可替代复杂的侵入性诊疗。

人生感悟

世间万物，无不一分为二，既有正面，也有负面。医学为防治病痛而出现，但所有诊疗手段也同样有正反两个方面。医学面对有情感、有思维的"人"，不同于修理机器。既要把病治好，又要尽可能减轻病人痛苦，始终是医学的终极目标。站在现代医学的角度，由于从"局部观"出发，为了到达患病的器官，侵入性诊疗与日俱增，所提供的侵入性诊疗手段理论上是合理的。作为医者，按诊疗规范办事，理所当然。而千百年的实践，又常提供一些看似不合理，但又简单而有效的非侵入性疗法。人们所以忽视后者，皆因受到"局部观"的影响，忽视了从"整体观"看问题，也忽视了"实践检验真理"这个常理。我既是医者，但自己生病，或家人生病，则免不了也要从患者角度决断。所谓患者角度，就是既希望把病治好，又尽可能减小风险，减轻痛苦。现代医学所思考的就是如何给病人做手术，做各种治疗，而常忽略如何发挥病人的主观能动性。上述多个例子，提示机体有强大的恢复能力，但需要病人自己去做。总之，同样能把病治好，从患者角度，自然会选择风险更小、痛苦更小的非侵入性诊疗。从未来医学发展的角度，非侵入性诊疗是否也是值得思考的方向呢？

健康与病，要局部与整体兼顾，被动与主动并举。

39. 生命不息，恒动不已
——不在活长，而在活好

　　我这个历来瘦弱之人，竟不断受到邀请，写关于保持健康的科普文章。1996 年（66 岁）我曾为《康复》杂志写过《保持身心的动与静》。2001 年（71 岁）我又应《生命与健康》之邀，写过《改变生活方式，保持动静结合》的短文，并获中国科学技术协会 2001 年《生命与健康》全国科普征文活动金奖。2012 年（82 岁）为《大众医学》写了《缺乏运动，多病之源》。2017 年（87 岁）《大众医学》又要我为"名医养生心得"栏目写稿，我写了《两动两通，保持身心的动与静》，两动就是动身体和动脑，两通就是二便通和血脉通。2018 年 4 月，习近平总书记在海南考察时指出："要大力发展健康事业，为广大老百姓健康服务。"《中国科学报》要我为"话健康"栏目写篇短文，我写了《保持身心的动与静，关键是保持良好的心态》，文章说："我 88 岁，精神尚可，思维尚清，行走不慢，耳聋目明，尽管自评六十分，但媒体仍不时来要'两动两通，保持身心的动与静'的所谓'养生经'，'保持身心的动与静'关键是保持良好的心态。'积极进取，与人为善，心胸开阔，泰然处事，少计得失，劳逸适度'是重中之重。"

瘦弱之躯　不乏病痛

　　幼年和少年时期正值战乱，吃不饱，穿不暖，身体自然不会很好。大学前夕，医生说我有心脏问题，叫我少运动。读医后才知道那是心脏早搏，问题不大，但读书心切，也少运动。工作以后，十分繁忙，也无暇运动。20世纪60年代初曾因肝炎休息大半年。1968年我由血管外科改行搞肝癌临床与研究，连续几年都是日日夜夜的手术与抢救。70年代初因甲状腺问题曾做甲状腺大部切除，术后因声带闭合不全，导致每年秋冬都咳嗽不止。1975年（45岁）作为上海市肝癌医疗科研队队长，赴江苏启东肝癌高发现场工作一年，其间发现高血压，开始终生服药。80年代由于我们团队在肝癌早诊早治的突破，国际交往频繁，其间因明显骨质疏松，曾因挤公交导致多次肋骨骨折而休息；又曾因青光眼而手术。1987年（57岁）我有幸作为全国14名有贡献的科技人员之一，到北戴河休养，受到邓小平等党和国家领导人的接见，那时我这个身高1.69米的人，体重只有47千克。衬衫也买不到现成的，只能定做，因为没有如此瘦长的人。此后工作更为繁重，1988年又因甲状腺问题复发而行甲状腺全切除，开始终身服用甲状腺药物，并因过量导致严重骨质疏松，和多年后无外伤的腰椎骨折。1988年被任命为上海医科大学校长，正值1989年政治风波，医学教育改革由4个系增至12个系，学校还要搞"创收"，忙得不亦乐乎，其间高血压始终保持高位，直到1994年卸任。

耳顺之年开始游泳——为时不晚

1991年（61岁）我们迁至旁边是上海跳水池的新住宅，于是每天清早我和老伴去游泳，早上6时便可下水，开始每天500米（图39—1）。到了冬天，那里可以冬泳，他们说，冬泳有助

图 39—1　在上海跳水池游泳

健康，我们也硬着头皮去参加。说也奇怪，我这个瘦弱怕冷之人，在大家鼓励之下，竟也能跳入隆冬只有 2—3 摄氏度的水，那时下水，天尚未亮。记得刚下水很冷，但游一会儿便不感到冷，于是就多游一会儿。但头一年一直咳嗽，问了冬泳有经验者，他们说冬泳关键是要适度，最冷的时候，池边都结冰，只需游 50 米。照此办理，后来就不再咳嗽。随着年龄增长，慢慢改为隔天游 500 米，后来隔天 400 米也需要 40 分钟。九十岁减到隔天游 300 米，疫情后只能隔天游 200 米，而且要游 35 分钟，这就是"适度"。

当校长期间，很多校级领导都曾因病住院，只有我没有住过医院。慢慢地，我便琢磨出"两动两通，动静有度"的所谓养生之道。但我 60 岁才开始游泳，胸廓早已定型，肺活量也无法再增，然而游泳的好处，对我而言仍明显可见。今年 93 岁，我当校长时的两位副校长，一位比我小 10 岁，一位比我小 5 岁，都早已离我而去。为此，耳顺之年才开始游泳，仍为时不晚。动身体可以是跑步，或每天走万步。但我以为游泳更好，因为随着年龄增长和运动伤痛，不少人都有膝关节或腰部疾病，游泳因不负重，所以仍能保持运动。

动身体与动脑兼顾——不可偏废

"两动"就是动身体和动脑。游泳固然重要，由于看到身边已有多位比我年龄小的亲友患老年痴呆，我以为，退休后没有特定的要求，尤其是没有动脑，可能是重要原因。于是我不断制订动脑的计划，70岁后，除大查房外，我已减少临床工作，更多的是指导博士研究生从事一些科学研究，为他们改论文。80岁后感到毕生从医多关注硬件（医学理论与技术），但正如电脑，硬件和软件相辅相成，缺一不可。于是我开始思考对付癌症的"软件"，先后写了《消灭与改造并举——院士抗癌新视点》等三本所谓"控癌三部曲"的科普书，其中一本还出了第二版。为了写这四本书，不仅逼着自己看最新的文献，还另外看了《黄帝内经》《孙子兵法》和毛泽东的《论持久战》等。后来又进一步思考我国医学前景，写了《西学中，创中国新医学——西医院士的中西医结合观》和《中华哲学思维——再论创中国新医学》。为了写这两本书，又逼着自己看了老子的《道德经》、毛泽东的《矛盾论》和《实践论》，还勉强粗看《周易》。坦率讲，写这6本医学科普，比我主编《现代肿瘤学》更要费神、更要困难，因为很多哲学领域的著作过去很少涉猎。所以我把这6本科普著作归纳为"紧张的动脑之作"。从"阴阳互存"的角度，有"紧张"便有"轻松"。于是我又安排了"轻松的动脑之作"，先后出了6本影集。所谓"轻松"，因为对过去的照片挑挑拣拣，电脑加工，也是一种享受。

顺便说一下"两通"，即二便通和血脉通。如果道路不通，车子就走不动，所以"通"是"动"的前提。我曾遇到同一栋楼的某人，因长期大便不通而跳楼自杀。我当校长时，复旦大学杨福家校长偶遇说，一位中年教授突然心梗而亡，我随意说"应该是可以预防的"，因为保持血脉通畅是有办法的。我从47岁起便长期服用活血中药"丹参片"，我们的实验研究证实，丹参酮 IIA 有助血管内皮正常化，从而有助血管通畅。90岁后，由于遗传因素，属于血液高凝状态，我又加服抗血小板药——泰嘉。为此，动身体和动脑不可偏废，"动"与"通"又相辅相成。

两动两通，动静有度——不在活长，而在活好

人生不外"奉献"与"享受"。作为医生，为病人奉献，为国家奉献；但一个人来到这个世界上，也要享受，奉献之乐，天伦之乐，交友之乐；等等。2017年我到昆明开会，看望了一位百岁寿星，居然是42年前我为之手术的大肝癌病人，后来又因肺转移做了肺叶切除，术后我们做了积极的综合治疗，这样的病人成为百岁寿星，就是"奉献之乐"。2018年（88岁）儿孙回来，我安排了"儿孙三代游"，这就是"天伦之乐"（图39—2）。然而奉献也罢，享受也罢，没有健康的身体，都无从谈起。《黄帝内经》曰："上古之人，其知道者，法于阴阳，

图39—2 儿孙三代游

和于术数，食饮有节，起居有常，不妄作劳，故能形与神俱，而尽终其天年，度百岁乃去。""两动两通，动静有度"就是希望达到"终其天年"的目的。好的生活方式，也许会增寿几年，但人的寿命是"先天定数"，大概就是"度百岁乃去"。所以"动身体和动脑"，不为活长，只为活好。"豪情满怀，要有健康"，2016年我写了与团队同道共勉的题词（图39—3）。

图39—3 适度锻炼，重中之重

人生感悟

《道德经》曰："有物混成，先天地生。寂兮寥兮，独立而不改，周行而不殆，可以为天地母。吾不知其名，字之曰'道'"。"周行而不殆"提示世间万物基本上都不停地在"运动"，一个人活在世上，小至细胞，大至机体，都不断地在运动，如果长期停止"动"，将面临死亡。"周行而不殆"这个"周行"提示运动总是对立双方的互动。例如"动"与"静"是对立统一的，《道德经》又说："天之道，损有余而补不足"，就是说要"阴阳中和"，动多了不好，动少了也不好。又说"知止不殆，可以长久"，也就是动与静要"适度"。为人处世，保持健康，不可不察也。

健康与病，心胸开阔，两动两通，动静有度，尽终天年。

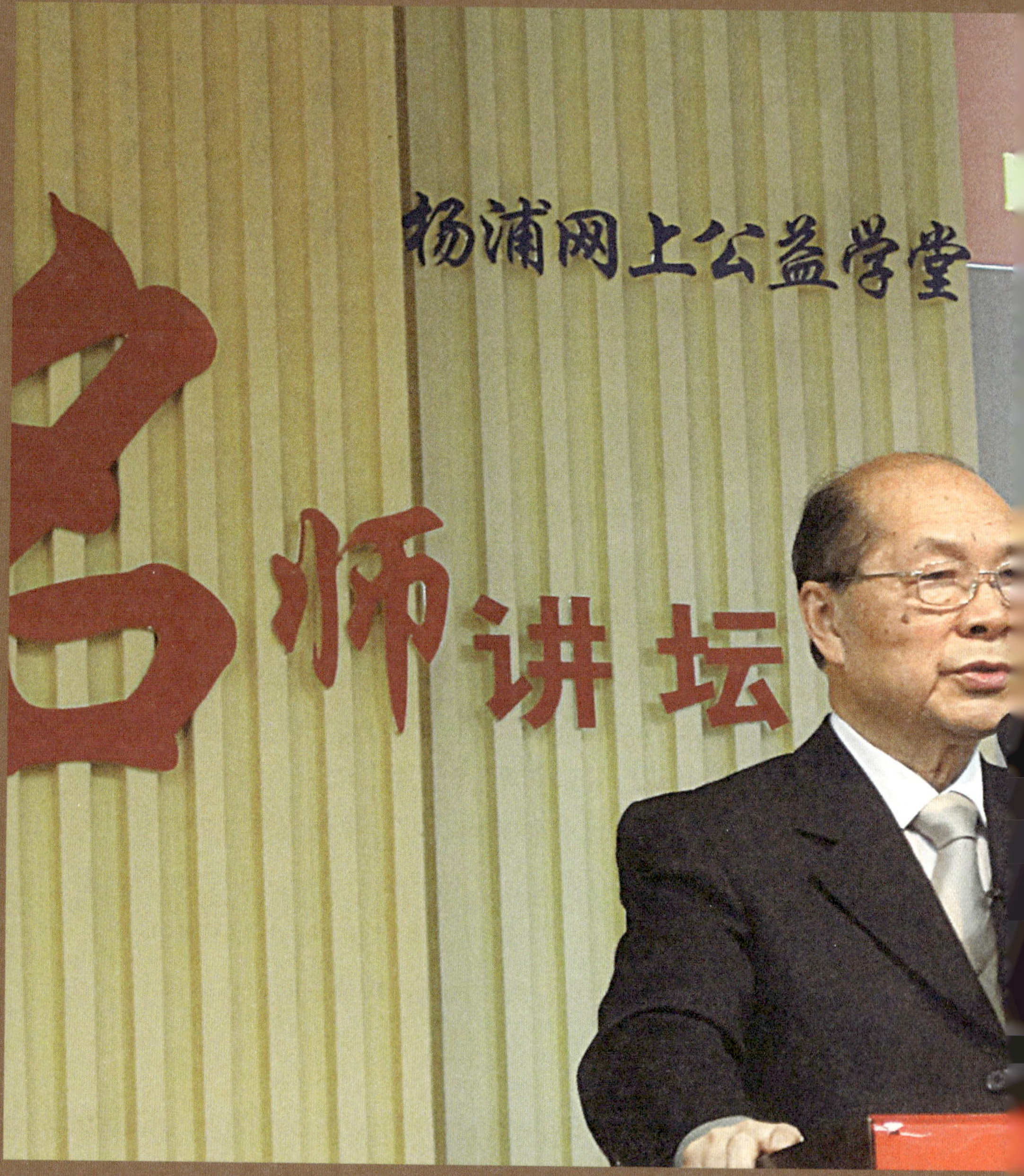
杨浦网上公益学堂
名师讲坛

建党90周年

"中国站起来" + "中国崛起"

国特色是带有根本性的成功

"为民" 和 "靠民"

"变革"

中国站起来：农村包围城市

中国崛起：改革开放 + 不断变

经济转轨：重数量 – 重质量

"中国特色"

式：结合国情 不是全

40. 第一次休假
——难忘的小家团聚

1994 年我卸任上海医科大学校长，那年我 64 岁。作为博士研究生导师，通常 65 岁退休。我计划着退休后能够实现多年的愿望，和美国的儿孙一起去看美国的自然风光，和老伴一起再看一些国内外的世界遗产。我这个人比较喜欢看世界文明的古迹：近的如柬埔寨的吴哥文明；远的如墨西哥的玛雅文明；土耳其也有很多古老文明。不料 1994 年底，我被告知当选为中国工程院医药卫生学部首批院士。而当年作为院士是不退休的，这个计划也因此搁置。

这样，20 世纪 90 年代的工作和任务反而比以前更为繁重：我要直接领导和践行研究所第三个阶段的研究方向——肝癌复发转移的研究；继续承担繁重的临床工作，手术、大查房和外宾门诊；带领研究生建立高转移人肝癌模型系统；继续主编《现代肿瘤学》第二版；继续举办每两年的全国肝癌学术会议和每四年的上海国际肝癌肝炎会议；还有越来越多的社会任职——中国工程院医药卫生学部副主任和主任，国家教委科技委副主任，中华医学会副会长；等等。国际邀请和任职也越来越多。

第一次休假不期而至

尽管那个时期医、教、研工作和国内外学术活动越来越多，但 1998 年我的第一次休假却不期而至。自从 1954 年大学毕业进入上海第一医学院附属中山医院（后称上海医科大学附属中山医院，复旦大学附属中山医院），一直到 1994 年卸任上海医科大学校长，我从未主动休过假。接近古稀之年，就有点想"家"。父母去世后，小家成为天伦之乐的核心。我和老伴都是医生，忙得不亦乐乎，所以只生了一个儿子；儿子成家后因在美国工作拼搏，也只生了一个儿子。我们 5 口的小家，多少年来难得相聚。

1998 年机会不期而至，这年我 68 岁。由于应邀成为第 17 届国际癌症大会肝癌会议三位演讲人之一，我和老伴要到巴西的里约热内卢，但 10 天后又要到维也纳出席世界胃肠病学大会，应邀作肝癌四年回顾的大会演讲，这 10 天如果回国，又要重新签证。思考再三，还是到美国儿子家过几天休假，然后再从美国去维也纳。儿子也抓住这个机会，安排了和少数友人一起到美国

图 40—1 汤钊猷近古稀之年的全家福

大峡谷国家公园及死亡谷国家公园游览。

　　我们小家加上友人共 7 人，先到美国死亡谷（Death Valley）国家公园。我们看到很有特色的地貌，自然抓紧拍了全家福（图 40—1）。孙子是五代单传，3 岁半便到了美国，那年刚好 10 岁，更想和他多聚聚。在一处高低错落的山景，孙子、老伴和我坐在"各得其所"之处（图 40—2）。

图 40—2　"各得其所"的趣照

　　美国大峡谷（Grand Canyon）国家公园，又名科罗拉多大峡谷，位于美国亚利桑那州西北部的凯巴布高原上，是世界上最长的峡谷之一，举世闻名的自然奇观，世界十大著名旅游点之一，1979 年入选世界自然遗产名录。

　　大峡谷是最后一天的压轴戏，据说最大谷深 1500 多米，科罗拉多河从谷底流过。但只有一天，没有时间下去，只能走马观花。于是找到能显示高低之处，我用相机拍下他们欢天喜地的样子（图 40—3）。一路上，峡谷美景如画，在夕阳下，山体层次清晰，变幻无穷，自然我们也抓紧拍了一张全家福（图40—4）。尽管所用并非专业相机，但这几张反映天伦之乐的照片，仍入选到后来出版的影集中。

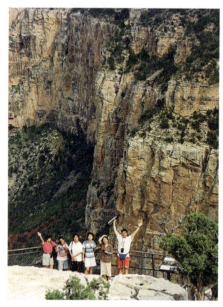

图40—3　汤钊猷在高处拍的小家和友人　　图40—4　夕阳下大峡谷的全家福

第二次美国的"小家聚"

2004年，我74岁，孙子16岁，凑孙子暑假，和儿子商量，又安排了一次美国的"小家聚"。没有想到，那竟是最后一次在美国拍的"全家福"。

2002年我曾发生没有明显外伤的腰椎骨折，核磁共振检查前列腺有结节和多处骨骼病变，曾误诊为前列腺癌的全身骨转移，最后证实为严重骨质疏松微骨折，其中腰椎在微骨折基础上发生骨折。那次住院3个多月，出院休息几个月，但腰痛明显。儿子考虑很周到，约了另外一家同游，以便相互照应。租了两辆商务车，我们小家坐一辆，由儿子驾驶，因单程需数小时，久坐腰痛难受，后排可以让我躺下。

每天清早在小旅馆吃了早饭便动身，驱车5—6小时到一个景点，看2—3小时后再驱车到另一个旅馆过夜，这样在8天里看了8个国家公园。既然一天看一个国家公园，那只能走马观花。本册子不是游记，8个国家公园也不再一一列出。

其中，著名的黄石（Yellowstone）公园，主要位于美国怀俄明州，部分位于蒙大拿州和爱达荷州。据说是世界上最大的国家公园，是世界上最大的超级火山，也是世界七大自然奇观之一，1978年入选世界自然遗产名录。每若干分钟喷发一次的老忠实间歇泉印象深刻，看到了黄石大峡谷和百米高的瀑布，也看到大片山火后的森林，据说1988年黄石公园大火是该国家公园有记录以来最大的一场火灾。自然我们也在有明显标志的间歇泉留下了全家福（图40—5）。

图40—5　黄石公园间歇泉留影

位于美国犹他州的拱门（Arches）国家公园很有特色，有各色各样的"拱"，大自然的鬼斧神工让人惊叹，这里我们拍的照片最多，当然我们也留下全家福（图40—6），据说不久这个拱门便断裂而不复存在。

图40—6　断裂前著名拱门下全家福

这里只打算列述4个国家公园的全家福。您看图40—7这张五彩缤纷的全家福，不仅颜色各异，坐落轻松优雅，孙子坐到高位，原来这是在美国犹他州的锡安（Zion）国家公园中一块巨石上拍的（图40—7）。最后一张是在美国怀俄明州的大提顿（Grand Teton）国家公园梦幻之山拍的，最高峰海拔4000多米，山景险峻而秀丽，终年积雪；游走其间，心旷神怡（图40—8）。

那次我们还看了被称为北美洲"脊骨"的洛基山（Rocky Mountain）国家公园；看了峡谷地（Canyonlands）国家公园，那里有如"虫蛀"的神奇地貌；布莱斯峡谷（Bryce Canyon）国家公园则到处看到如城堡的奇特地貌；看了大鹿角峡谷（Bighorn

Canyon）国家公园；还有一时黑云密布，一时晴朗无云，神秘莫测的魔鬼塔（Devils Tower），据说曾被评为全球最美的100个国家公园之一，可以说是满载而归。

图 40—7　巨石前的趣照

图 40—8　雄伟的梦幻之山

三清山的小家聚

随着年龄增长，确感能够全家团聚的机会不多，所以便有加快节奏的想法。2006年在友人的帮助下，小家又一次在江西的三清山相聚。这年我已是76岁老人，孙子已是18岁成年人。三清山是道教名山，我们游览后两年便被评为世界遗产，是中国第七个和江西第一个世界自然遗产，最引人入胜的是"巨蟒出山"（图40—9）。

图40—9 奇特的"巨蟒出山"

那次三清山行，我们还到婺源看了严田的千年古樟，据说已有 1500 年历史，从我们全家福可见树干之粗大（图 40—10）。婺源小桥流水也给我们古稀之年的老人留下美好回忆。

图 40—10　千年古樟下的合影

小家新疆行

2006 年 11 月，老伴突然患恶性程度很高的乳腺癌伴腋下淋巴结转移，手术后用了最新的分子靶向药物赫赛汀治疗。但副反应严重，从口腔溃疡、头痛，到出现心脏毒性而被迫中途停用。我预感今后全家聚会的机会不多，2007 年 7 月借出席新疆一个学术会议之机，把远在美国的儿媳和孙子约回来，安排一次新疆游，也让老伴有所放松。那次会议，我的老朋友，法国肝移植鼻祖 Bismuth 夫妇也出席，自然不会忘记和我们全家合影，留下珍贵的照片（图 40—11）。

图 40—11　与法国肝移植鼻祖 Bismuth 夫妇（左三左四）合影

会后由旅行社安排一部商务车，沿着新疆意想不到的现代化公路，一路畅行，前后 5 天，可以说是走马观花，看了阿尔泰、禾木村、喀纳斯、魔鬼城、那拉提草原、赛里木湖、尉犁县胡杨林、库尔勒等。我们在喀纳斯留下了全家福（图 40—12），喀纳斯是中国 5A 级旅游景区，那里的喀纳斯湖，是中国最深的堰塞湖，传说中有喀纳斯湖水怪，可惜我们等了半天没有看到。

图 40—12　喀纳斯拍的全家福

　　没有想到 2007 年新疆行的全家福，竟成为 5 口小家旅游的最后合影。此后老伴病痛不断：赫赛汀导致的心脏毒性—心房颤动—脑梗—腰椎骨折—肺炎—丹毒—老年痴呆，2017 年老伴在 88 岁时因肺炎走了，5 口小家变成 4 口。两年后孙子 31 岁在美国成家，又成了 5 口之家。我期盼再有一个新的 5 口之家的旅游欢聚合影，然而新冠疫情使我的期盼一时难以实现。老子说"飘风不终朝，骤雨不终日"，相信总有一天疫情会过去，生活得以复常。一个九旬的老人，等待着那一天的到来。

人生感悟

人生不外乎"奉献与享受"，对家庭的奉献，对国家的奉献，乃至对人类的奉献；一个人来到这个世界上，享受也不可少——奉献之乐、天伦之乐、交友之乐、兴趣之乐等等。2017年我到昆明看望42年前我手术的一位肝癌百岁寿星（当年102岁），就是最大的享受；但天伦之乐不能少。我以为，人的一生，要多看一些伟大的东西，例如著名的小说（如三国演义、水浒传、大仲马的小说）、有重大历史意义的古迹（如金字塔、长城、兵马俑）、大自然的奇观（如伊瓜苏瀑布）等，这将有助于增进阅历，扩大视野，开阔心胸。回顾九旬人生，却只有四次小家的旅游合影，而且这四次都是我主动才促成的。人生既长又短，积极的态度将使人生更加丰富多彩。"阴阳互存"，奉献与享受相辅相成，就看我们能否抓住。

家国情怀，奉献与享受相辅相成，积极的人生更精彩。

41. 家
——人生难以挥去的念想

　　人到了"来日不多"之时，"家"更成为挥之不去的念想。长兄86岁时离世，他因腰椎骨折、脑梗全身瘫痪、肺炎而住院，在中西医结合治疗下，免去气管切开，思维清晰地度过了三年。离世前几天，他对三弟说"我想回家"。长兄终身未娶，所谓家只是一间14平方米的一室户。他在那里住了近20年，那里有他的小天地，房间的一面墙，成了一个大书架，有数不清的书，"家"成了他离世前唯一的念想。他所以腰椎骨折，正是爬高取书跌倒引起。我老伴88岁时老年痴呆高热住院，因吸入性肺炎进入重症监护室抢救，做了气管切开，半年后离世。离世前我们去看她，只要说"过两天等您好了，就带您回家"，神志迷糊的她，马上露出一丝笑容，含泪的眼睛半睁开。她所依依不舍的"家"，那时只是我和她的两人世界，儿孙都在美国。每到节日长假，都可以看到外出打工的，或乘车或骑摩托车万里奔袭回家，那个"家"也许就是父母和妻小。看来，"家"是人生难以挥去的念想。

"小家"

　　儿时之家。从我有记忆开始，最温馨的就是"家"，那里有父母和兄弟妹。尽管战乱不断，生活艰苦，但童趣仍存。小学放学就赶紧回家，兄弟各人坐在报纸折成的船里，玩打仗游戏。抗日战争时期我们在澳门，周末母亲总要带我们到南湾去看斗风筝。端午节母亲总要包粽子。过年总要蒸萝卜糕，油炸芋头角，我们围在炉旁等吃刚炸出的点心，直到深夜。父亲则循循善诱，教书法，背名篇，讲历史。兄弟都争先恐后看谁背诵得快。

青春之家。很快，兄弟妹都已长大，读医，读工，读天文，而节日总要回家团聚。那时的家，充满青春活力，父母健在，再穷也要买叉烧聚餐（图41—1）。

图41—1　1958年的"家"

成家立业，是常人必经的人生路径。我28岁与大学同窗结婚，29岁有了儿子，于是有了一个完整的"家"。周末回家，父母看到孙子出世，自然喜上心头。

四代同堂。弹指一挥间，儿子28岁也成家，第二年小宝宝出世，可惜我父亲早已离世，母亲看到四代同堂，内心的喜悦自不在话下。我当上上海医科大学校长，老伴的事业也顺利开展，我们还有机会借国际会议之机，看到五大洲的异域风光。

孤独之家。光阴似箭，岁月如梭。母亲96岁离世，儿孙远离。变成我和老伴两人世界的家。原先上海有6位老人，不久长兄、亲家公和老伴离世，只剩下已无法出门的三弟和亲家母。我的"家"变成孤家寡人，只有保姆陪着，每到周末，等待着万里之外的儿子来电。亲朋好友说，可以到老人院，但我还是不能割舍自己的"家"，那里有往事的念想，有我的小天地。2023年（93岁）我编写了最后一本影集《汤钊猷影集.人生篇》，梳理了一下九旬的人生，确如《周易》的"乾卦"，即幼年的"潜龙勿用"、少年的"见龙在田"、青年的"终日乾乾"、壮年的"或跃在渊"、巅峰的"飞龙在天"和老年的"亢龙有悔"。

"大家"

岳父之家。我的"汤家"兄弟妹5人，两人独身，五弟之子也独身，"家"已名存实亡。

亲家公离世后，交往也少。唯独岳父之家，人丁旺盛。老伴有8位弟妹，均已婚配，并有后裔，几代共有30—40人，多在成都。于是每1—2年便有一次大聚会（图41—2）。2008年我和老伴的"金婚"，在成都热闹非凡，几位老人还到贵州看了世界自然遗产"贵州荔波喀斯特大七孔"。新冠疫情使计划好的2019年大聚会告吹，大家等待着疫情后2023年的聚会，但两位内弟也已离世。

团队之家。1969年我改行从事肝癌研究，屈指算来已半个世纪，先后与三个梯队共处，团队之家的友情不亚于亲人之家。每年春节向病人拜年，也是团队团拜之时。办公室挂着两张难以

图 41—2 和岳父家合影（1983 年）

忘怀的照片——80 岁时与学生和友人的合影，以及 90 岁时与生存 20 年以上病人和团队的合影（后图 42—1）。

"国家"

没有国，何以为家？父亲，一个留美学人，新中国成立前夕竟失业摆摊，小家濒临崩溃。新中国成立后才重执教鞭，我也才圆了读医梦。九旬人生，亲历抗日战争、旧中国之乱，看到新中国"站起来""富起来"，到向"强起来"迈进，心潮澎湃。国家才是"小家"和"大家"的后盾。国家之所以能和平崛起，靠中国共产党的领导，靠中国特色社会主义道路，也靠千千万万"小家"和"大家"的投入。1987 年邓小平等党和国家领导人的接见，以及所说的三句话"国家感谢你们，党感谢你们，人民感谢你们"成为我继续前进的动力。耄耋之年为继续对付癌症，展望我国医学前景，写了 6 本科普，也希望对国家有微薄的奉献。搞好"小家"，团结"大家"，奉献"国家"，就作为本篇的结尾。

人生感悟

我以为，中华哲理可简化为"不变，恒变和互变"。自然法则的存在是不变的。"男大当婚，女大当嫁"，"不孝有三，无后为大"，这些民间常用语，似有点"俗"，但却是自然法则，是保证人类传承繁衍的法宝。独身的家，不能算"家"；婚后无后裔的家，也不是一个完整的"家"；结婚生子（男或女），才算一个完整的"家"。这个"小家"，又是"大家"和"国家"的基础。中华民族所以繁荣昌盛，和顺应自然分不开。所谓顺应自然，就是顺应自然法则。经济发展自然是好事，然而当下发达国家几乎都面临人口下降的问题。前几天友人告我，现在晚婚，婚后无子的也越来越多；离婚比结婚还要多，值得我们深思。人口增长太快不利于经济发展，人口负增长也有远忧。《道德经》说"天之道，损有余而补不足"，人口太多不好，太少也不好。学一点中华哲理"阴阳中和"（图41—3），有助为人处世，正确持"家"。学点中华哲理"阴阳互存"，"小家"只是"大家"的部分，"大家"只是"国家"的部分，不能只顾小家不顾大家，也不能只顾大家不顾国家。人生的念想，既要想到小家，也要想到大家，更要想到国家。

家国情怀，搞好小家，团结大家，奉献国家。

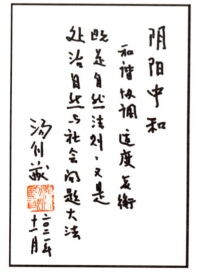

图41—3 "阴阳中和"有助持"家"

42.给我最大享受的两张照片
——奉献之乐

　　2019 年末，我们复旦大学附属中山医院肝癌研究所 50 周年庆刚结束不久，我的首位研究生马曾辰教授，也早已退休，说要到我办公室送给我一样东西。那天我静候在办公室，不久他带来两个相框，原来是两张照片。我看过后，感慨不已，夜不能寐，因为这正是我从医执教一生最大的享受，我把它挂在办公室一处显要的地方（图 42—1）。

图 42—1　给我最大享受的两张照片

生存 20 年以上肝癌病人的大合唱

图 42—2　关于肝癌患者长期生存的专著

先看图 42—1 我指的那张照片，那张照片上，马曾辰教授加了几个字"赞誉传四海——贺汤钊猷老师九十大寿"。那是 2019 年 12 月，我们肝癌研究所成立 50 周年，举办的一个学术研讨会；同时也是为我从医执教 65 周年举办的一个研讨会。因为马曾辰教授不久前曾总结了我们研究所部分长期生存的病人，主编出版了《突破——88 例肝癌患者手术后 20 ~ 48 年长期生存》一书（图 42—2）。所以在筹备会上，他建议请几十位生存 20 年以上肝癌病人表演大合唱，以增加会议气氛。果然，台上高声合唱，台下互动，这个项目成了会议的高潮，与会者赞叹不已。合唱后，又和我们肝癌所三个梯队的医生合影，成为这次纪念活动的标志性照片（图 42—3）。

图 42—3　生存 20 年以上肝癌病人大合唱后与医生团队的合影

我记得，1971 年美国一位学者 Curutchet，曾总结 1905—1970 年的 65 年间，全球只收集到 45 位生存 5 年以上的肝癌患者。而当前一个研究所的不完全统计，便已有 88 位生存 20 年以上（不是 5 年以上）的肝癌病人，可以说："肝癌已从不治之症，变为部分可治之症。"这首先是我们研究所的团队在肝癌早诊早治上的突破，因为在 88 例肝癌长期生存者中，近六成来自小肝癌切除。这项成果已获得世界的公认。前面已经说过，在我们肝癌所 40 周年庆时，法国肝移植鼻祖 Bismuth 发来的贺信就曾说："祝贺您们从事肝癌研究 40 周年！您们获得的成就显著而令人惊异。您是首位证明原发性肝癌切除后能长期存活的研究者。在那次您组织的上海（国际肝癌肝炎）大会中，肝癌切除手术后 10 年病人的大合唱是最感人的时刻。"作为医者的一生，还有比这更值得高兴的吗？

肝癌病人竟成了百岁寿星

　　讲到医生最大的享受，我不得不再加一点文字。那是 2017 年 8 月，我要到昆明出席一个会议。事先看到马曾辰教授主编的《突破——88 例肝癌患者手术后 20 ~ 48 年长期生存》一书，其中有一例我曾做过手术的，据说已超过百岁，刚好也在昆明。于是请在昆明工作的我早年的博士熊伟教授帮我事先沟通一下，能否去拜望那位百岁寿星，我估计他可能已躺在床上，说只要 10 分钟即可。没有想到，那位沈姓的百岁寿星听到我要去看他，兴奋不已。那天我去看他，本想我已是 87 岁老人，应该可以叫他"老沈"。后来再想，他比我还要大 15 岁啊，只好叫"沈老"。进了房间，他竟上前来迎我。我送他那本《突破——88 例肝癌患者手术后 20 ～ 48 年长期生存》的书，还翻到记载他的"第 12 例"（图 42—4）。我看他耳聪目明，便说"您比我好啊，我耳朵已经很聋啦"；他竟说"我牙齿也不错啊"。我一时间心潮澎湃，因为 1975 年，他已 60 岁，我给他做了大肝癌切除，4 年后癌转移到肺，又做了肺叶切除。这样的病人竟能成为百岁寿星（我见他时已是 102 岁），无法置信。我回到办公室仔细研究，原来他两次手术后，又接受了长达 10 年的综合治疗，包括 4 种免疫治疗，还有一个常被忽视的因素，就是他所说的"我没有思想负担"。这提示对付癌症"消灭（手术）＋改造（免疫治疗，心胸开阔等）"可以提高疗效。

图 42—4　看望肝癌百岁寿星

　　既然话匣子打开，不妨再说几句。马曾辰教授在出版《突破——88 例肝癌患者手术后 20 ～ 48 年长期生存》后，又相继约请我曾为之治疗的多位长期生存肝癌病人到办公室来看望我，这张照片也许是我在人生画上句号前最值得珍惜的照片之一（图 42—5，左一是马曾辰教授，右二是汤钊猷）。过了一个月，马

图 42—5　与生存 30 余年病人合影

教授又约请了第二批长生存病人到办公室来看我。其中就有 1975 年我曾为之手术的患小肝癌的女病人，那时她未婚，术后隐姓埋名，10 年后结婚生女。2017 年来看我时，已是"花甲之年"，但精神饱满，女儿也早已工作（图 42—6）。

图 42—6　与小肝癌切除 42 年的病人合影

"桃李满天下"

这第二张照片便是图 42—1 上面的那张。马曾辰教授在照片上又加了"桃李满天下——贺汤钊猷老师八十大寿"。那是 2009年，我们肝癌研究所 40 周年所庆，宴会后，我的学生上前来和我合影，他们中有来自外地的，也有几位从美国专程来的。来祝贺所庆的嘉宾中，有从美国国立癌症研究所（NCI）来的王心伟博士，还有东方肝胆外科医院的王红阳院士，他们也凑上来和我合影（图 42—7，汤钊猷左上是王红阳院士，右上是王心伟博士）。他们是向我祝寿的，而我倒是充满感激之情，因为他们曾为肝癌所添砖增瓦，很多重大科研项目的成功都和他们分不开。

图 42—7　肝癌所 40 周年庆典时与学生和嘉宾的合影

全国优秀博士论文

我从医执教 65 年，从医中最大的享受，便是上面所示的肝癌长生存病人；执教中最大的享受，莫过于学生们所取得的成绩，其中也包括全国优秀博士论文（简称"优博"）奖获得者。

在培养的博士生中，我有幸成为 4 篇全国优秀博士论文的指导教师（图 42—8）。

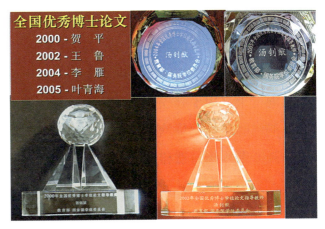

图 42—8　全国"优博"指导教师

值得一提的是其中一篇王鲁博士的"优博"。我们在 1994 年起便将全所的研究重点改到"研究肝癌复发转移"上，因为不研究这个课题，肝癌疗效就难以进一步提高。当我们成功建立了高转移人肝癌裸鼠和细胞模型后，王鲁博士便用这个模型筛选抗复发转移药物，在国际上首先发现用于治疗病毒性肝炎的干扰素，有助于减少肝癌术后的复发转移。这项新发现的论文，经过 7 次修改，包括精练、求实、逻辑性、辩证思维、表达艺术等方面，终于刊登在当年最高档的肝病杂志《肝脏病学（Hepatology）》上。接着我的另一位业已毕业的孙惠川博士（图 42—9，左一王鲁"优博"，左二贺平"优博"，右一孙惠川），又开展了干扰素的临床随机对照研究，经过长达 6 年的临床试验，终于证明临床有效，并在临床应用，提高了疗效。2010

图 42—9　作出贡献的部分博士（1999 年摄）

年《肝脏病学杂志（J Hepatol）》一篇对 1180 例肝癌根治性治疗后的荟萃分析证明：干扰素可提高无复发生存率。

由于后来李雁博士继承发展了原先高转移人肝癌模型，叶青海博士又用于肝癌转移预测等研究，加上其他的诸多工作，使我们继肝癌早诊早治后，又获得第二个国家科技进步奖一等奖，以及一个国家自然科学奖二等奖。

人生感悟

人的一生，既要奉献，又要享受，享受天伦之乐、奉献之乐、交友之乐、兴趣之乐、学习之乐等。从奉献中享受，是最重要的享受。作为医学院校的医生，从医从教，最大的享受就是看到治好的病人，看到培养的学生作出贡献。

治好病人，有低层次的通过学习他人经验而治好病人，有高层次的通过开展科学研究提高了疗效。你付出越多，享受越大。88 例长生存者，就是我们团队经过十几年努力，解决了肝癌早诊早治的关键问题，又通过另一个十几年努力，通过综合治疗和缩小后切除治好了病人。

看到培养的学生作出贡献是另一个奉献之乐。其实导师与学生是教学相长、互相学习的关系。导师能够给予学生的主要是"软件"，我归纳为"严谨进取，放眼世界"。严谨是基础，进取是目标，要进取就要创新，要敢于

图 42—10　奉献之乐的基础

在世界舞台上比武。导师也从学生中得到学习，他们对所从事课题的深入程度比导师要强，他们的创新成果也常为研究所添砖加瓦。

我有幸获得两个国家科技进步奖一等奖，其根源都离不开"需求出发，中国特色，和谐包容"，这也是获得较大奉献之乐的基础（图42—10）。

家国情怀，奉献之乐是人生最大的享受。

43. 从未申报过的"荣誉"
——是非功过任评说

　　我有幸获得过一些荣誉，如 1987 年邓小平等党和国家领导人的接见，1994 年当选为首批中国工程院医药卫生学部院士，2005 年当选为美国外科协会名誉会员，2007 年当选为日本外科学会名誉会员等，都是从未主动申报过的，事先也毫不知情。

邓小平等党和国家领导人的接见

　　1987 年 7 月，我突然收到中共中央办公厅的一封邀请信："中共中央邀请您偕爱人于七月十八日至三十一日到北戴河休息。"自 1954 年入职以来，我从未安排过休假。这个突如其来的邀请，意味着领导将要强制我两周的休假。尽管当时任务繁重，但这也是人生中难得的礼遇。可惜我爱人李其松刚好应邀到美国讲学，她是中西医结合医生，到美国讲中国针灸与中医进展，失去了这个极其难得的机会。

　　我到达后才知道，这是中共中央邀请全国 14 名有突出贡献的中年科技工作者到北戴河休息，并获得当年党和国家领导人的接见，其高潮是邓小平同志的接见。邓小平只说了三句话："国家感谢你们，党感谢你们，人民感谢你们"。这三句话一直是激励我继续奋斗的强大动力。

　　在北戴河，给我们每人都安排了单独的房间。我还记得，当时每天都有幸和清华大学倪维斗教授夫妇共同游到拦鲨网，但半个小时，已累得不得了。邓小平接见的前一天，杨尚昆等领导陪我们吃饭，我看杨尚昆身体很好，问他有什么经验，他说夏天游泳，冬天爬山。我问每天游多长时间，他说1小时，我羡慕不已，他说："小平比我长，游2小时。"第二天邓小平接见，我问他是否每天游泳1小时，他马上说"不止，不止"。那次度假，领导还安排了军舰让我们到渤海游览。

14位中年科技工作者中，7位是军方，7位是民方，我有幸是医药卫生界的代表。我曾问具体组办这次活动的国家科委宋健主任，为什么选我，他说是根据细致的调研作出的。回到上海，上海市领导又专门安排了接见。

不知情当选为中国工程院首批院士

1994年年末的一天，在开会时偶遇当年第三军医大学的王正国教授。他略有神秘地在我耳边说"我们都上了"，我莫名其妙问他"上什么？"他说"上院士啊"。第二年6月我便收到中国工程院朱光亚院长的来信："我十分荣幸地通知您，经过遴选并经国务院批准，您于1994年12月起聘任为中国工程院医药与卫生工程学部首批院士"（图43—1）。不久我便收到正式

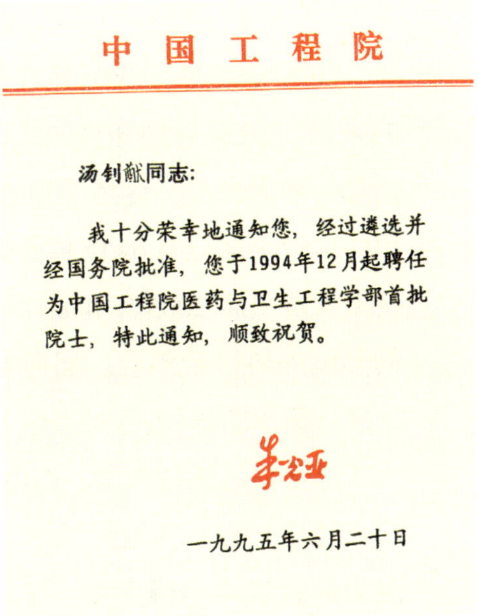

中 国 工 程 院

汤钊猷同志：

我十分荣幸地通知您，经过遴选并经国务院批准，您于1994年12月起聘任为中国工程院医药与卫生工程学部首批院士，特此通知，顺致祝贺。

朱光亚

一九九五年六月二十日

图43—1 当选为首批院士的通知

的院士证。

1994 年我卸任上海医科大学校长时已年届 64 岁，按规定，博士研究生导师可工作到 65 岁。尽管我们肝癌研究所刚制订出第三个研究方向——"肝癌复发转移的研究"，但我也已打算将这一任务交给年轻的同道去承担。我老伴也将退休，我确曾计划退休后和老伴一起到国内和世界各地看一些历史文化遗迹。不期当上院士，按当年规定院士需要继续工作。我不仅要继续担负研究所的研究任务，而且工程院医药卫生工程学部还要我担任学部副主任，后来又当了一届学部主任。我们原先退休后的计划便无限期推迟了。

后来才知道，我之所以当选，是当年新的校领导研究后上报的，上海医科大学只上报了我和顾玉东教授。

不知情当选为美国外科协会名誉会员

2005 年 2 月，我突然收到美国外科协会秘书长 Mulholland 的来信："很高兴通知您，美国外科协会理事会无记名投票，您当选为名誉会员。这是美国外科协会对外国的外科同道的最高认可。迄今全球只有 64 位名誉会员。协会主席 Polk 和我特致祝贺。希望您能出席 2005 年 4 月 14—16 日在佛罗里达州的棕榈滩召开的美国外科协会年会。届时 Polk 主席将在开幕式上介绍您，也请您作简单的答词。"（图 43—2）

尽管我是外科医生，但由于从事肝癌研究，我更多参与肝病学和肿瘤学方面的国际活动，而外科方面的国际组织参与较少，因为前者我可学得更多。于是我叫兼我秘书的博士研究生查一下美国外科协会的背景。原来美国外科协会建于 1880 年，已有

125 年历史，是美国历史最长、最有声望的外科协会，协会下面还有 9 个分会。至 2005 年共选出来自 23 个国家的 67 位名誉会员，除英国最多外，大多每个国家仅 1—2 位。如西班牙、意大利、南非、巴西、阿根廷、中国均只有 2 人；其他如瑞士、荷兰、比利时、新西兰、墨西哥、智利等则只有 1 人。我国 2 人中，另一人在香港（John Wong）。我当然不会拒绝这个国际荣誉，因为这不单代表个人，还反映国家的学术地位。

图 43—2 上图为汤钊猷在美国外科协会年会上致答词，下图为汤钊猷的美国外科协会名誉会员证书

在出席第 125 届美国外科协会年会后，给我留下的印象是，重学术而轻形式，主席台上只有外科协会的主席和秘书长 2 人。主席的介绍词很简单："上海复旦大学肝癌研究所所长汤钊猷，一位世界公认的肝癌专家，他在实验研究和外科临床的贡献极大丰富了肝癌的基础知识并提高了临床疗效。作为中国工程院院士、中华医学会副会长以及上海医科大学校长，对他的国家的公共事业也作出卓越贡献。作为一位对其人民无私奉献并有极高学术造诣的学者，完全值得推荐为美国外科学会的名誉会员。"我的答词同样也只有 5 分钟。会场上没有看到商业性的广告。学术报告人均准时，讨论热烈。

有一个小插曲，我在答词中说我在美国有不少朋友，提到其中有肝移植之父 Thomas Starzl，美国癌症协会前主席 Walter

Lawrence 等。没有想到我的答词一结束走下台，Starzl 便上前来向我表示祝贺。会议期间不少美国外科著名人士纷纷表示祝贺，宴会中，我问美国外科协会名誉会员委员会主席 Gewertz 教授："您们是为何和如何选我为名誉会员的?"对方回答说："这主要是由于您的贡献，其实我们对您已注意了很长时间了。"

不知情当选为日本外科学会名誉会员

2007 年我又突然收到日本外科学会主席 Monden 的来信，说我已当选为日本外科学会名誉会员，希望我能出席 2007 年 4 月在大阪召开的第 107 届日本外科年会，并作演讲。于是我又去信询问，日本外科学会至今共有几位名誉会员。对方很快便寄来一个统计表格，原来 1990—2006 年间，只选出 19 位名誉会员，其中美国最多，共 12 人，英国 2 人，德国、法国、波兰、希腊、中国各 1 人。美国、法国和英国肝移植权威均在其中。我有幸和英国肝移植鼻祖 Roger Calne 同时当选（图 43—3）。授予名誉会员仪式很隆重，证书有日文和英文两个版本（图 43—4）。

我和日本外科学会主席 Monden 并不熟悉，记得只单独见过一面，他说曾在美

至2007年
日本外科学会共选出
19位名誉会员
其中
美国12人 英国2人
德国 法国 波兰 希腊 中国
各1人
三位肝移植权威人选
Starzl Bismuth Calne

Honorary Member of Japan Surgical Society

Year	NAME	Nationality
1990	Lloyd M. Nyhus	USA
1992	Thomas E. Starzl	USA
1997	Basil C. Morson	UK
	Paul A. Ebert	USA
1998	James C. Thompson	USA
1999	John E. Connolly	USA
	John F. Burke	USA
2000	John M. Howard	USA
	Keith A. Kelly	USA
2001	J. Rudiger Siewert	Germany
2002	Robert E. Condon	USA
	Peter J. Morris	USA
2003	Waldemar L. Olszewski	Poland
	Douglas W. Wilmore	USA
2004	Ronald K. Tompkins	USA
2005	Henri Bismuth	France
	Nicholas J. Lygidakis	Greece
2006	Roy Y. Calne	UK
	Zhao-You Tang	China

图 43—3　汤钊猷当选日本外科学会名誉会员

国 Sloan–Kettering 癌症中心进修，我说此前曾因获金牌奖在那里参观。究竟为何选我，并未深究。可能是我曾应邀到日本多次，在那里有些影响罢了。在第 107 届日本外科年会上，我作了"肝细胞癌——从实验到临床"的报告。2008 年我们和香港合办的沪港国际肝病会，我和 Monden 又共同主持了其中的"中日会议"。

图 43—4　上图为日本外科学会授名誉会员仪式，下图为汤钊猷的日本外科学会名誉会员证书

人生感悟

　　一个人来到这个世界上，除非什么事也不做，如果做了某些事，总会有正反两种不同的意见。这就是"阴阳既对立，又互存"。西汉司马迁《报任安书》中有言："人固有一死，或重于泰山，或轻于鸿毛"。到底是前者还是后者，我以为还是"是非功过任评说"，也就是由他人和后人来作出。如果自认为正确的，对他人有利、对国家有利、对世界有利的，你就大胆去做，不必过多踌躇不前。我自 20 世纪末便开始重听，到现在如果不戴助

听器，连打雷也听不见。这同样是一分为二的，对自己所作所为，既听不到好话，也听不到坏话。倒也能够静下心来写点自以为对人民有用的东西，这就是我在耄耋之年写下的《消灭与改造并举——院士抗癌新视点》等"控癌三部曲"，以及展望我国医学前景的《西学中，创中国新医学——西医院士的中西医结合观》和《中华哲学思维——再论创中国新医学》。

家国情怀，老子说"功成而弗居"，是非功过任评说。

44. 创意人生

——苦中取乐

鲐背之年，惊回首，竟也有小小的创意。我以为，所谓"创意"，也许就是老子所说"为之于未有"。"治国，平天下"应属"大创意"。《孙子兵法》说，"以正合，以奇胜"。前者就是按常规办事，例如临床医生按"诊疗规范"办；后者则是不按常规办，出奇（创新）制胜。2023 年贺年片的最后一句"没有创新，难有进步"，哪怕是小小创意（图 44—1）。所以，"小创意"就是主动做不按常规之事，例如在国内最早做的事，或在国际上有一定影响之事。下面就罗列一下一生的小小创意。

图 44—1 "没有创新，难有进步"

小小创意

1960 年在《中华医学杂志（英文版）》发表《针灸治疗急性阑尾炎 116 例分析》：为了响应中西医结合号召，1958 年担任共青团中山医院总支书记期间，组织年轻外科医生，在高年医生的支持下，开展针灸治疗急性阑尾炎。那时正值"大跃进"，任务繁忙，但还是提供了一种手术以外的治疗手段，而且也为儿子、妻子和母亲的急性阑尾炎免除了手术。

1962 年开展显微血管外科实验研究：这也许是国内最早的。那时没有手术显微镜，只好到学校组胚教研组要一台解剖显微镜，叫医院"铜匠间"帮忙搞一个落地架，还要设计制造适合小血管吻合的手术器械。几年内进行了数以百计的兔血管实验，论文以导师崔之义为第一作者发表，为后来的"游离足趾移植再造拇指"提供了条件。

1964 年写成 30 万字的《发展中的现代医学》科普：为了扩展医学知识，向大众介绍快速发展的现代医学，不知天高地厚，竟花了 6 年业余时间，粗览了从基础到临床，从预防到治疗，从西医到中医，从古到今的医学书籍和文献。没有时间誊写正式稿件，请长兄帮忙（图 44—2）。送到上海科技出版社后，因"文化大革命"搁置了 15 年，无力更新而未能出版。但也为

图 44—2　送至上海科技出版社的书稿（1964 年）

后来敢于选一些力所难及的研究课题打下基础。

1965年断拇指再植成功：年轻工人工伤双侧断拇指，手术侧获得成功，属国内首例。另一侧因手术医生无显微血管外科基础而失败。

1966年与杨东岳教授合作完成国际首例"游离足趾移植再造拇指"：过去再造拇指需5—6次手术，而杨教授的设想，如能顺利小血管吻合，用第二足趾移植，再造拇指将一次成功，并有感觉、能活动。负责血管吻合，成功进行5例，后因"文化大革命"而中断。

1978年国际癌症大会肝癌会议的"挤进去发言"：这使原先不受关注的肝癌早诊早治成果，引起世界肿瘤学术界轰动。

1979年从美国引进微电脑：为提高临床病例储存分析效率，借赴美接受"早治早愈"金牌之机，带回可能是国内医界最早引进的48K微电脑APPLE II PLUS。但毫无电脑基础的我，在繁忙医疗之余，整整用了半年的夜间编写程序，才成功使用于病例储存分析。1981年后发表多篇论文。

1979年从美国引进裸小鼠：为将人的肝癌细胞移植到鼠体内而不被排斥，须先天性免疫缺陷的裸鼠，借赴美接受"早治早愈"金牌之机，从Sloan–Kettering癌症中心引进5对裸小鼠，属国内医界最早引进者。一名外科医生，为此还专门订购并阅读了英文的裸鼠专著，和研究生一起，忙了多年，为后来获国家科技进步奖打下基础。

1982年建成国内首例"裸鼠人肝癌模型"：为了提高肝癌临床疗效，需进行实验性治疗研究，领导研究生建成国内首例裸鼠人肝癌模型，实验研究提示好的综合治疗可达到"1+1+1>3"的效果，使"不能切除肝癌缩小后切除"研究得以开展，并获国家科技进步奖三等奖。

1983 年从美国引进裸大鼠：由于裸小鼠太小，难以进行一些外科操作，又从美国 Albert Einstein 医学中心引进裸大鼠，也属国内医界首例。裸大鼠人肝癌模型论文也以研究生为第一作者于 1986 年发表。

1985 年"小肝癌的诊断与治疗"获国家科技进步奖一等奖：团队这项研究成果，使肝癌由不治之症转变为部分可治之症。当年在临床十分繁忙之余，还需派赴启东肝癌高发区的医疗科研队，并进行了十余年关于肝癌早诊、早治、复发转移的再治疗等探索。

1985 年出版英文版《亚临床肝癌》：由于肝癌早诊早治大幅提高了疗效，由我主编，德国 Springer 和中国学术出版社共同出版了英文版《亚临床肝癌》，是国际上最早叙述早期肝癌的专著。我第一次编写英文专著，忙了一整年，撰写了全书三分之一的内容，还负责全书的编审和打字。国际肝病学奠基人 Hans Popper 在前言中誉为"人类认识和治疗肝癌的重大进展"，并促使我 1987 年成为 32 届世界外科大会肝外科和肝胆肿瘤分会主席和共同主席。

1986 年主办首届上海国际肝癌肝炎会议：为了更好向世界传播肝癌早诊早治成果，以及为使更多国内学者参加国际学术会议，邀请了国际最著名学者担任共同主席，使会议规模从计划的 70 人达到 500 人，为这个系列国际会议在上海召开打下基础。我也为此投入额外的精力去筹划、邀请、筹措经费，以及安排幻灯效果等细节。

1989 年在上海医科大学开展"破格晋升"：我被任命为上海医科大学校长后，为了打破论资排辈，使更多有真才实学的中青年学者脱颖而出，在国内医界首次实行"破格晋升"。当年也面临诸多阻力。

1991年在上海医科大学校园召开大型国际会议：担任上海医科大学校长后，为践行"改革开放"方针，在校园组办了第二届上海国际肝癌肝炎会议。600多名与会者，包括26个国家和地区的180位境外学者，使学生和更多国内学者有机会直面国际著名学者，开阔思路。会上几十位生存十年以上肝癌病人的大合唱，也给境外学者对我国肝癌研究进展留下深刻印象。

1993年有小小创意的《现代肿瘤学》出版：1990年被评为全国重点学科肿瘤学学科带头人，为了加强学科建设，填补1978年后国内肿瘤学专著的空白，组织了校内111位专家撰写，2年完成，其特点包括专设"常见肿瘤篇"，突出我国9种常见肿瘤，有幸获国家科技进步奖三等奖。

1999年《肝癌漫话》重编并收录在"中国科普佳作精选"中重新出版：临床与科研已经够忙，为什么还要写科普？我以为科研与科普二者应并重，为了向大众介绍包括肝癌早诊早治等进展，在繁忙临床与研究之余，重编《肝癌漫话》，2001年获第四届全国优秀科普作品奖二等奖。

2006年因建成高转移人肝癌模型系统及其应用获第二个国家科技进步奖一等奖：癌转移研究被认为是21世纪生命科学三大难题之一，显然不是外科医生的任务。但要进一步提高肝癌切除的疗效，癌转移复发又是瓶颈。还是从提高疗效出发，我于1994年将研究所的研究方向改为肝癌转移研究。首先要建立肝癌转移研究的实验平台，经十余年努力与失败，终于建成国际尚无的高转移人肝癌模型系统，并用于研究，找到干扰素等有助抑制转移的药物，为此获得第二个国家科技进步奖一等奖。

2007 年著《医学"软件"——医教研与学科建设随想》：接近耄耋之年，感到医学理论与技术（硬件）固然重要，但软件不可或缺，如同下象棋，棋艺（软件）决定胜负。乃将相关文章和讲课汇集成书，名曰《医学"软件"——医教研与学科建设随想》。一位曾获"全国优秀博士论文奖"的早年学生李雁教授说，昔人曾言半部论语治天下，而今我们可以说一部《医学"软件"——医教研与学科建设随想》通医学。

2008 年出版《汤钊猷摄影小品》：那年刚好是我主持第 7 届上海国际肝癌肝炎会议，有 2500 多人出席，包括 50 多个国家和地区的 600 多名国际学者。如果搞一本影集送给熟悉的国内外学者，也许更为高雅。反馈意想不到，一位教授说："您拍的一景一物气势非凡，生动活泼，又不乏幽默玄趣，让人真不敢想象这些作品出自您一个业余摄影者之手。"

2011 年著《消灭与改造并举——院士抗癌新视点》：我搞癌症，对付癌症的软件是什么？自 1863 年 Virchow 发表《癌的细胞起源》以来，癌症研究只盯住"癌"，消灭癌；直到 21 世纪初才发现，还需要改造微环境、全身与外环境。从"洋为中用"出发，倡导"消灭与改造并举"。其第二版有幸被评为 2015 年全国优秀科普作品。

2011 年出版《汤钊猷摄影随想》：既非摄影家，还要出影集，实在"不自量力"。思考再三，改名《摄影随想》，"随想"就是触景生情或借题发挥，谈点内心的感受，通过增加文字掩盖摄影技术的不足。反馈备受鼓舞，一位院士说："此心血佳作，充满思想活力、艺术美感、人文地理知识；阅之为其感动，观之为其叫绝。"

2013 年出版《汤钊猷三代影选》：到了耄耋之年，感到天伦之乐不可或缺，于是筹划祖孙三代的《汤钊猷三代影选》，用照片和文字留下三代人的印迹。一位同道说："祖孙三代拿起相机摄影成集的，此恐是唯一。"

2014年著《中国式抗癌——孙子兵法中的智慧》：控癌软件还可"洋为中用＋古为今用"，《孙子兵法》也可用于对付癌症，强调"慎战，非战，易胜，全胜，奇胜"。没有想到此书也获2015年上海市优秀科普图书一等奖。

2018年著《控癌战，而非抗癌战——〈论持久战〉与癌症防控方略》：癌症的发生发展需十几年至几十年，临床癌症更是处于"敌强我弱"态势。毛泽东的《论持久战》同样适合对付癌症，尤其要重视"游击战的战略意义"。此书也有幸被评为2020年全国优秀科普作品。

2019年著《西学中，创中国新医学——西医院士的中西医结合观》：作为中国的医生，有必要思考中国医学的前景，中国存在着中医和西医，要形成有中国特色医学，中西医互鉴值得探索，尤其需要"西学中"。中央和国家机关"强素质·作表率"读书活动，2019年上半年将此书纳入"科技类"唯一的推荐书目，并应邀作报告。

2019年出版《汤钊猷影集．人文篇．国内》：恰逢我们研究所成立50周年和我虚岁90岁。于是和儿子商议，出一本《汤钊猷影集．人文篇．国内》，以赠送给熟悉的学者和亲朋好友。至2017年，中国共有52项世界遗产，我有幸涉足了其中的40项。突出世界遗产，当有助增进自信。

2020年出版《汤钊猷影集．人文篇．国外》：既然出了"国内"的，自然还应出"国外"的，以提示世界多彩，中西互鉴。一位院士说："这是宝贵的艺术珍品，我连同您先前寄给我的影集都珍藏着，有时拿出来欣赏欣赏就是一种艺术的享受。"其实鲐背之年出影集，一半也是为了自己，动动脑子，免得老年痴呆。

2022年著《中华哲学思维——再论创中国新医学》：鉴于中医和西医是在不同的哲学背景基础上发展起来的，我以为中西医将长期表现为两条腿走路形式，逐步达到协调互补的最佳状态，需上百年甚至几百年的时间。

2023年出版《汤钊猷撷影集. 人生篇》：九旬人生，悲欢离合，生老病死都遇到。如果人生过得有意义，离开这个世界时就不会有太多遗憾。三年新冠疫情肆虐，更感生命的脆弱。于是从《周易》的乾卦概括此生：即幼年的"潜龙勿用"、少年的"见龙在田"、青年的"终日乾乾"、壮年的"或跃在渊"、巅峰的"飞龙在天"和老年的"亢龙有悔"。

人生感悟

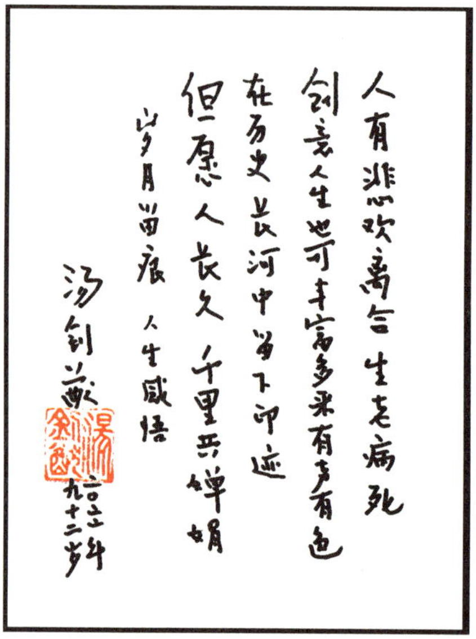

图44—3　创意人生也可丰富多彩

连我的长兄也对我说，"猷弟，你不要搞得这样忙，身体搞坏了不合算"。的确，最瘦的时候只有47千克。千百年来，"日出而作，日落而息"是多数人的人生。然而要使国家富强，世界进步，还得有人要"为之于未有"。创意人生就是不断思考在岗位上如何做得更好。对医者而言，就是如何使病人更多更好受益；"发展是硬道理"，疗效是硬道理。只有不断提出一些"力所难及"的任务，要"跳一跳"才可能完成的任务，再经过精细和有始有终的实践取得成功，这样就又上了一层楼。"创意人生"是"艰苦人生"，但也可从苦中取乐。例如，医者的"奉献之乐"，看到通过"创意（研究）"治好了病人，是别人享受不到之乐。"人有悲欢离合，生老病死，创意人生也可丰富多彩。"（图44—3）

家国情怀，老子说"为之于未有"，有点创意的人生更精彩。

45. "光荣在党 50 年"
——不悔此生

　　2019 年是新中国成立 70 周年，2021 年是中国共产党成立 100 周年，这是中华民族上下五千年的灿烂明珠。这些年也是我进入医界的 70 年，成为中国共产党党员的 60 年，从事肝癌临床研究的 50 年，在世界学术界占有一席之地的 40 年，获得国内殊荣的 30 年，也是我思考医学软件的 20 年。我的从医生涯就是与祖国共成长的，而 1959 年入党时分，是我从医生涯中的重要转折点。2021 年复旦大学金力校长将沉甸甸的"光荣在党 50 年"

图 45—1　获"光荣在党 50 年"纪念章

纪念章送到我家，给我挂上（图45—1），让我"浮想联翩，夜不能寐"。

努力学习，报效国家

1930年我出生在广州知识分子家庭，少年时我父亲跟我讲，"你这个人老实，将来容易受人家欺负，你最好学医，不求人"。但新中国诞生前夕，父亲失业，我也只好做些杂务。1949年上海解放，当年我19岁，终于有机会参加高考。我报考了三个学校都录取了，原先打算到供给制的大连医学院，母亲不同意，最后进入上海第一医学院（现复旦大学上海医学院）。我深深感到：如果没有新中国成立，我是不可能有学医机会的。

1953年我在上海第一医学院附属中山医院外科当实习医生，所写病史，后来被认为是模范病史。1954年大学毕业分配到中山医院外科。我努力学习，认真工作，1955年便被组织选送到北京苏联红十字医院进修外科，那是卫生部委托办的医师专科化培养基地。1956年我回到中山医院不久，便被评为中山医院先进工作者，接着又被评为上海第一医学院先进工作者。1958年我担任中山医院共青团总支书记，更多地接受到党组织的教育，体会到要发挥更大作用，就需要在党的统一领导下工作。新中国成立初期，我的老师，像黄家驷、沈克非等名医大家，都亲自率队参加抗美援朝医疗队，那种以"天下为己任"的家国情怀，也深深感染着我。

总之，1949年，我考入上海第一医学院，是新中国的成立，才使我圆了从医梦。我从未留洋，是国家的培养，抱着一种报恩的思想，我从入学第一个十年，就立志："努力学习、工作，报效国家，做一名好医生！"这也是我的初心。

从医生涯中的重要转折点

1959 年 3 月，我成为中国共产党预备党员，这是我人生中最重要的转折点。那一年恰好是五四运动 40 周年，新中国成立 10 周年。至今记忆犹新，大家激动地唱着"五星红旗迎风飘扬……歌唱我们亲爱的祖国，从今走向繁荣富强"。儿少时经历过战火纷飞的旧社会，目睹了"民不聊生""落后挨打"的景象，完全看不到希望的场景。新中国成立后，大家奋发图强，振兴中华成了人民的共同目标。1960 年我由预备党员转正，我深知"为人民服务"不再是一句单纯的口号，而是要用一生为之奋斗的目标。

1959 年起的十年，作为中国共产党党员，我认真学习毛泽东著作，《矛盾论》《实践论》《论持久战》《纪念白求恩》《为人民服务》等都是那个时期学的。我服从组织分配，从普外科转到血管外科，在血管外科期间，开展了显微血管外科技术，为1966 年与杨东岳教授合作完成"游离足趾移植再造拇指"的创举打下基础。我又曾服从组织安排，当过几年院长办公室副主任，执笔编写并出版《无痛医院》和《抢救危急病人参考资料》。

总之，我光荣加入中国共产党，从此有了正确的人生道路，"为人民服务，为国争光，为人类贡献，为共产主义奋斗"。

医生岗位上党员的使命

听党的话，服从党的需要。我毕业后长达 10 年时间里，从事血管外科研究。1968 年，因国家需要，我开始改行做肝癌临床与研究。当年周恩来总理提出：癌症不是地方病，而是常见病，我国医学一定要战胜它。其实我内心也很矛盾的，要从熟悉的领域转到全新的领域，而肝癌是一条鲜为人问津的"荒芜之路"，路的两旁是挣扎在死亡线上的病人，初始的工作谈何容易。记得 1971 年有外国学者收集全球 1905 年至 1970 年期间生存五年以上的肝癌病人，结果只找到 45 人。来到肝癌领域，我一上手，就面临病人"走进来，抬出去"，天天要死人的尴尬境遇。当年医生还要做工人的工作，记得一个晚上 5 分钟死两个病人，我用一辆推车推两具尸体到太平间，至今难忘。

但我知道作为党员医生，从最广大人民的根本利益出发，初心就是救死扶伤。1969 年，我进入肝癌临床研究，感谢党交给我的这一艰巨任务，使我有机会团结大家，攻坚克难，取得肝癌"早诊早治"的突破，使肝癌从"不治之症"变为"部分可治之症"，获得第一个国家科技进步奖一等奖。我们提出的"亚临床肝癌"概念，被国际肝病学奠基人汉斯·波珀教授称为"人类认识和治疗肝癌的重大进展"。由于小肝癌领域的研究，1978 年我在第 12 届国际癌症大会的肝癌专题会上采取"挤进去发言"，引起肝癌学界的轰动；1979 年，荣获美国纽约癌症研究所"早治早愈"金牌。我在国际学术界占有一席之地，成为第 15 和 16 两届国际癌症大会肝癌会议主席；有了国际话语权，应邀连续三版为国际抗癌联盟主编的《临床肿瘤学手册》撰写"肝癌"这一章，提示当年肝癌诊疗规范由我国起草。这是有我国特色的"基础—临床—现场"三结合的结果，更有中国站起来的强大背景，因为1979 年正是中美建交之年。

转到肝癌领域半个多世纪，我看到了肝癌病人的生存期从 5

年延长至 10 年、20 年、40 年……曾经"5 年死 500 多位病人"的绝望，已成历史。我们建立的人肝癌高转移模型系统，已有全球 200 多家科研机构索取这一模型，其中包括美国 MD 安德森癌症中心、英国剑桥大学等，为此我们又获得第二个国家科技进步奖一等奖。

1987 年，我作为全国 14 名有重大贡献的中年科技工作者之一，受到中央领导的接见。"国家感谢你们，党感谢你们，人民感谢你们"，邓小平同志说的这三句话，也是鞭策我继续奋斗的动力。同年，光荣出席了中国共产党第十三次全国代表大会（图 45—2）。

图 45—2　出席中国共产党第十三次全国代表大会

1988 年，我有幸获得"全国优秀医务工作者"称号和"五一劳动奖章"，1990 年国家教委、国家科委授予"全国高等学校先进科技工作者"称号，2004 年获"白求恩奖章"。

电脑硬件与软件相辅相成，中国和平崛起，同样离不开软件——"中国思维"，那是中华文明上下五千年的结晶，医学发展也不例外。这就是为什么近 20 年，我出版了《医学"软件"——医教研与学科建设随想》；撰写了《消灭与改造并举——院士抗癌新视点》等，所谓"控癌三部曲"三本控癌科普图书；以及《西学中，创中国新医学——西医院士的中西医结合观》和《中华哲学思维——再论创中国新医学》展望我国医学前景的著作。提倡"控癌"取代"抗癌"；提倡"消灭与改造并举"；提倡"西学中，创中国新医学"；提倡学习"中华哲学思维"，发展有中国特色医学。硬件是基础，软件是灵魂。所有这些，我想是医生岗位上中国共产党党员应该思考的问题。

人生感悟

年过九十，让我有机会对比新旧中国，更坚定"四个自信"，坚定中国共产党领导下中国特色社会主义道路的正确，坚定把马克思主义基本原理同中国具体实际相结合、同中华优秀传统文化相结合的重要性。从历史唯物主义角度，毛泽东思想是中国"站起来"的理论基础，邓小平理论是中国"富起来"的理论背景，当前中国要"强起来"，需要习近平新时代中国特色社会主义思想。从当前"中国之治"和"世界之乱"，更增强了我们对制度的自信。而所有这些，都离不开文化自信，尤其是中华哲学思维。当前主张"人类命运共同体"和"人与自然协调发展"，就是"阴阳中和"思维的体现。相信未来，在中国共产党的领导下，中国会变得更好，在人类的共同努力下，世界也会变得更好！

而今我已 93 岁，可以说快一辈子了，回望自己与肝癌"搏击”的大半生，入党无疑是高光时刻，因为入党我立志努力学习，报效国家；因为入党我立志努力工作，为国争光，认定了这一生要救死扶伤，攻坚克难。时至今日，60多年前入党时的党章和宣誓誓词，我印象依旧深刻，“我志愿加入中国共产党，坚决拥护中国共产党的主张，努力学习马列主义和毛泽东思想……”（图45—3），它引领我义无反顾投入救死扶伤，也引领我攀登医学科研的高峰。时至今日，我们依旧面临看病难、看病贵、看好病等问题。医学如何惠及14亿人口，需要我们中西医互鉴，继续拿出高精尖新与多快好省的治疗办法。这提醒我们，作为医生党员，在全心全意为人民服务，一切为了病人的道路上，还须星夜兼程，须臾不得松懈。最后，我与年轻同道们共勉四句话：严谨进取，放眼世界，锲而不舍，振兴中华。人的一生不在于做了几件事，而在于做成几件事。

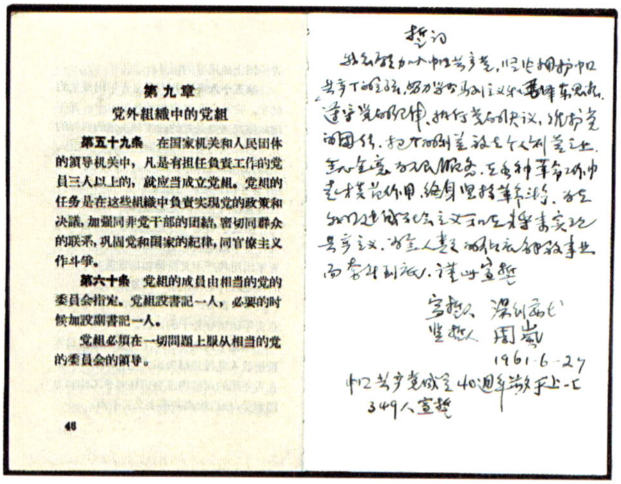
第九章

党外組織中的党組

第五十九条　在国家机关和人民团体的領导机关中，凡是有担任負責工作的党員三人以上的，就应当成立党組。党組的任务是在这些組織中負責实現党的政策和决議，加强同非党干部的团結，密切同群众的联系，巩固党和国家的紀律，同官僚主义作斗爭。

第六十条　党組的成員由相当的党的委員会指定。党組設書記一人，必要的时候加設副書記一人。

党組必須在一切問題上服从相当的党的委員会的領导。

46

誓词

1961-6-27

349人宣誓

图45—3　入党誓词

家国情怀，不忘初心，增强自信，努力工作，奉献家国。

策　　划：黄　韦
责任编辑：吴广庆
装帧设计：王欢欢
责任校对：方雅丽

图书在版编目（CIP）数据

九旬院士人生感悟 ／汤钊猷　著 .—北京：人民出版社，2025.3
ISBN 978－7－01－026464－6

I.①九…　II.①汤…　III.①人生哲学－通俗读物　IV.① B821-49

中国国家版本馆 CIP 数据核字（2024）第 090173 号

九旬院士人生感悟
JIUXUN YUANSHI RENSHENG GANWU

汤钊猷　著

人民出版社 出版发行
（100706　北京市东城区隆福寺街 99 号）

北京中科印刷有限公司印刷　新华书店经销

2025 年 3 月第 1 版　2025 年 3 月北京第 1 次印刷
开本：710 毫米 ×1000 毫米 1/16　印张：26
字数：307 千字

ISBN 978－7－01－026464－6　定价：118.00 元

邮购地址 100706　北京市东城区隆福寺街 99 号
人民东方图书销售中心　电话（010）65250042　65289539